国家出版基金项目
NATIONAL PUBLICATION FOUNDATION

/ 现代引信技术丛书 /

立足安全生产与智能制造

探索基础与工程学科交叉

创新性驱动引信装配工程

首部兵器装配自动化图书

现代引信装配工程

娄文忠　张　辉　熊永家　著

国防工業出版社
·北京·

内 容 简 介

本书以典型现代引信结构及装配要求为主线，介绍了引信基本装配方法、典型装配设备、装配的安全技术要求以及引信装配工厂设计的相关要求。全书共分8章，介绍的内容主要包括引信装配基本要求、手工装配及其布局方式、引信装配自动化的选择及分析、典型引信的自动化装配、引信的装配装药、引信中电子组件的装配、引信部件的微装配、引信装配的技术安全以及引信装配工厂设计的相关要求和知识。

本书可作为高等学校武器系统、引信与弹药、光电系统、导航与控制系统、火工品等兵工类专业的参考用书或教材，也可供从事武器系统、引信与弹药、光电系统、导航与控制系统工艺设计和工厂设计的技术人员和管理人员学习参考。

图书在版编目（CIP）数据

现代引信装配工程/娄文忠，张辉，熊永家著. —北京：国防工业出版社，2016.3

（现代引信技术丛书）

ISBN 978-7-118-10458-5

Ⅰ. ①现… Ⅱ. ①娄… ②张… ③熊… Ⅲ. ①引信—装配（机械） Ⅳ. ①TJ430.5

中国版本图书馆 CIP 数据核字（2016）第 019877 号

※

国防工业出版社出版发行

（北京市海淀区紫竹院南路 23 号 邮政编码 100048）

北京嘉恒彩色印刷有限公司印刷

新华书店经售

*

开本 710×1000 1/16 **印张** 19¾ **字数** 401 千字

2016 年 3 月第 1 版第 1 次印刷 **印数** 1—2000 册 **定价** 109.00 元

国防书店：（010）88540777 发行邮购：（010）88540776

发行传真：（010）88540755 发行业务：（010）88540717

《现代引信技术丛书》

FOREWORD 序

引信是利用目标、环境或指令信息，在预定的条件下解除保险，并在有利的时机或位置上起爆或引燃弹药战斗部装药的控制系统（或装置）。弹药是武器系统的核心部分，是完成既定战斗任务的最终手段。引信作为弹药战斗部对目标产生毁伤作用或终点效应的控制系统（或装置），始终处于武器弹药战场终端对抗的最前沿。大量实战案例表明：性能完善、质量可靠的引信能保证弹药战斗部对目标实施有效毁伤，发挥武器弹药作战效能“倍增器”的作用；性能不完善的引信则会导致弹药在勤务处理时、发射过程中或发射平台附近过早炸，遇到目标时发生早炸、迟炸或瞎火，不仅贻误战机，还可能对己方和友邻造成严重危害。

从严格的学科分类意义上讲，“引信技术”并不是一个具有相对独立的知识体系的学科或专业，而是一个跨学科、专业的工程应用综合技术领域。因此，现代引信及其系统是一类涉及多学科、专业知识的军事工程科技产品。纵观历史，为了获取战争对抗中的优势，人们总是将自己的智慧和最新科技成果优先应用于武器装备的研制和发展。引信也不例外，现代引信技术的发展一方面受到武器弹药战场对抗的需求牵引，另一方面受到当代科学技术进步的发展推动。

近30年来，随着人类社会进入以信息科技为主要特征的知识经济时代，作战方式发生了深刻的变化，目标环境也日趋复杂。为适应现代及未来作战需求，高新技术武器装备得到快速发展，弹药战斗部新原理、新技术层出不穷，促使现代引信技术在进一步提高使用安全性和作用可靠性的同时，朝着多功能、多选择，以及引爆-制导一体化、微小型化、灵巧化、智能化和网络化的方向快速发展。

“现代引信技术丛书”共12册，较系统和客观地反映了近30年来现代引信技术部分领域的理论研究和技术发展的现状、水平及趋势。丛书包括：《激光引信技术》《中小型智能弹药舵机系统设计与应用技术》《引信安全系统分析与设计》《引信环境及其应用》《引信可靠性技术》《高动态微系统与MEMS引信技术》《现代引信装配工程》《引信弹道修正技术》《高价值弹药引信小子样可靠性评估与验收》《弹目姿轨复合交会精准起爆控制》《侵彻弹药引信技术》《引信 MEMS 微弹性元件设计基础》。

这套丛书是以北京理工大学教师为主，联合中北大学及相关科研单位的教师和研究人员集体撰写的。这套丛书的特色可以概括为：内容厚今薄古；取材内外兼收；突出设计思想；强调普适方法；注重科技创新；适应发展需求。这套丛书已列为 2015 年度国家出版基金项目，既可作为从事兵器科学与技术，特别是从事弹药工程和引信技术的科技工程专业人员和管理人员的使用工具，也可作为高等学校相关学科专业师生的教学参考。

这套丛书的出版，对进一步推动我国现代引信技术的发展，进而促进武器弹药技术的进步具有重要意义。值此丛书付梓之际，衷心祝贺“现代引信技术丛书”的出版面世。

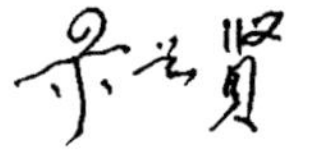

2016 年 1 月

PREFACE 前言

引信装配是根据尺寸协调原则，在一定装配环境条件下，利用一定方式和方法，将引信零件或组件按照设计和技术要求进行组合，连接形成更高一级装配件或整机的过程。引信技术是国防工业关键基础技术，引信是武器系统有效发挥毁伤威力的核心，是提升武器系统效能的倍增器，涉及机械、电子、磁学、光学、声学、计算机、化学与力学等多学科。引信除要求确保生产、勤务处理和发射时高安全性外，还需在高过载、高旋转、高弹目交会等严酷弹道环境下，复杂自然环境以及电磁、光电对抗环境下，高可靠地完成目标探测与精确识别、终点效应控制等任务。引信作为弹药的“大脑”，不同于一般的机电产品，它包含机械、电子、光学系统、电源、火工品等复杂精密部件，其装配是一个复杂的生产过程，且具有一定的危险性，装配方式涵盖了手工装配、半自动装配和自动化装配。引信工程化过程中，不但考虑高质量、高效率和可检测性，而且考虑装配生产的安全性。随着作战需求及科学技术的发展，不断地推动引信信息化、灵巧化和微小型化发展，引信产品从简单的“安全与起爆控制装置”向“信息控制系统”发展，从而推动着引信装配工程技术向更高水平演进。引信装配工程技术是引信工程化的纽带，历来受到兵工企业和政府的高度重视，直接体现了一个国家的国防实力。

引信技术按生产装配特征划分历经四个发展阶段：第一阶段是黑火药火器时代的引信，以手工作坊生产为主，引信以定时功能满足对弹体装药的引燃功能；第二阶段始于工业革命时代，主要以机械引信、机电引信和时间引信为代表，进入大批量生产方式，装配方式主要是以手工装配为主、半自动化装配为辅；第三阶段始于第二次世界大战后期，以无线电、激光近炸引信为主，沿袭以手工装配为主、半自动化装配为辅的装配方式，检测手段大幅提升；第四阶段起源于21世纪信息工业革命时代，“工业4.0”所构建的智能制造、柔性生产、高性能的无人装配已在个别发达国家应用。

由于引信装配制造的行业特殊性，与其他行业快速发展的装配制造技术相比，国内引信装配工程技术发展较为缓慢，引信装配制造的研究主要集中在引信生产企业和专业工程设计院，引信工程化由引信生产企业和专业工程设计院共同完成，其主要依据是苏联的模式及本身积累的经验，国内缺乏相关的可供参考的书籍。

为此，我们组织相关高校、专业引信生产企业、专业工程设计院的相关教师和工程技术人员，根据其引信设计、生产，工艺设备设计及引信工厂设计相关工程知识和经验，对引信装配工程中的基本装配方法、典型装配设备、装配的安全技术要求以及引信装配工厂设计的相关要求进行系统的梳理和总结，形成本书。

中国兵器装备集团公司首席科技专家、重庆长安工业（集团）有限责任公司秦光泉研究员和中国兵器工业集团第641厂徐立文副总工程师为本书提出了许多宝贵的意见，在此表示诚挚的谢意。在编写过程中，著者参阅了国内现有相关书籍以及著者曾参与的部分工程案例。著者分工：北京理工大学娄文忠教授负责第1章、第5章和第6章；北京理工大学张辉副教授负责第2章、第3章；中国五洲工程设计集团有限公司熊永家研究员负责第4章、第7章和第8章。本书在北京理工大学机电学院智能微系统研究室的各位老师和同学的多年努力和支持下完成，在本书的撰写过程中，熊永家研究员牵头，博士生王辅辅、赵越、刘鹏、王大奎、付悦和王瑛等，给了我们有力的支持和帮助，特别是熊永家研究员以严谨、认真、细致的工作作风，克服了很多困难，在文献资料的搜集和文稿整理、校对等方面做了很多工作，在此一并致谢。限于篇幅及著者水平和经验，本书内容仍有局限和欠妥，竭诚希望同行前辈和使用本书的读者提出宝贵意见，以便著者改进和提高。

著者

2016年2月

CONTENTS 目录

第1章 引信装配概述

1.1 引信概述

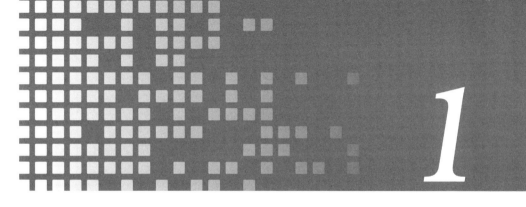

1.1.1 引信在武器系统中的地位与作用

武器系统的作用是对预定目标造成最大程度的损伤和破坏。从20世纪80年代开始，随着世界经济和意识形态的转变，社会经济由工业经济形态逐步向知识经济形态转变，世界军事领域也开始兴起了一场新军事变革。这种变革使现代战争采用的武器系统正由机械化朝着信息化、智能化、一体化的方向发展，并能适应网络中心战的要求。作为武器系统中弹药毁伤的关键子系统——引信，已经不再是一个独立的单元，它不仅需要获取目标信息、环境信息，还需要与武器系统平台、网络中心平台构成信息交联，完成对目标毁伤的最佳时机选择、起爆控制以及相关信息的输出等。

现代各种武器系统的弹种中多装有炸药或其他装填物，在遇到目标时，利用它们产生爆炸来完成对目标的杀伤和毁伤等预定任务。但炸药爆炸是有约束的：一是必须外加足够的起始能量去引爆；二是必须控制在特定的时机起爆，以保证给目标造成最大的毁伤，同时在运输、存储、发射过程中都不允许爆炸。因此，武器系统中战斗部或弹丸的毁伤效能直接与引信有关。引信的发展则直接受战争的需求和科学技术的发展而推动，战争的发展对引信提出各式各样越来越高的要求，引信在不断满足这些需求中得到发展。另外，科学技术的发展为引信满足战争要求提供了更加先进、完善和多样化的物质和技术基础。

在现代战争中，目标与战斗部处于直接对抗状态，战斗部要摧毁目标，目标以各种方式抵抗或干扰战斗部的攻击。这种摧毁与反摧毁的对抗是目标与战斗部发展的一个动力。现代战争中有各式各样的目标，它们的存在条件（空中、地面、地下、水面、水下等）、物理特性（高速、低速、静止、热辐射、电磁波反射、磁性等）和防护性能（强装甲防护、钢筋水泥防护、土木结构防护、无防护等）千差万别。为了有效地摧毁目标，必须发展各式各样的战斗部，如杀伤的、爆破的、燃烧的、破甲的、穿甲的、碎甲的、生物的、化学的、心理的、核裂变的以及它们的组合等。这些战斗部都有各自的相对目标起作用的最佳位置。这就要求引信首先要根据目标的特点来识别目标的存在，使战斗部在相对目标最有利的位置充分发挥作用。这个位置随战斗部的类型和威力的不同而不同。为满足这一要求，研究设计出各种作用原理的引信。

最常见的地面有生目标的特点是防护能力弱、分散面积大。摧毁这种目标的有效手段是杀伤战斗部。对付分散开的、利用地物掩护的敌人，炮弹落在地面才爆炸，杀伤效果就不够好，炮弹的威力不能充分发挥。特别是对于战壕里的敌人，着地炸的杀伤效果更差。如果能使炮弹距离地面一定高度爆炸，杀伤效果就会显著提高。为了使炮弹配备触发引信也能实现空炸，人们采用跳弹射击的方法。炮弹第一次落地时引信开始作用，但不立即引爆弹丸，等炮弹从地面重新跳起后才引爆弹丸。这就要求触发引信具有短延期作用。跳弹射击受地形和射程的限制，而且经常在弹头朝天跳起时爆炸，相当一部分破片飞向天空，杀伤效果仍不理想。于是，人们想到可以用时间引信实现空炸射击。根据火炮与目标的距离计算炮弹的飞行时间，然后对时间引信进行装定，使炮弹在目标区上空爆炸，比跳弹射击的效果更好。最初的时间引信是利用火药的燃烧来计时的，由于地形的影响以及火炮的弹道散布和时间引信本身的时间散布，炮弹的炸点散布很大，有的炮弹会落在地面上还没有炸，有的则炸点过高。为了使落在地面上的炮弹能够着地就炸，就出现了时间触发双用引信。

战争中严酷的对抗，促使各国都将自己的智慧和最新的技术成就优先用于武器的发展和研制中。19 世纪末，飞机的出现更加激励人们去研究计时更准的引信。20 世纪初就研制出钟表时间引信，它不仅广泛用于对空拦截射击，也用于对地空炸射击，杀伤效果比火药时间引信好。但是引信是按预定的装定时间进行对空射击的，炮弹离飞机最近时，钟表机构很可能还没有走完预先装定的时间，而当引信起爆弹丸时，飞机早已飞远。人们很希望引信能够在没有碰击目标的情况下自动觉察到目标的存在，而且在相对目标最有利的位置引爆弹丸。第二次世界大战后期才研制出这种“非触发引信”。当时，无线电电子学、电子器件和雷达技术的发展，为引信中安装由超小型电子管等电子元件构成的微型米波雷达接收机提供了技术可能性，于是出现了无线电近炸引信。尽管这种引信已完全不是时间引信，但最初人们仍把它叫作可变时间（Variable Time，VT）引信。无线电近炸引信与原子弹、雷达称为第二次世界大战期间三大军事发明。喷气式飞机发动机喷管喷出的高温气流为引信提供一个新的觉察目标的途径，于是在对空导弹上配用了红外线近炸引信。触发引信、时间引信与利用各种物理场作用的近炸引信，是现代引信的三种基本类型。如果一个引信同时具备这三种引信的功能，自然会使战斗部的作用更为完善，威力也得到最大程度的发挥，20 世纪 60 年代就有人提出这种“多用途引信”的概念。70 年代固体组件与微电子学和计算机技术的发展，使得这种想法得到实现。80 年代微机电系统（MEMS）的出现并不断地成熟，使单兵武器配用的弹药能够具有空炸的能力，引信能够在直径为 20mm 的有限空间内实现定时或定距空炸。

由此可见，引信是随目标、战斗部以及作战方式和科学技术发展而不断发展进步的。为了使战斗部发挥最大效力，人们把科学技术中的最新成果应用于引信设计中，使引信的功能不断完善。人们对引信认识的不断深化以及有关引信概念的不断发展，都是为了实现使战斗部在相对目标最有利的位置或时间起作用这个目的。

1.1.2 引信的功能与基本组成

1. 引信的功能及定义

战斗部是武器系统中直接对目标起毁伤作用的部分，如炮弹、炸弹、导弹、鱼雷、水雷、地雷、手榴弹等起爆炸作用的部分，也包括不起爆炸作用的各种特种弹，如宣传弹、燃烧弹、照明弹、烟幕弹等。由于战斗部是毁伤目标的直接单元，作战中只有当战斗部相对目标最有利位置或时机起作用时，才能最大限度地发挥其威力，它要靠引信按预定功能正常作用。然而，安全性能不好的引信会导致战斗部的提前爆炸，这样不但没有杀伤敌人，反而会造成我方人员的伤亡或器材的损坏。引信必须首先确保我方人员的安全。将“安全”与“可靠引爆战斗部”二者结合起来，就构成了现代引信的基本功能。

一般来说，要求现代引信具有四个功能：①在引信生产、装配、运输、存储、装填、发射以及发射后的弹道起始阶段上，不能提前作用，以确保我方人员的安全；②感受发射、飞行等使用环境信息，控制引信由保险状态转变为可作用的待发状态；③感受目标的信息并加以处理，确定战斗部相对目标的最佳起爆位置；④向战斗部输出足够的起爆能量，完全地引爆战斗部。

前两个功能主要由引信的安全系统来完成，具体在引信中涉及隔爆机构、保险机构、电源控制系统、发火控制系统等；第三个功能由引信的目标探测与发火控制系统来完成，还涉及装定机构、自毁机构等；第四个功能由爆炸序列来完成。

由以上引信的功能，可以给出引信的定义：引信是利用环境信息、目标信息或平台信息，在确保勤务和发射安全的前提下，按预定策略或实时指令对弹药实施起爆的装置或控制系统。

2. 引信的基本组成

引信主要由目标探测与发火控制系统、安全系统、爆炸序列、能源部件等组成。引信的基本组成部分、各部分间的联系及引信与环境、目标、战斗部的基本关系如图 1－1 所示。随着引信技术的发展，也会出现一些新的功能模块。

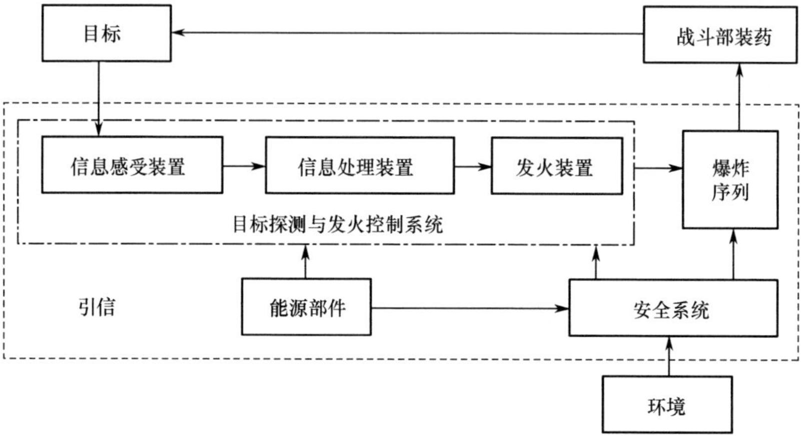

图 1－1　引信的基本组成

1）目标探测与发火控制系统

目标探测与发火控制系统包括信息感受装置、信息处理装置和发火装置。

引信是通过对目标的探测或指令来实现引信起爆的。战场目标信息有声、磁、红外、静电、射频等环境。目标内部信息有硬度、厚度、空穴、层数等。目标探测系统通过识别这些目标信息作为发火控制信息。引信中爆炸序列的起爆由位于发火装置中的第一个火工元件，即首级火工品开始。首级火工品往往是爆炸序列中对外界能量最敏感的元件，其发火信息可由执行装置或时间控制、程序控制或指令接受装置控制，而发火所需的能量由目标敏感装置直接供给，也可由引信内部能源装置或外部能量供给。

爆炸序列中首级火工品的发火方式主要有三种：机械发火，用针刺、撞击、碰击等机械方法使火帽或雷管发火；电发火，利用电能使电点火头或电雷管发火，该发火方式用于各种触发引信、压电引信、电容时间引信、电子时间引信和全部的近炸引信；化学发火，利用两种或两种以上的化学物质接触时发生的强烈氧化还原反应所产生的热量使火工元件发火，例如，浓硫酸与硫酸钾和硫氰酸制成的酸点火药接触就会发生这种反应，该发火方式多用于航空炸弹引信和地雷引信中，也可利用浓硫酸的流动性制成特殊的化学发火机构，用于引信中的反排除机构、反滚动机构（这两种机构常用于定时炸弹引信中）及地雷、水雷等静止弹药防拆或反排的诡计装置中。

2）引信的爆炸序列

爆炸序列是指各种火工、爆炸元件按它们的敏感度逐渐降低而输出能量递增的顺序排列而成的组合。它的作用是把首级火工元件的发火能量逐级放大，让最后一级火工元件输出的能量足以使战斗部可靠而完全地作用。对于带有爆炸装药的战斗部，引信输出的是爆轰能量。对于不带有爆炸装药的战斗部，引信输出的是火焰能量。爆炸序列根据传递的能量不同又分为传爆序列和传火序列。引信爆炸序列的组成随战斗部的类型、作用方式和装药量的不同而不同。图1－2所示的是榴弹触发引信常用的三种爆炸序列。

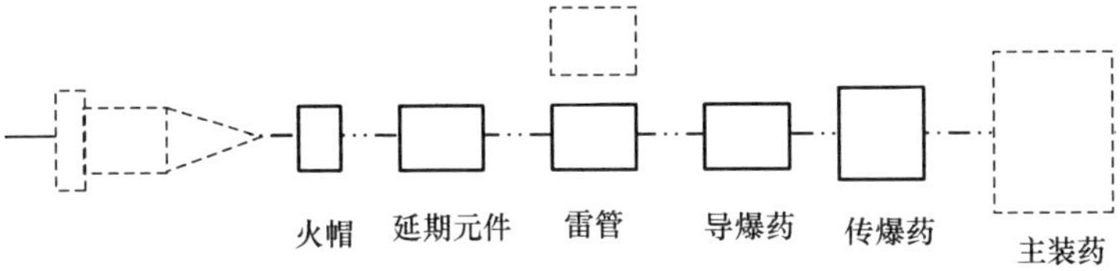

(a)

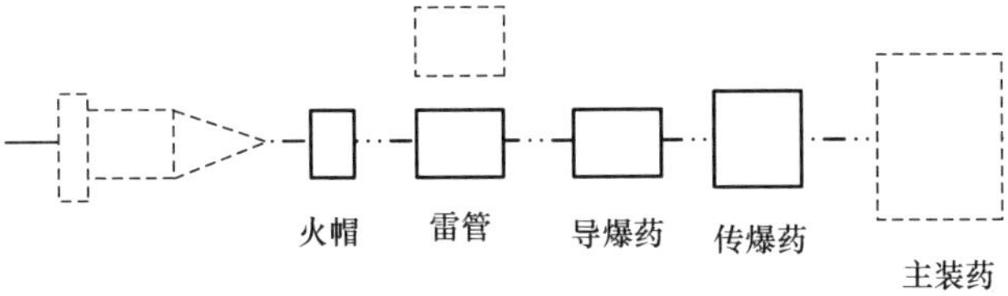

(b)

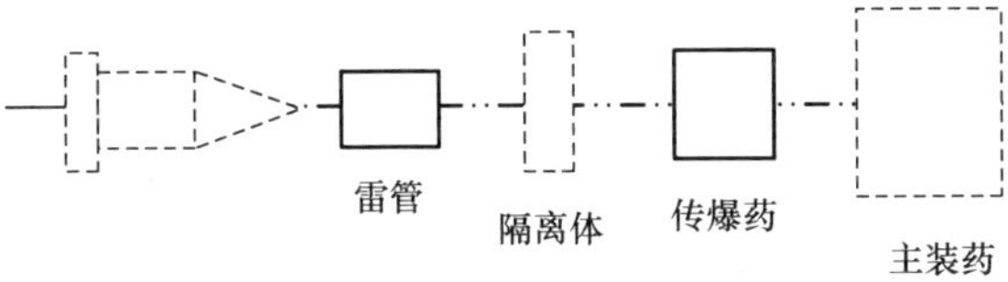

(c)

图1－2　三种爆炸序列

（a）用于中、大口径榴弹引信；（b）、（c）多用于小口径榴弹引信。

爆炸序列中比较敏感的火工元件是火帽和雷管。这些敏感的火工元件应与爆炸序列中下一级传爆元件相隔离。隔离的方法是：堵塞传火通道（对火帽而言），或用隔板衰减雷管爆炸产生的冲击波，同时堵塞伴随雷管爆炸产生的气体及爆炸生成物（对雷管而言）。平时可以把雷管与下一级传爆元件错开（图1－2（a）、（b）），或在雷管下面设置可移动的隔离体（图1－2（c））。仅将火帽与下一级传爆元件隔离开的引信称为隔离火帽型引信，又称半保险型引信。将雷管与下一级传爆元件隔离开的引信称为隔离雷管型引信，又称全保险型引信。没有上述隔离措施的引信，习惯上称为非保险型引信。非保险型引信没有隔爆机构，目前已经基本淘汰。全保险型引信已成为研制现代引信必须遵循的一条设计准则。

3）引信安全系统

引信安全系统是引信中为确保平时及使用中的安全而设计的，安全系统主要包括对爆炸序列的隔爆、对隔爆机构的保险和对发火控制系统的保险等。安全系统在引信中占有重要地位。

安全系统涉及隔爆机构、保险机构、环境敏感装置、自炸机构等。引信安全系统根据其发展，主要包括机械式安全系统、机电式安全系统以及电子式安全系统。

（1）机械式安全系统中，保险结构包括惯性保险机构、双行程直线保险机构、曲折槽机构、互锁卡板机构、双自由度后坐保险机构等。

（2）机电式安全系统的主要特征是环境传感器替代了机械环境敏感装置，实现对引信使用环境的探测，同时解除保险的驱动一般也采用电驱动的做功火工元件。机电式安全系统的“机”主要体现在机械隔离和利用环境能源，而“电”主要表现为传感器对环境敏感、识别并输出控制信号。机电式安全系统是目前引信安全系统的发展主流。

（3）电子式安全系统是以直列式爆炸序列为基础的新型引信安全系统，采用以钝感起爆药为首级火工品的爆炸序列，通过控制发火能量的供给以保障引信的安全。电子式安全系统需要三个环境传感器识别引信使用环境，目前高价值弹药引信中有应用，而在常规弹药引信中的应用则处于研究阶段。

4）引信能源

引信能源是引信工作的基本保障，包括引信环境能、引信内储能、引信物理或化学电源。

机械引信中用到的多是环境能，包括发射、飞行以及碰撞目标的机械能量，实现机械引信解除保险与起爆等。引信内储能是指预先压缩的弹簧、各类做功火工品等储存的能量，是多数静置起爆式引信（如地雷）驱动内部零件动作或起爆的能量。引信物理或化学电源是电引信工作的主要能源，用于引信电路工作、引信电起爆等。在现代引信中，引信电源一般作为一个必备模块单独出现，常用的引信物理或化学电源有涡轮电动机、磁后坐电动机、储备式化学电源、锂电池、热电池等。

围绕以上介绍的引信的组成，形成了各种典型的引信部件级组成。本书将主要以上述引信的组成结构，介绍隔爆机构、保险机构、发火机构、延期机构和自毁机构等引信各组成的部件级装配以及系统集成装配。

1.1.3 引信装配的基本要求

引信装配是整个引信制造过程中的最后一个阶段，包括装配、调整、检验和试验等内容。装配是对产品设计和零件加工质量的一次总检验，通过装配最后保证质量要求。引信装配是流水线生产，要求非常严格，装配过程也非常复杂，除机械装配外，还包括火工品及火药零部件的制造及装配；电引信还涉及电子部件装配。

1. 引信装配工艺的特点

(1) 流水线装配的组织形式。引信装配是按工序分散原则组织生产。在装配线上，零部件由人工或机械按工序依次传送，每道工序的工人始终在固定地点重复进行一个或几个零部件的装配。这种专业化操作，有利于使工人技术熟练，有利于保证产品质量。

(2) 对装配质量的要求极为严格。引信生产对装配质量有严格的要求，而且同一批产品的质量要尽量一致。

装配质量与引信性能有密切关系。引信产品不允许有次品和处理品。所以，必须确保装配的正确性，杜绝任何多装、漏装、反装、倒装、错装零件之类的情况发生。装配要做到文明生产，不使脏物、异物、灰尘等掉入产品，在操作中要严防手汗、唾液、油污、溶剂等污染产品。一切可能影响机构正常作用和长期储存性能的不利因素都要消除。

质量一致，就是同一批号的引信实际性能彼此差别要小，并控制在允许的范围内。例如，同一批产品的炮口解除保险距离、作用时间、解除保险抗力等性能参数的相对散布应小，相对散布越小，一致性越好。另外，由于引信产品的一次使用性，性能指标的鉴定方法属损坏性检验，因此，只能采用抽样检验，这也要求同批引信性能尽量一致。性能的一致是由产品设计的合理性和工艺的一致性（材料、零件加工、装配、检验方法等）来保证的。

为了保证装配质量，在装配过程中常采取各种控制措施，例如：某些易出问题的工序后面要安排检验工序；有些工序的装配质量与操作工人的手劲、技巧、感觉等密切相关，因此需固定操作人员；某些用手工操作不易保证机构一致的工序，应尽量采用机械装置和仪器、仪表来控制操作。

(3) 引信中的火工品和火药元件是不安全因素，装配工艺要采取严格措施，确保安全生产。

2. 对装配工房的一般技术要求

(1) 工房一般为一级防爆。工房外有独立避雷针，电源在距离工房 50m 外埋设地下电缆输入工房。电线接头处装有避雷器。金属通风管道应接地。房内照明与用电设备均应有防爆装置。

(2) 工房内的门窗应容易打开，并且是往外推的。工房内应清洁整齐，成品、半成品应摆放在规定的地方。产品堆放不要超过该引信的安全落高和允许的存放量。在各工作地点上不要放与该工序无关的零部件和其他杂物。火工部件要分小批量进入装配线，以便在数量不符时查找。

(3) 工房的墙壁和天花板必须刷上有光泽的油漆，定期对墙壁、天花板清扫。地板每班时间内用湿布擦两次。工房的光线要充足，照明光源一般离工作台面0.6~1m，使工人工作舒适而不易疲劳。

(4) 对装配工房内温、湿度要求。

有烟火药零件的压制工房：温度为16~30℃，相对湿度为40%~55%。

微气体火药、耐水火药、传爆药柱等的压制和装配工房，有烟火药零件、火工品（火帽、雷管等）的装配工房：温度为16~30℃，相对湿度不超过65%。

机械零件的装配工房：温度为16~30℃，相对湿度不超过70%。

如果工房温度不符合上述规定，则火帽（有烟火药、微气体火药、耐水药等）零件、火工品及带有上述零件的未密封部件，在工房存放的时间不得超过2h；否则，必须装在密封筒内或采用其他方法进行密封。

工房内的温、湿度是用通风调节设备调节的。工房温、湿度不符合规定时，不得进行工作。

3. 对装配工具及辅助材料的要求

(1) 与火工品接触或与零件接触面小的工具要用铜、铝合金或塑料制造，以免碰伤、碰钝零件和发生危险。例如：火帽装配用的镊子是用铜制作的；装配中用的压杆多半是用铝合金或胶木制作的。

(2) 装配中用的工具不能带磁性。

(3) 装配用的辅助材料（如酒精虫胶漆、环氧树脂、油漆、黏结剂、纱布、绸布、脱脂棉等）必须呈中性。

4. 对投入装配零件的要求

(1) 所有投入装配的零件，都要有上道车间的检验合格证。外购的零部件，除有外厂的合格证外，还要有进厂验收合格证明。零件的数量应与合格证上的数量相同。

(2) 零件装配前要在工房存放6h以上，使零件的温、湿度接近工房内的温、湿度。

(3) 对火工品部件要有专人管理，在进行烘干、存放和装配时，应分别放置在不同的容器或保险箱内，以防意外。火工部件要严格分批，不得混乱，产品与合格证不得脱离，每装完一批火工部件都要把该批原有的合格证保存好，以便出现质量问题时分析查找原因。

5. 装配电引信的特殊要求

1）对工房的技术安全要求

要采取消除静电和防止外界电场的影响。工房应有金属屏蔽网并须可靠接地，接地电阻不大于1Ω。工房的门口和工作地点必须设有操作人员的放电装置，并可靠接地。地板要经常保持湿润。工作地点不允许有容易产生静电的物质（如塑料、橡皮、有机玻璃、丝绸、尼龙等）。工作台上铺有木板，台下的地板上应有高200~300mm的脚踏板。

2）对操作的技术安全要求

操作人员应穿布底工鞋、棉布工衣，不能穿毛织品、合成纤维、尼龙、丝绸等容易产生静电的材料制成的衣服，操作时脚必须踏在脚踏板上，以减少人体对地电容量。

坚持人体放电制度。进入工房时必须对地进行人体放电（通过接地的金属件，如门上的把手或地下金属板等）。操作间隙中每隔10min左右用手摸一下工作台下的地线，以释放人体静电。放电时不允许解除电雷管，进行操作时禁止放电。

装配和检验火工品（特别是电雷管）时，应放在设有保护装置的设备上进行（隔离操作）。电雷管应可靠短路，并放置于专用运输保险箱内，保险箱的盖子只有在必要时才准打开。装配电雷管时要尽量缩短时间，必须正确使用工艺规程中规定的防爆工具（防爆板、安全盒、短路装置等）。

电雷管的存放一般不得多于600支，每个工作台上放置不得多于60支。电雷管装配室内应规定专人负责操作。

1.1.4 引信分类与命名

1. 引信分类

引信与所对付的目标、所配用战斗部和武器系统紧密相关。可依据其与目标的关系、与战斗部的关系和与所配的武器系统的关系进行分类。

根据引信发火方式不同，主要分为以下三大类：

（1）触发引信又称碰炸引信：利用碰击到目标的信息发火的引信。触发引信又分为瞬发触发引信和惯性触发引信。瞬发触发引信是利用目标的反作用力发火的引信，惯性触发引信是利用碰目标时弹丸减速所产生的前冲惯性力发火的引信。

（2）非触发引信：通过间接感应目标的存在而作用发火的引信。非触发引信主要是近炸引信。近炸引信指当接近目标到一定距离（小于战斗部杀伤半径）时，引信依靠敏感目标的出现而发火的引信。

（3）指令引信：通过判断预先装定的起爆信息或接收起爆指令作用的引信。指令引信又分为时间引信、定位引信等。

针对具体引信，可以通过其所属类别进行称呼，如中、大口径杀伤爆破弹弹头机械触发起爆引信、无后坐炮反坦克破甲弹激光近炸引信等。

2. 引信命名

我国引信命名规则经历了不同时期，目前在役的引信名称同样来自不同的时期。下面通过对我国引信命名的起因及不同时期的命名原则进行分析，以便对于引信名称及其自身原理进行认识。

1）引信曾经的命名方式

建国初期，我国引信多是从苏联引进的，最早对引信的命名是根据俄文音译。苏联对引信的命名是俄文字母加弹药口径或序号的方式，因此译过来后也采用对应的方式，如百 –37、伏 – 45、特 –5 等。

我国仿制的俄罗斯引信，有些引信结构基本上没有变化。我国对引信的命名有采用对象 – 序号或原理 – 序号或原理 – 对象 – 序号的方式，也有采用对象 – 口径的方式的。采用适用对象的如榴 –1、榴 –2、迫 –1、无 –1（无后坐力炮引信）、碎 –1、炮引 –21、海双 –25；采用原理的如时 –1、电 –1；采用原理、对象的如碎榴 –1、无榴 –3、滑榴 –2。

随着引信特别是同一系列的发展，为便于区分：在名称后面又加了第二序号甲、乙、丙、丁等，如电 –1 丙、电 –1 辛、迫 –1 乙；还有直接在引信前加“改”表示改进后的型号，如改电 –1 戊；一些特殊使用的引信，直接以其设计生产的年代 + 使用名称进行命名，如 79 式火箭手榴弹引信、72 式防步兵地雷引信等。

2）目前采用的命名

为了进行统一，新时期对引信采用统一命名方法，GJBz 20496—1998《引信命名细则》对引信命名进行了相关规定，之后出现的引信采用新的命名方法。该标准规定引信命名一般由引信型号 + 引信名称构成，如 DRP10 型迫击炮机械触发引信。引信型号规定由三位大写字母和两位阿拉伯数字构成：三位大写字母依次分别表示弹药类别、引信、引信类别；两位数字陆军引信是按引信命名先后顺序表示引信命名的序号，其他军种引信有相应定义，具体见 GJBz 20496—1998《引信命名细则》。当同一型号改进时，后加字母 A、B、C 等以示区别；对于海军，型号前增加 H/；对于空军，型号前增加 K/。我国引信命名法见表 1 –1。

表 1-1 我国引信命名法

军兵种	方式	分类	举例	说明
陆军	"DR *" + "序号"	根据种类	DRP##	迫弹引信
			DRA##	火箭弹引信
			DRH##	滑膛弹引信
			DRM##	子弹、末敏子弹引信
			DRK##	轻武器、榴弹发射器弹药引信
			DRX##	地雷引信、布撒式、爆破器材用引信
		根据原理	DRL##	榴弹机械触发引信
			DRD##	机电触发类引信（早期代表电子引信，含无线电近炸引信，现另用"DRW##"）
			DRS##	时间引信（包括机械时间引信和电子时间引信）
			DRW##	无线电近炸引信
			DRR##	电容近炸引信
			DRT##	多选择引信
海军	"H/DR *" + "序号"	—	H/DRW##	海军无线电引信
空军	"K/YR *" + "序号"	—	K/YRH - ##	航空炸弹引信
注：星号" * "为引信原理或弹药种类的缩写；"##"为序号				

国外引信命名有不同的方法，以美国为例：美国陆军引信以 M###命名，如 M739；在研型号则以 XM##命名，如 XM200；正在使用的美国空军和海军航弹、火箭弹、子弹药及导弹配用引信，使用引信弹药单元（FMU）后跟杠线和数字，如 FMU-100。

1.2 装配概述与典型引信构造

1.2.1 装配概述

引信产品一般由许多零件和部件组成。零件是装配的最小单元。部件是两个或两个以上零件结合成为引信产品的一部分。按技术要求，将若干零件结合成部件或将若干零件和部件结合成最终产品的过程称为装配。前者称为部件装配，后者称为总装配。部件是通称，部件的划分是多层次的：直接进入产品总装的部件称为组件；直接进入组件装配的部件称为第一级分组件；直接进入第一级组件装配的部件称为第二级分组件；以此类推，产品越复杂，分组件的级数越多。装配通常是产品生产过程中的最后一个阶段，目的是根据产品设计要求和标准，使产品达到其使用说明书的规格和性能要求。大部分的装配工作都由手工完成，高质量的装配需要丰富的经验。

工业化初期，零件是为了能够与某些零件进行装配而专门进行加工的。如果某零件不能与其他零件配合，就必须在已加工的零件中去寻找适合的零件或者对其进行再加工，故生产效率非常低。在19世纪初期，人们开始要求同一种零件之间具有互换的能力。为此，必须首先制作样件。通过样件，再制作各种专用工具和量具，并利用这些工具和量具来检查加工产品的精度。20世纪初期，人们又提出了“公差”概念，利用尺寸、形状及位置的公差，零件的互换性便得到了充分保证。这样，零件的生产和装配就可以分离开来，这两项工作也就可以在不同的地点或不同的工厂进行。装配中的一个重大进步是由Henry Ford提出的“装配线”的装配工艺，就是将在不同的地点生产的零件以物流供给的方式集中在一个地方，再进行最终产品的装配，这对推动工业发展起了很重要的作用。

装配工作是把各个零部件组合成一个整体的过程。将各个零部件按照一定的程序、要求固定在一定的位置上的操作称为安装。

好的产品结构应满足：产品零件可互换，尽量多地采用标准件构成；各个部件可以单独进行测试；连接的零件数量越少越好；重量轻、体积小，结构简单。

装配是由大量成功的操作来完成的。这些操作可以分为主要操作和次要操作。主要操作可以直接产生产品的附加值。而除主要操作以外的其他操作则属于次要操作，它们对于产品的装配也是不可缺少的。主要操作和次要操作的区别在于装配中的目的和作用不同：主要操作包括安装、连接、调整、检验和测试等；次要操作包括储藏、运输、清洗、包装等。

1.2.2 引信装配的结构工艺性要求

引信装配的结构工艺性是引信工艺结构设计的一个组成部分。它是指：在一定的生产条件下，引信的结构是否装配简单方便、操作安全、容易掌握；劳动强度小，效率高，生产周期短，便于检验和确保质量等。装配结构工艺性好的引信一般体现在以下几方面：

（1）零件互换性程度高。

（2）引信的结构应能分成部件或组件进行装配。这样既便于组织装配线，又可将部件或组件分在几条平行的装配线上进行装配，可使生产节奏平衡和缩短生产周期。进行引信的结构设计时，有时用增加诸如套筒、托罩之类零件的方法构成成套的部件单位，这样每个部件可以分别进行检验，还便于传送、计数。

(3) 装配过程简单方便，无须反复拆装。装配工具要易于达到工作表面，便于使用专用工具进行装配。

(4) 装配工作易于实现机械化、自动化。

(5) 设计引信结构时，要考虑装配过程中检验方便。某些部件要设有观察孔以便观察内部部件及部件的装配质量。例如：钟表机构的发条上紧程度，就是通过上面夹板的观察孔来检验；齿条传动系统也可通过下夹板的侧孔来检验；等等。

(6) 装配过程中尽量避免机械加工，以简化装配工作，防止灰尘、切屑和噪声，保持装配车间清洁安静。

(7) 引信的结构应适于使火工品装配工序安排在部件或成品装配的完成阶段。因引信火工装配须有专门的技术安全措施，为确保安全，一般在专门的工房里进行，而不与机械装配混杂。所以编制装配工艺规程时，通常把火工装配工序排在最后阶段，以便集中转入火工装配工房。因此，引信应从结构上适应这一点。特别是要使装传爆管工序放在最后进行（分解引信时则为相反顺序，即先拆卸传爆管）。

(8) 从结构上保证在装配中尺寸不会互相影响，某一工序的操作不会影响其他工序合格的尺寸公差和形位公差。例如，从结构上保证零部件不会因点铆、压药、螺纹的拧紧和装夹等引起变形。

(9) 引信零部件的标准化和通用化程度高。

1.2.3 典型引信构造

引信是配用于弹药的一种品种繁多的产品，现有弹药的种类很多，而且新品种还在不断地发展，现常用的弹药有小口径高射炮弹、航空机关炮弹、枪榴弹、中/大口径榴弹、迫击炮弹、破甲弹、火箭弹、航空炸弹、深水炸弹、导弹等。由于各种弹药所处的环境不同，所攻击的目标也不同，导致配用的引信在重量、尺寸、结构、战术技术指标等方面有很大的差异。下面简要介绍几种常用弹药引信的构造，用于引信装配的说明。

1. 小口径弹头机械触发引信

小口径弹药主要配备于高射炮和航空机关炮，国内 37mm 高射炮配用的典型引信为引进苏联的 Б－37 引信，国内称为榴－1 引信。

榴－1 引信是一种具有远距离保险性能和自炸性能的隔离雷管型弹头瞬发触发引信，配用于 37mm 高射炮和 37mm 航空炮杀伤燃烧曳光榴弹上。该引信由发火机构、延期机构、保险机构、隔爆机构、闭锁机构、自炸机构以及爆炸序列等组成，如图 1－3 所示。

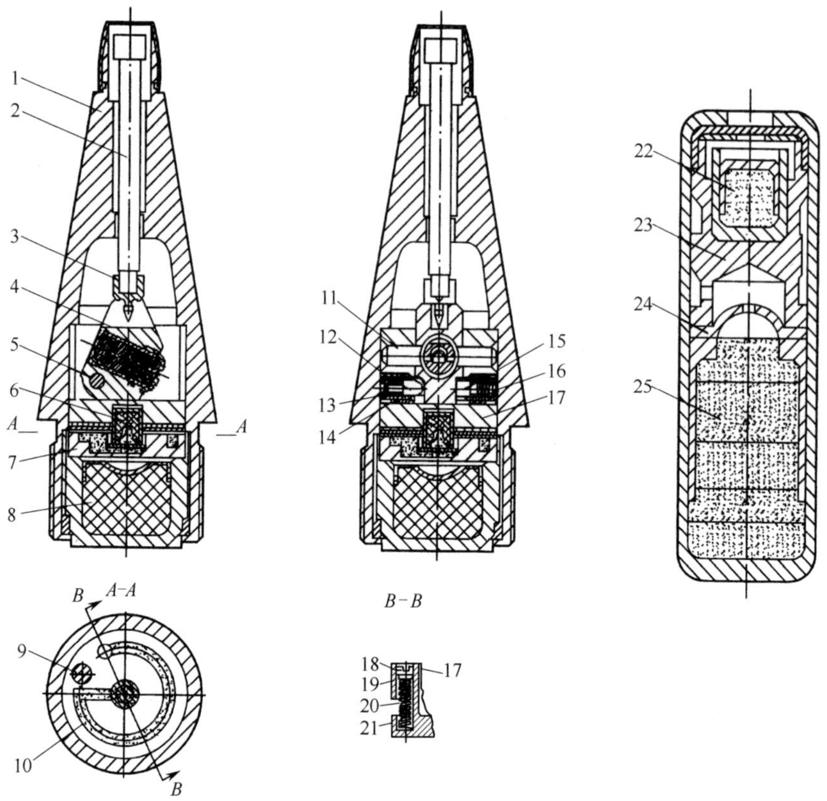

图 1－3　榴－1 引信

1—引信体；2—击针杆；3—击针尖；4—雷管座；5—限制销；6—导爆药；7—自炸药盘座；8—传爆药；9—定位销；10—自炸药盘；11—转轴；12—半球形离心子；13—保险黑药；14—螺筒；15—平头离心子；16—离心子簧；17—U 形座；18—螺塞；19—火帽；20—弹簧；21—点火击针；22—火帽；23—延期体；24—保险罩；25—火焰雷管。

该引信的爆炸序列有两路，分别为主爆炸序列及自毁爆炸序列。主爆炸序列包括装在雷管座中的雷管、导爆药和传爆药。自毁爆炸序列包括膛内点火机构的火帽、自炸药盘、导爆药和传爆药。

2. 中、大口径榴弹机械触发引信

中、大口径榴弹是指 75mm 以上的各种杀伤榴弹、爆破弹和杀伤爆破弹。国内典型的中、大口径引信为引进苏联的弹头机械触发引信 Б－429，引进后称为榴－5 引信。该引信为苏联中、大口径（100mm、122mm、130mm、152mm）加农炮榴弹用的主要引信。它由触发机构和保险机构、装定装置和延期机构、隔爆机构和保险机构及传爆管等部分组成，如图 1－4 所示。这些机构安装于螺接在一起的引信上体和引信下体内。引信上体顶部用厚 0.12mm 钢制的防潮帽封死，传爆管拧在引信下体的底部。整个引信是密封的。

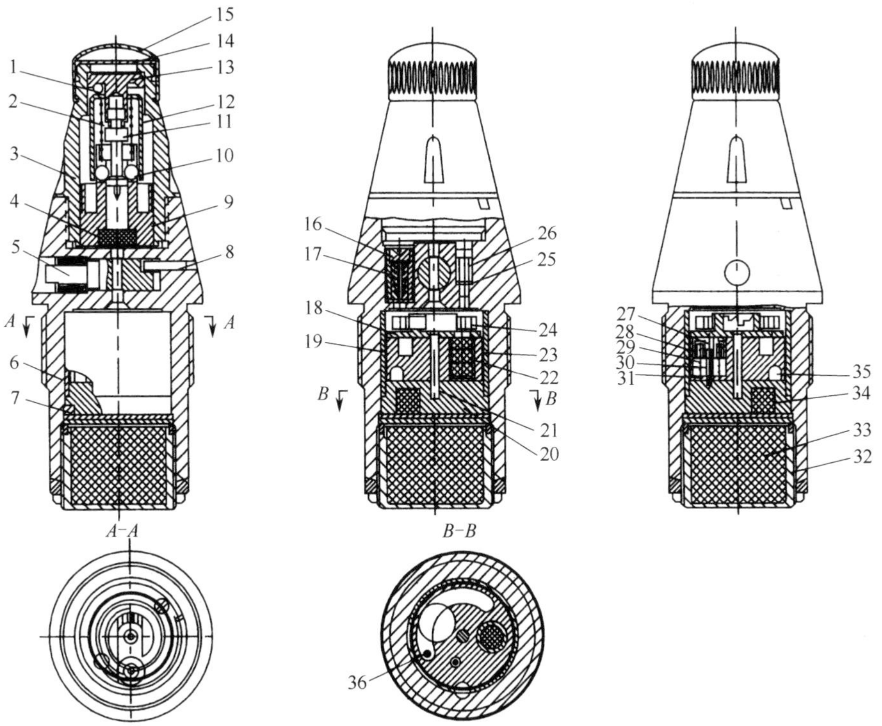

图1-4 榴-5引信

1—上钢珠；2—惯性筒簧；3—引信上体；4—火帽；5—调节栓；6—引信下体；7—轴座制转销；8—定位销；9—活击体；10—下钢珠；11—击针；12—惯性筒；13—击针杆；14—防潮帽；15—引信帽；16—调节螺；17—延期管；18—盘簧座；19—衬套；20—轴座；21—中轴；22—雷管；23—回转体；24—盘簧；25—切断销；26—副制转销；27—钢珠；28—后退筒；29—制动栓；30—后退筒簧；31—制动栓簧；32—传爆管；33—传爆药；34—导爆药；35—回转体定位槽；36—回转体定位销。

该引信的爆炸序列包括火帽、延期管、雷管、导爆药和传爆药。

3. 美国中、大口径榴弹机械触发引信

美国中、大口径榴弹引信中，机械引信以M739及M739A1为典型。图1-5为M739弹头起爆引信，图1-6为M739A1弹头起爆引信，两种引信基本一致，主要区别在于M739A1具有自调延期功能。二者配用于105mm、107mm、155mm、203mm的杀爆弹上。两种引信都主要由防雨机构、瞬发发火机构、装定机构、延期发火模块、安全与解除保险装置以及爆炸序列模块组成。

M739引信爆炸序列包括瞬发与延期爆炸序列。瞬发爆炸序列包括M99雷管、M55雷管、导爆药和传爆药。延期爆炸序列包括火帽、延期药柱、M55雷管、导爆药和传爆药。

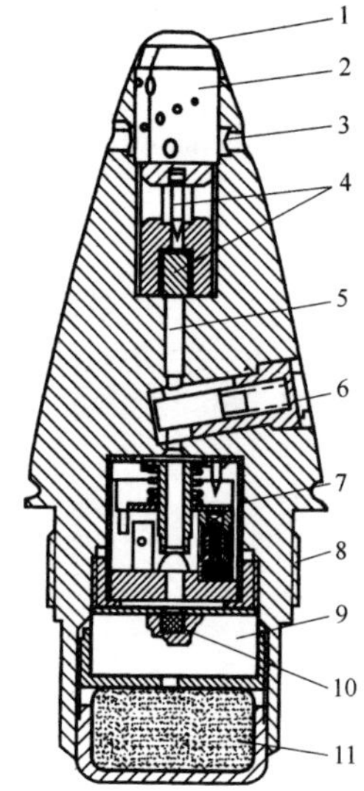

图 1－5　M739 弹头起爆引信

1—头帽；2—栅杆与支座组件；3—雨水孔；4—瞬发发火机构；
5—传火孔；6—装定套筒组件；7—惯性发火模块；8—弹口螺纹；
9—安全与解除保险装置；10—M55 针刺雷管；11—传爆药柱。

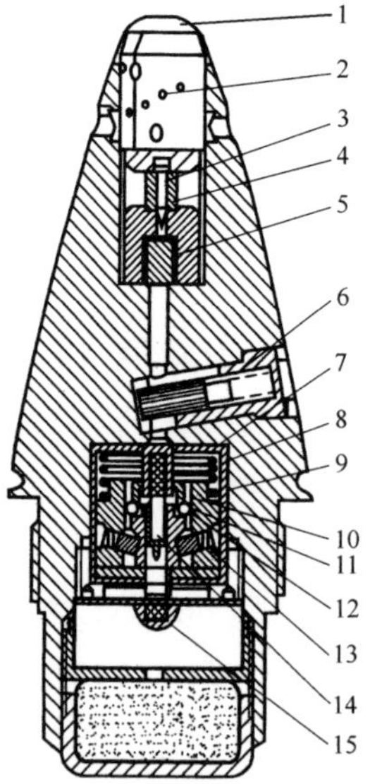

图 1－6　M739A1 弹头起爆引信

1—头帽；2—栅杆与支座组件；3—击针；4—支筒；5—瞬发雷管；6—装定套筒组件；
7—击发簧；8—惯性筒簧；9—延期发火合件外体；10—保险筒；11—惯性筒；
12—保险钢珠；13—支筒；14—击针；15—M55 针刺雷管。

4. 迫击炮弹机械触发引信

M－6引信，国内称为迫－1甲引信，配用于82mm迫击炮杀伤榴弹。引信的结构如图1－7所示，这是一个隔离雷管型的引信。

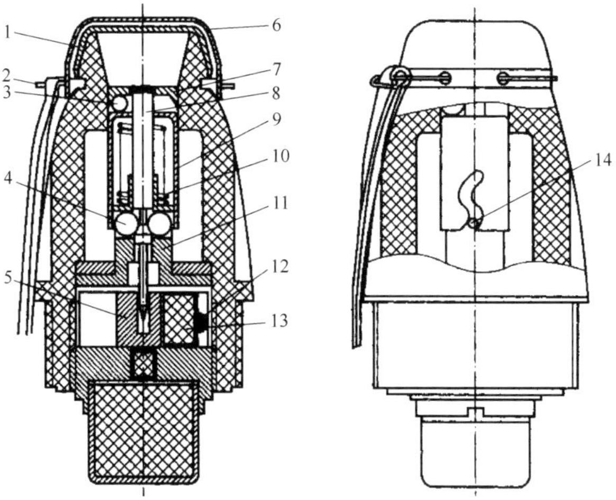

图1－7　迫－1迫击炮弹引信

1—盖箔；2—运输保险销；3—上钢珠；4—下钢珠；5—雷管座；6—保险帽；7—击针头；8—击针；9—惯性筒；10—弹簧；11—支座；12—锥簧；13—雷管；14—导向销。

M－6引信结构较为简单，主要包括发火机构、后坐保险机构、隔爆机构、闭锁机构和爆炸序列。引信爆炸序列包括雷管、导爆药和传爆药。

5. 机械时间引信

时间引信主要有药盘时间引信、机械时间引信以及电子时间引信等。M577作为一种机械时间引信，配用于105mm、155mm和203mm弹丸以投放反步兵子弹和反装甲、防步兵地雷，也配用于107mm迫击炮照明弹。该引信主要由计数器组件（包括一个装定轮壳）、定时机构、发火机构、隔离保险机构以及爆炸序列组成，如图1－8所示。

该引信的爆炸序列由M55雷管（两个）、柔性导爆索（MDF）、M94雷管以及多用途导爆管四种元件组成。M55雷管位于引信头部下面的一个标志盘上，它包括一个用作击针的尖形凸出部。柔性导爆索是一种装有黑索今（RDX）炸药的管状物，装在尼龙椭圆套管内。它从引信头部M55雷管下侧位置沿侧壁向下延伸到M94雷管上方。M94雷管安装在转子上，可由击针或柔性导爆索点燃。当转子处于解除保险位置时，M94雷管与柔性导爆索对正。多用途柔性导爆索装在引信的底部，兼有引发炸药与抛射药的能力。

6. 电子时间引信

电子时间引信是以电子计时方式工作的，其计时精度高，并易与近炸等其他作用方式复合。图1－9为M762电子时间引信。

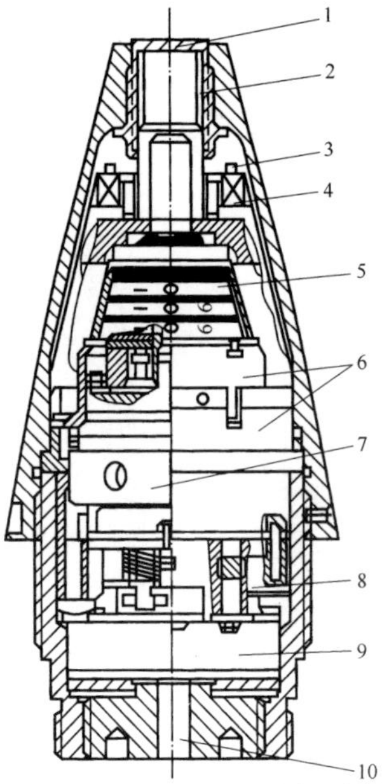

图 1－8　M577 机械时间引信

1—装定帽；2—压溃元件；3—瞬发元件（两个）；4—瞬发火帽雷管（两个）；5—数字盘组件；6—折叠式擒纵装置；7—计时卷轴和发条；8—发火组件；9—安全与解除保险装置；10—传爆管。

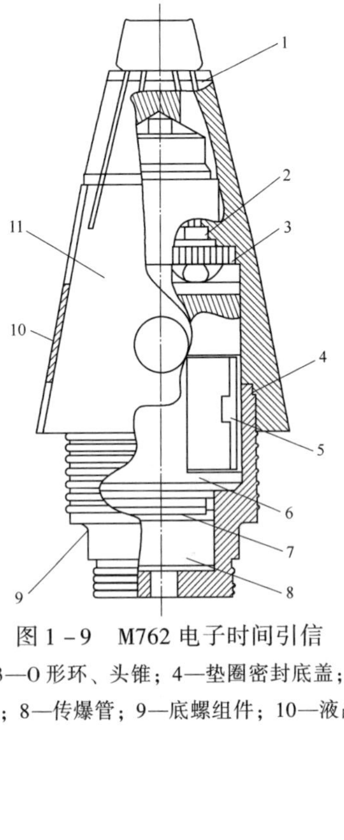

图 1－9　M762 电子时间引信

1—头锥组件；2—电子头；3—O 形环、头锥；4—垫圈密封底盖；5—引信电源；6—电源座；7—安全与解除保险装置；8—传爆管；9—底螺组件；10—液晶显示窗；11—引信体。

M762引信主要由电子头及液晶显示（LCD）组件、安全与解除保险装置、电源、接收线圈与机械触发开关组件组成。

7. 近炸引信

近炸引信依靠对目标的进程探测，在与目标一定距离时起爆以实现最佳引战配合方式，提高对目标的毁伤效果。近炸引信根据对目标的探测方式不同可分为无线电近炸、激光近炸、电容近炸等。近炸引信主要是保证对目标的近炸距离精度和抗干扰能力。M732A1无线电近炸引信如图1－10所示。

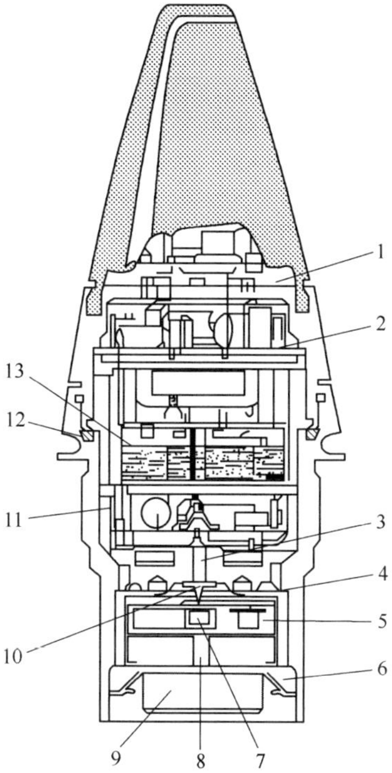

图1－10　M732A1无线电近炸引信

1—振荡器组件；2—放大器组件；3—电雷管；4—抗爬行弹簧；5—安全与解除保险装置；6—传爆管帽组件；7—针刺雷管；8—导爆管；9—传爆管；10—击针；11—定时器组件；12—防水垫；13—电源。

M732A1无线电近炸引信为弹头引信，配用于107mm、155mm、203mm的杀爆弹。其由射频振荡器、放大器电子组件、电源、电子定时器部件、安全与解除保险装置以及爆炸序列组成。安全与解除保险装置包括一个带有针刺雷管的偏心转子、一个擒纵机构、两个旋转锁爪和一个后坐销。该模块安装在雷管座组件下，并使安全与解除保险组件能纵向运动。

8. 反坦克破甲弹引信

破甲弹作为反坦克弹药的一种形式，目前发展比较活跃。破甲弹引信自身也有其独特之处。

电 –2 引信配用于火箭筒发射的反坦克火箭增程弹，该引信为压电引信，由头部机构和底部机构两部分组成，如图 1 – 11 所示。

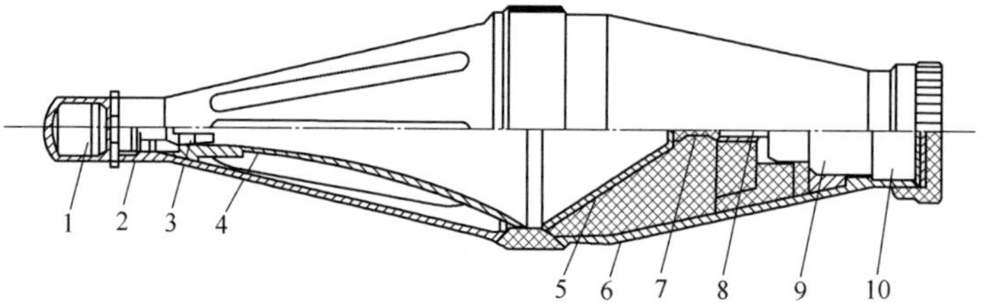

图 1 – 11　破甲弹及引信安装位置

1—头部机构；2—风帽；3—接电管；4—内锥罩；5—药形罩；6—弹体；7—接电杆；8—导电杆；9—底部机构；10—底螺。

电 –2 引信头部机构主要是压电发火部分，包括防潮帽、头螺、压电块、压电陶瓷、头部体、压电座以及接电杆，依靠碰坦克时目标反力作用，压电陶瓷产生电荷起爆爆炸序列的电雷管，如图 1 – 12 所示。

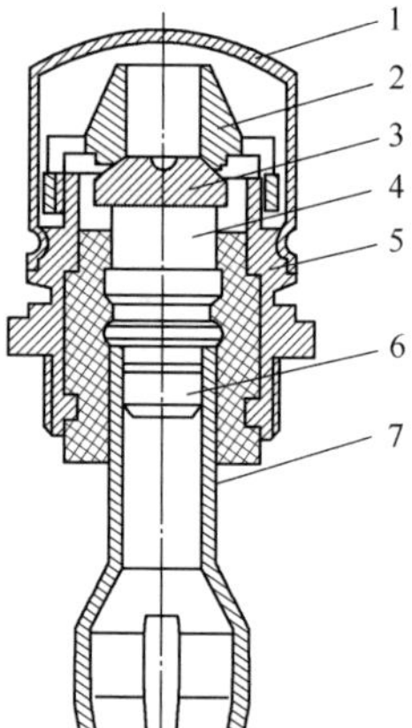

图 1 – 12　电 –2 引信头部机构

1—防潮帽；2—头螺；3—压电块；4—压电陶瓷；5—头部体；6—压电座；7—接电管。

电 –2 引信底部机构包括隔爆机构、保险机构、膛内点火机构、自炸机构以及爆炸序列，如图 1 – 13 所示。

隔爆机构为弹簧驱动的水平移动的滑块，滑块内装有主雷管，通过滑块的移动实现隔爆与爆炸序列的对正。在隔爆位置时电雷管、压电发火回路各自短路，解除保险进入待发状态后电雷管接入压电发火回路。

保险机构为后坐保险以及火药保险，滑块平时受后坐保险机构的钢珠以及火药保险机构的保险塞约束。火药保险机构提供了延期解除保险功能。

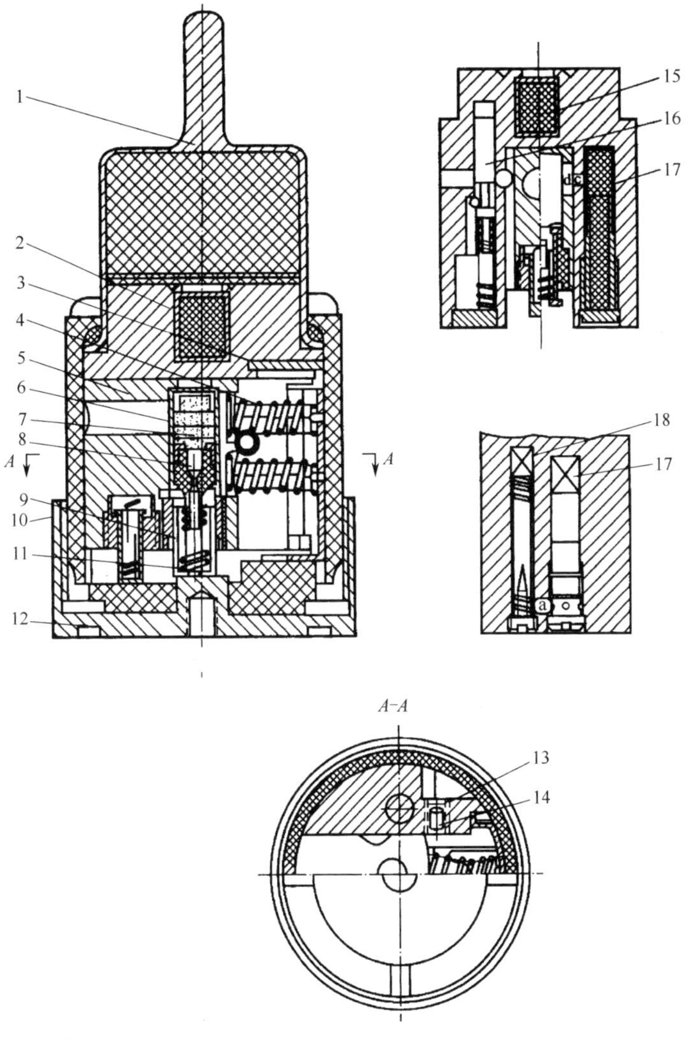

图1－13 电－2引信底部机构

1—传爆管壳；2—滑座；3—隔板；4—滑块簧；5—滑块；6—电雷管外壳；7—挡片；8—电雷管芯杆；9—导电套；10—短路套；11—导电簧；12—底螺；13—保险螺；14—保险塞；15—导爆管；16—惯性杆；17—自炸雷管；18—火帽。

膛内点火机构为击针、弹簧、火帽组件，依靠发射时后坐力点火，主要用于点燃火药保险机构的保险火药以及自炸机构的延期药。

该引信的爆炸序列分主爆炸序列与自炸爆炸序列。主爆炸序列为主雷管、导爆药和传爆药。自炸爆炸序列包括火帽、延期药、自炸雷管、主雷管、导爆药和传爆药。

1.2.4 装配方法

1. 引信零件的结合方式

1）固定而不可拆的结合

固定结合是引信在装配状态和整个作用期间，零件之间不能做相对运动的一种结合。不可拆是当拆开结合时，结合的零件将受到破坏而不能复原。

固定而不可拆的结合方法有焊接、铆接、过盈配合、热压合、黏结、冲压翻边、辊压收口、塑合、塑封等。在引信装配中，常用的有以下几种：

（1）点铆与环铆。点铆、环铆是用冲子以冲击方式使结合处的金属产生局部塑性变形，以形成固定结合（图 1－14）。

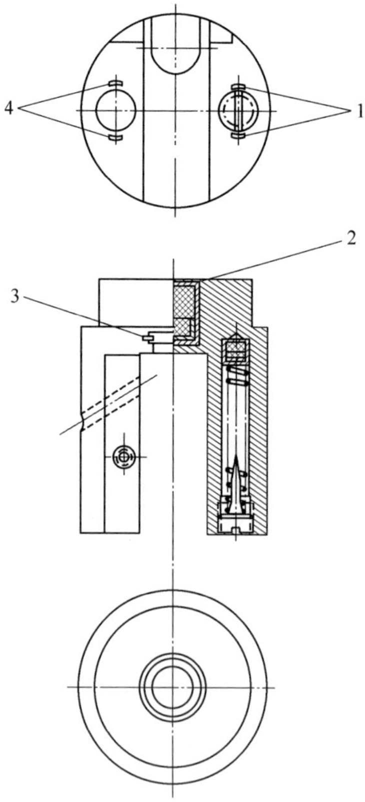

图 1－14　点铆与环铆

1、3、4—点铆；2—环铆。

（2）收口。收口是用挤压变形的方法增加连接的牢固性。如图 1－15 所示，用挤压方法使击针座口部发生径向变形将击针固定在击针座孔内。

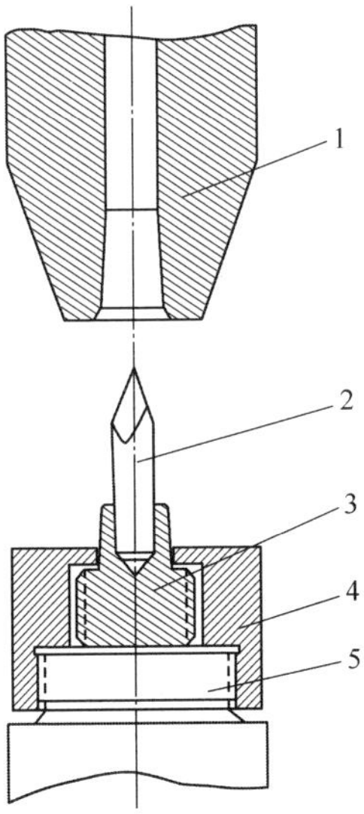

图1－15 收口

1—冲头；2—击针；3—击针座；4—模套；5—下模。

（3）辊压收口。辊压是用辊轮使一个零件局部产生变形，而与其他零件固定结合。图1－16为防潮帽与引信体固结所用的辊压示意图。辊轮1辊压防潮帽2的口部紧贴在引信体4的相应槽中，以实现固定结合并达到密封。

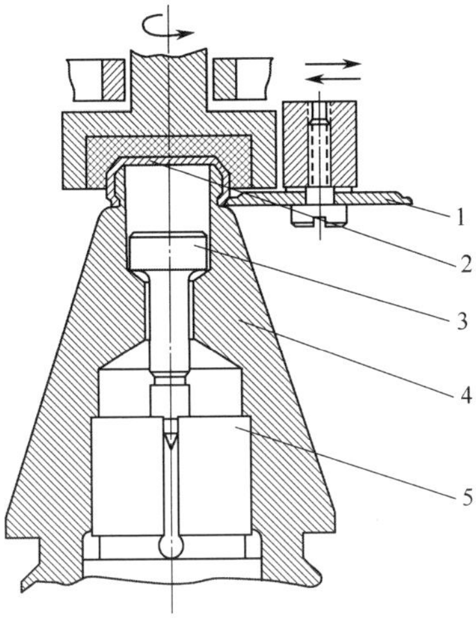

图1－16 辊压收口

1—辊轮；2—防潮帽；3—击针；4—引信体；5—涨开式夹头。

（4）过盈配合。例如，击针杆与击针孔的配合有一定的过盈量，装配时用一定压力把击针杆压入击针孔中。

（5）冲压翻边。用冲压的方法使局部金属呈环形往外翻，形成固定结合。齿轴和轮片结合的冲压翻边过程如图1－17所示。

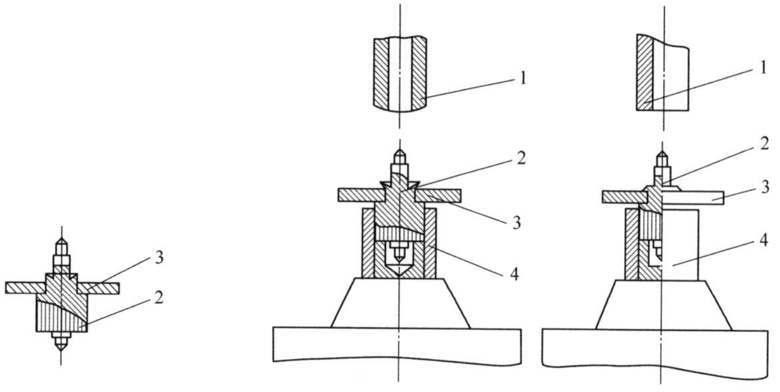

图1－17　冲压翻边

（a）轮片压装在齿轴上；（b）用圆头空心冲子初步翻边；

（c）空心平冲头把轮片最后铆在齿轴上。

1—冲头；2—齿轴；3—轮片；4—模子。

（6）骑缝辊压。骑缝辊压是用圆辊轮沿两个结合零件间的接缝处辊压使产生局部塑性变形，以提高连结的牢固性和引信的密封性。图1－18为引信体和传爆管结合后，再利用辊轮在骑缝处沿整个圆周辊压的情况。

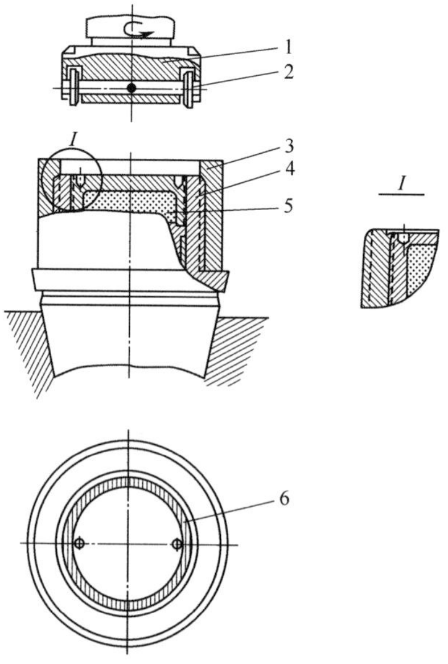

图1－18　骑缝辊压

1—辊轮架；2—辊轮；3—导套；4—引信体；5—传爆管；6—辊压处。

（7）黏结。黏结是用黏结剂把两个零件牢固黏结在一起。例如，雷管和雷管座、火帽与火帽座、传爆药柱与传爆管等的结合，就是采用黏结法。一般是用酒精虫胶漆作为黏结剂，也有用石蜡、环氧树脂或其他黏结剂的。

2）固定而又可拆的结合

这种结合方式很多，如螺纹连接、键连接、销子连接等。在引信装配中，螺纹连接用得最多。

3）活动又可拆的结合

引信中大部分活动结合是可拆的，如回转副（回转体与中轴、离心转动盘与转轴等）、滑动副（离心滑块与滑块座、离心子与离心子孔、惯性筒与惯性筒孔等）、滚动副（保险机构中的钢珠、球转子等）、螺旋副（航弹引信中风帽螺杆与螺母），以及钟表机构中的齿轮传动副和擒纵调速系统。

活动又可拆的结合，对引信的性能大都有直接影响，因此配合关系要求严格。

4）活动而不可拆的结合

这种结合在引信中应用较少。如引信中的某些盘簧，其一端与衬套铆接，另一端则与盘簧座铆接，但它可以在一定范围内转动。

2. 装配方法

1）完全互换法

完全互换法的装配，是从很多的同种零件中不经选择任取一个都可装到产品或机构上，而不需要任何修配和调整即能保证装配精度要求。引信大部分零件属于此类装配。零件要达到完全互换，设计时必须按完全互换法进行装配尺寸链计算，加工零件时必须严格按图纸规定的尺寸和公差来进行。

2）选择装配法

选择装配法是将尺寸链中组成环的公差放大到经济可行的程度，然后选择合适的零件进行装配，以保证规定的装配精度要求。选择装配法又分为直接选配法和分组选配法两类。

（1）直接选配法是由装配工人从许多待装配的零件中，凭经验挑选合适的零件装配在一起。例如，调节栓与引信体调节栓孔的配合（图1－19），是在尺寸分组的基础上对同组的成对零件直接选配。预选时，先在调节栓的表面上涂一层炮油，再将其插入引信体的孔中。这时，要求转动灵活。当调节栓转动到位时箭头应对准“瞬”字或“延”字的中心，偏差不大于10°，然后，取出调节栓，检验栓体上的研痕，若研痕均匀而无划痕，则预选合适，否则重选。将选好的零件箭头指向“瞬”字，并用塞规检验传火孔的不同轴度，最后把箭头指向“延”字，进行密封检验。

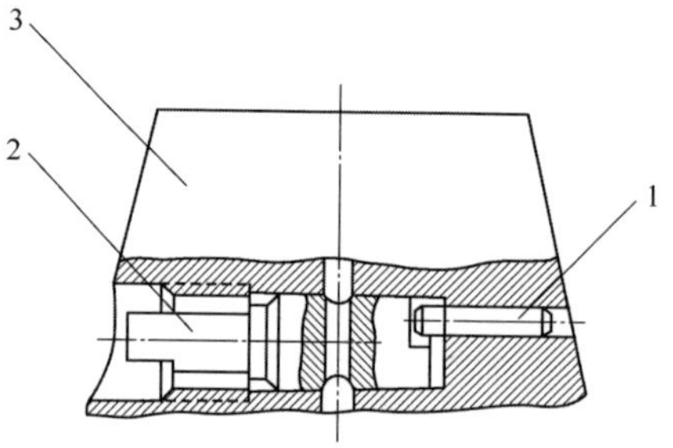

图 1-19　调节栓与引信体的选配

1—定位销；2—调节栓；3—引信体。

（2）分组选配法是将组成环的公差按完全互换法所求得的值加大数倍（一般为 2～4 倍），使其能按经济公差加工，然后将零件度量和分组，再按对应组进行装配，满足原定装配精度的要求。由于同组零件可以进行互换，故又称为分组互换法。

3）调节法

对于装配精度要求较高的尺寸链，不能按完全互换法进行装配时，还可以用调节法来保证装配精度要求。调节法的特点也是按经济加工精度确定零件公差。由于每一个组成环的公差取得较大，就必然使一部分装配件超差。为了保证装配精度，可改变一个零件的位置（称为动调节法），或选定一个或几个适当尺寸的调节件（也称补偿件）加入尺寸链，来补偿这种影响。引信装配采用调节法。因此，在设计引信时应在结构上有所考虑，使调节能顺利地进行。使用的调节件通常有垫圈、垫片等。

3. 装配组织形式

装配组织形式随生产类型和产品复杂程度而不同，可分为以下四类。

1）单件生产的装配

单个制造不同结构的产品，并很少重复甚至完全不重复，这种生产方式称为单件生产。单件生产的装配工作多在固定的地点，由一名工人或一组工人，从开始到结束进行全部的装配工作，如夹具、模具的装配。特别对于大件的装配，由于装配的设备是很大的，装配时需要几组操作人员共同进行操作，如生产型装配。这种组织形式的装配周期长，占地面积大，需要大量的工具和设备，并要求工人具有全面的技能。

2）成批生产的装配

在一定时期内成批制造相同的产品，这种生产方式称为成批生产。成批生产时，装配工作通常分为部件装配和总装配。每个部件由一名或一组工人

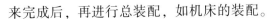

来完成后，再进行总装配，如机床的装配。

3）大量生产的装配

产品制造数量庞大，每个工作地点经常重复完成某一工序，并具有严格的节奏，这种生产方式称为大量生产。大量生产中，把产品装配过程划分为部件、组件装配，使某一工序只由一名或一组工人来完成。同时，只有当从事装配工作的全体工人都按顺序完成了所负担的装配工序以后，才能装配出产品。工作对象（部件或组件）在装配过程中顺序地由一名或一组工人转移给另一名或一组工人。这种转移可以是装配对象的转移，也可以是工人移动。这种装配组织形式称为流水线装配。为了保证装配工作的连续性，在装配线所有工作位置上完成某一工序的时间都应相等或互成倍数。在大量生产中，由于广泛采用互换性原则，并使装配工作工序化，因此装配质量好、效率高、生产成本低，是一种先进的装配组织形式，如汽车、拖拉机的装配。

4）现场装配

现场装配有两种：①现场进行部分制造、调整和装配，例如，有些零件是现成的，而有些零件则需要根据具体的现场尺寸要求进行制造，然后进行现场装配；②与其他现场设备有直接关系的零部件必须在工作现场进行装配，例如，减速器的安装包括减速器与电动机之间的联轴器的现场校准，以及减速器与执行元件之间的联轴器的现场校准，以保证它们之间的轴线在同一直线上，从而使联轴器的螺母在拧紧后不会产生任何附加的载荷，否则会引起轴承超负荷运转或轴的疲劳破坏。

1.3 现代引信及其自动化装配

1.3.1 现代引信的发展趋势

战争的发展，包括目标的发展和战术应用的发展，对引信提出各式各样且越来越高的要求，引信在不断满足这些要求中得到发展，而现代科学技术及其成果的应用又为引信满足战争要求提供了先进、完善和多样化的技术及物质基础。引信的发展水平取决于引信对目标信息的利用水平。目前，国内外引信的发展趋势主要有如下几点：

（1）信息化和智能化水平大幅提高。2001 年，美国国防研究计划局（DARPA）决定在指挥、控制、通信、计算机、情报及监视与侦察（C^4ISR）基础上增加终端毁伤（Kill），即 C^4KISR，终端环节的出现，意味着必须大幅提高引信自身信息技术的含量，实现引信与武器体系其他子系统，特别是与信息平台、发射平台、运载平台之间信息链路的连接。

引信信息化水平的提高，不仅意味着引信需要获取更多环境信息和目标信息以满足作战需求，更重要的是为引信的扩展提供了更好的基础。

（2）抗干扰能力增强。利用各种物理场、各种探测原理和先进的信号处理手段，提高引信对各类目标的准确识别能力，提高引信自身战场生存能力，确保引信工作的可靠性。

提高抗干扰能力是引信，特别是近炸引信发展的永恒主题。提高近炸引信抗干扰能力主要从两个方面入手：①提高信号处理水平，这是每种引信都必须采用的方法，其基础是目标特性的准确性，因此，要加强目标特性的研究；②在可能的情况下，利用物理场特性和新的工作原理提高抗干扰能力，这是最有效的办法。

（3）作用模式增加，多功能及多选择成为发展趋势，炸点控制精度要求更高。现代榴弹引信要求具有多种功能，可具有触发、近炸、时间等。触发又具有瞬发、长延期等。近炸具有炸高分挡功能。

如果一种引信具有多种功能，就意味着一种引信可以配用多个弹种，这将会给生产、勤务、保障、使用等诸多环节带来一系列好处。

进一步挖掘并更加充分利用各种目标信息和环境信息，使引信对目标准确识别，实现起爆模式和炸点的最优控制。

提高炸点控制精度是引信，特别是近炸引信发展的又一个永恒主题。有三层含义：①是否是所攻击的目标（是敌还是我，是目标还是干扰，是否是易损部位）；②启用何种作用方式（近炸、触发、延期）；③在最有利位置起爆。

（4）微型化及多功能高密度集成。采用 MEMS 技术、单片微波集成电路（MMIC）技术、专用单片集成电路、高能电源等手段，实现引信微型化及多功能高密度集成。

引信小型化，进而微型化，可以带来一系列好处。微小型化的引信可以在小口径弹药上使用，或者在所占体积不变的情况下使用更多的元器件和部件，引信功能从而更加完善。更吸引人的是可以节省空间用于装药。

（5）功能扩展。现代引信除具备起爆控制的基本功能外，还可以为续航发动机点火、为弹道修正机构提供控制信号、实现战场效果评估及与各类平台交流信息（实现与信息平台、指挥控制平台、武器其他子系统和引信之间的交流）。引信信息化水平的提高是引信功能扩展的重要内容。

（6）高能量密度，小体积，抗高过载，能确保长期储存后可靠作用的引信电源。现代引信用电源（原电池加能量管理电路）主要是化学电源和物理电源。化学电源原电池主要有热电池、锂电池和铅酸电池。物理电源主要是利用后坐力、振动和飞行中气流驱动发电机发电。这两类电源可以满足现代引信的需要，与其他弹载电源一样，必须确保平时勤务处理安全，发射后可靠供电，确保长期储存后可靠稳定作用，输出的能量特征满足引信的多类供电需求。因此，高能量密度、小体积引信电源是引信的多功能、智能化、信息化和微型化的关键。

1.3.2 国外引信自动化装配系统现状

自动化装配系统是指在一条装配线或在一个装配单元，用机械化和自动化设备来执行各种装配任务。欧美等发达国家依托其成熟的工业基础，军民技术融合，在送料自动化、零件定位/定向自动化、组装自动化、装配前零件精度的检验和分类自动化、装配后的检验自动化等方面投入了大量资源，并在大批量生产中推广和应用。在引信装配技术和生产体系方面，已经从最初的手工装配经历人机结合的半自动化装配，发展到具有一定专用性的高度自动化装配。

引信自动化装配主要包括引信安全系统、引信电源以及引信电子组件的自动化装配。引信安全系统自动化装配如图 1-20 所示，主要包括滑块的自动化装配以及安全系统的自动化装配。引信锂电池自动化装配如图 1-21 所示，其各个工序以及材料配比都由装配线自动配比、严格控制，成本降低，效率提高。引信电子组件的自动化装配如图 1-22 所示，包括按照电路图将裸芯片、陶瓷等物质制造成芯片、元件、板卡、电路板，并最终组装成引信用的一个功能组件的全过程。

图 1-20　引信安全系统自动化装配

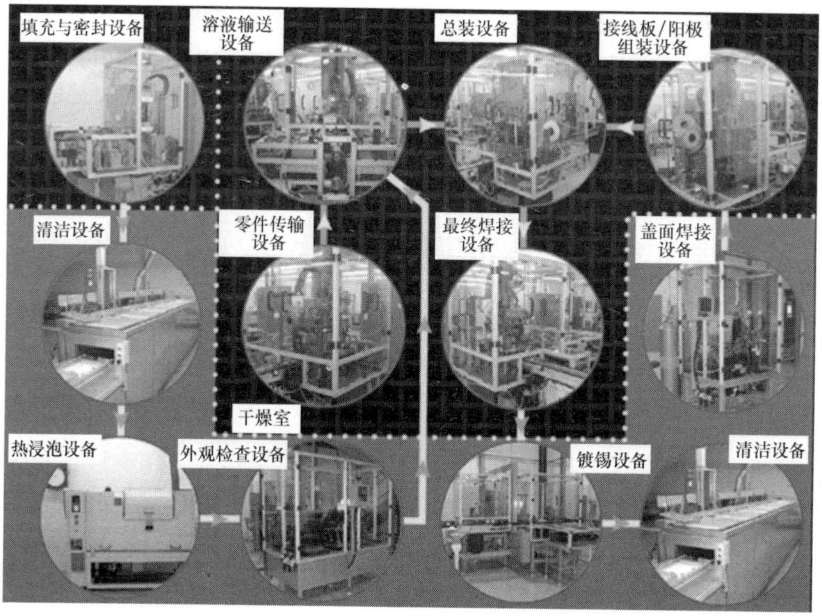

图 1－21　引信锂电池自动化装配

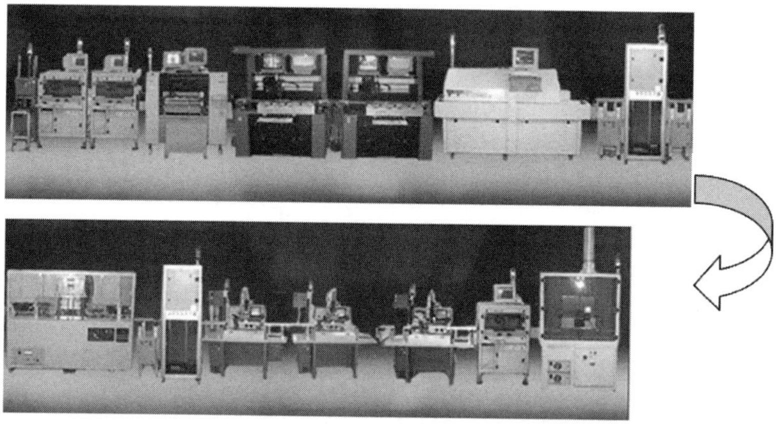

图 1－22　引信电子组件的自动化装配

1.4　工业 4.0 与引信装配

1.4.1　工业 4.0 提出的背景

进入 21 世纪以来，世界经济出现了新的局面，增速缓慢，竞争加剧。为摆脱危机和取得可持续发展，世界各国都在加快新的技术和工业革命的变革。

特别是近十年来，信息技术不断取得新的发展，数字化、智能化、信息化和网络化等新技术不断取得突破，尤其是社交媒体技术、移动互联网和物联网技术、云计算技术以及大数据与先进分析技术等新一代的信息技术不断推动产业的转型。德国是工业化的、以制造业为导向的出口型经济技术强国，为保持在重要关键技术上国际领先地位，在新一轮工业革命中占领先机，德国政府提出工业 4.0 战略，并于 2013 年 4 月在汉诺威工业博览会上正式推出。其基本设想是：制造的产品集成有动态数字存储、感知和通信能力，承载着其整个供应链和生命周期中各种必需的信息；整个生产价值链中所集成的生产设施能够实现自组织，能够根据当前的状况灵活地决定生产过程。目标是建立高度灵活的个性化和数字化的产品与服务的生产模式。在这种模式中，传统的行业界限将消失，并会产生各种新的活动领域和合作形式。这将是全球制造业未来发展的方向。

当前，我国的制造业面临十分严峻的考验。长期以来，高投入、高消耗、高污染的生产模式已无法延续。为提升竞争力，保持可持续发展，必须采用信息物理融合系统（CPS）、物联网与服务网技术，向智能、绿色和高效的智能工厂转型升级。我国签订的工业 4.0 战略合作框架，显示出高层对制造业工业 4.0 升级改造的强力支持，工业 4.0 对解决我国当前工业制造持续的技术转型将有极大的推动作用。

1.4.2 工业 4.0 战略

1. 工业 4.0 的概念

德国政府从国情出发，于 2012 年首先提出将信息物理融合系统的技术创新应用于制造业，提出基于 CPS 的工业 4.0 第四次工业革命战略。工业革命的划分如下：

（1）工业 1.0。第一次工业革命大约产生于 1780 年，18 世纪中期英国发明了蒸汽机，随之创造出制造蒸汽机的生产工具手动机床、刀具。1784 年第一台机械纺织机的出现，使人类劳动由手工转向机械化，由家庭手工业转向大机器工业生产方式，生存率和劳动生产率大幅提高，推动了由农业国向工业国的转变。

（2）工业 2.0。第二次工业革命产生于 20 世纪初，当时美国的福特发明了汽车与大批量生产流水线，同时开始推广应用电力技术，之后出现了自动化机床、自动线。由零星机械化生产向大批量自动化生产转变，提高了劳动生产率，加速了现代化工业的发展。

（3）工业 3.0。20 世纪 70 年代初，第一台可编程逻辑控制器（PLC）Modicon 084 问世，在微电子、微型计算机与 IT 技术的推动下，产生了第三次工业革命。特别是进入 80 年代，发达国家经过几十年大工业生产的积累，为了适应人们日益多样化的需求，综合运用现代管理技术、制造技术、信息技术、自动化技术、系统工程技术以及计算机软/硬件，形成了计算机集成制造（CIM）技术，实现了企业全部生产系统和企业内部业务的综合自动化与高效化，使企业经济效益得以持续稳步的增长。

（4）工业 4.0。由于数字化、智能化、信息化与网络化等新技术不断取得突破，催生了第四次工业革命的到来。在工业 4.0 时代，每个企业都将建立数字平台，通过开放接口将虚拟环境与基础架构融为一体，从而构成 CPS，生产自动化系统将升级为信息物理融合生产系统（CPPS）。工业 4.0 将由集中式控制向分散式、增强型控制基本模式转变，创造新价值的过程正在发生改变，产业链分工将被重组，将使人类由自动化生产进入智能化生产、绿色生产、都市化生产。

2. 工业 4.0 的目标

工业 4.0 战略是智能网络化世界的一部分。物联网及其服务推动这些领域发生重大变革，从而产生了能源领域的智能电网、可持续的移动策略（智能汽车、智能仓储）以及健康领域的智能健康。在制造环境中，实现价值网络上的产品与系统日益智能化、横跨整个价值网络的垂直网络化、端到端工程和水平的集成。

工业 4.0 集中于创建智能产品、规范和方法，智能工厂制定工业 4.0 的主要内容。智能工厂能够管控各种复杂情况，很少发生停车，并能更有效地制造产品。智能工厂与智能移动、智能物流和智能电网的接口，将使得智能工厂成为未来智能基础设施的主要部分，如图 1－23 所示。这将导致产生常规价值链的变革，并出现新的业务模式。

工业 4.0 战略愿景与目标具体描述为以下四个方面：

（1）在制造企业中，所有执行者与资源之间将采用新的、高水平的社交媒体技术交互方式。一切都围绕制造资源网络进行考虑，该网络包括制造机器、机器人、运输和仓储系统以及各类生产设施。制造资源网络基于知识是自治的、能够响应各种情况完成自身控制、具有自组织能力并且配备有分布广泛的传感器，同时与相关的规划和管理系统紧密结合。作为愿景的关键部分，智能工厂将被嵌入到企业内部的价值网络中，并且具有包括制造过程和制造产品

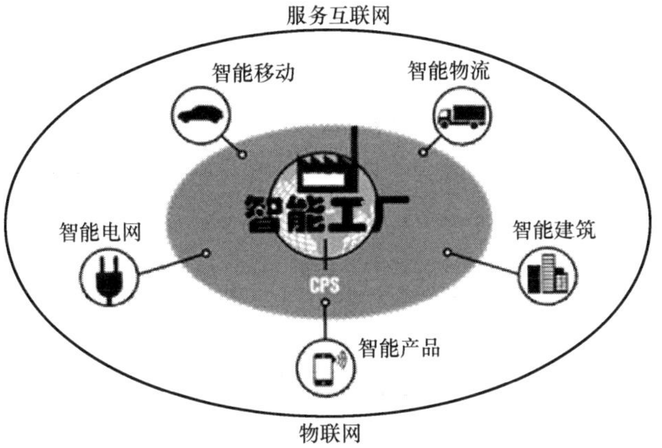

图1-23 智能基础设施组成

的端到端的工程特征，从而实现数字和物理世界的无缝融合。

(2) 工业4.0智能产品都将能唯一地被识别，任何时间都能确定其位置，甚至在智能产品加工期间也能知道其制造过程的详细情况。这就意味着，在某些领域智能产品将能控制半自治生产的个别阶段。此外，能确保了解制品和成品的各种参数，从而做到功能最满意，同时还能分辨在其生命周期内磨损与损伤情况。共享上述信息可以从物流、调度和维护方面优化智能工厂，同时实现与业务管理应用的整合。

(3) 工业4.0的未来：工厂还能将单个用户指定的产品性能结合进设计、配置、定制、规划、生产、运行和再周转中；工厂在制造之前或制造期间，甚至也有可能在运行期间直接响应最后1min提出的变更需求。这将使得智能工厂能够制造单个，甚至极少数量的产品。

(4) 工业4.0愿景的实现将使得企业员工能够控制、调整和配置智能制造资源网络，以及建立在所处环境和与上下文有关的目标基础上的制造步骤。企业员工将能从执行任务的路径中解放出来，集中精力从事创新和增加附加值活动。但是，他们仍将处于关键角色，特别是在保证质量方面。

3. 工业4.0的主要特征

为确保德国在制造业市场和装备制造业供应商两个方面的领导地位，工业4.0采用在制造业布局CPS以及加速CPS技术和产品市场化双战略。工业4.0在战略层面能够创建水平价值网络，在业务流程层面（包括工程）提供跨越整个价值链的端到端集成，同时能够实现垂直集成和网络化制造系统。其特征具体表现为以下三方面：

(1) 水平集成。在生产、自动化工程和工厂领域，水平集成是指用于制造和业务规划流程不同阶段的各种工厂系统的集成，包括在公司内部（如入库、生产、出库、市场）和几个不同公司之间（价值网络）的集成。该集成的目标是提供端到端的解决方案，通过水平集成开发公司内部的价值链和网络。

（2）端到端系统工程。跨越整个价值链的端到端系统工程包括产品设计和开发、生产规划、生产工程、生产实施以及服务五个阶段。这就需要采用跨越不同技术学科的整体性系统工程方法。贯穿于工程流程的端到端数字集成，横跨不同的公司和整个产品价值链，同时考虑用户需求，将数字世界和真实世界进行集成。端到端数字系统工程和由此产生的价值链最优化，将意味着用户不再选择由制造商指定的预先定义了性能范围的产品，取而代之的是将单个功能和部件配合，以满足指定的要求。通过 CPS 实现的基于模型的开发，允许采用一种端到端、模型化的数字方法，包括从用户需求到产品结构，直至最终产品生产。这就使得在一个端到端系统工程工具链中就能识别和描述所有的依赖关系。基于同一模型能够平行地开发制造系统，意味着它与产品的开发始终保持并驾齐驱，制造单个产品成为可能。目前，国内已着手开展这方面的工作。

（3）垂直集成。垂直集成是指为能够实现端到端解决方案在不同层级（如执行器和传感器、控制、生产、管理、制造和执行及公司规划级）的各种工厂系统的集成。

1.4.3 智能工厂与智能生产

就客户和消费者而言，工业 4.0 强调的是个性和定制化，是满足生产要素加速流动和配置以及企业对市场风向变化与产品个性化需求的快速反应，对企业柔性化生产能力提出更高的要求，对于工业 4.0 项目来说，主要由两大部分构成，即智能工厂和智能生产。

（1）智能工厂重点研究智能化生产系统及过程、网络化分布式生产设施的实现。

（2）智能生产主要涉及整个企业的生产物流管理、人机互动、三维（3D）打印以及增材制造等技术在工业生产过程中的应用等。在智能工厂中，人员、机器和资源相互之间进行通信，像在社交网络一样。智能产品能够知道其制造和打算使用的详细情况，主动支持制造过程，回答“什么时候被加工”“处理产品的哪一个参数”“产品被传递到何处”等问题，从而能够根据当前的状况灵活地决定生产过程。

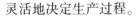

信息通信技术（ICT）是实现工业4.0的关键技术，具体包括联网设备之间自动协调工作的机器对机器（M2M）、通过网络获得的大数据的运用、与生产系统以外的开发/销售/企业资源计（ERP）/产品生命周期管理（PLM）/供应链管理（SCM）等业务系统联动等。智能工厂或工业4.0，是从嵌入式系统向信息物理融合系统发展的技术进化。

信息物理融合系统包括自主交换信息的智能机器、存储系统和生产设施，它们可以独立运行和相互控制。这种系统从根本上改善了工业过程，包括制造、工程、材料使用、供应链和生命周期管理。智能工厂或工业4.0，是从嵌入式系统向CPS发展的技术进化，通过通信网络，将工厂内所有设备互连，以实现信息物理高度融合。它作为未来第四次工业革命的代表，正不断向实现物体、数据以及服务等无缝链接的互联网的方向发展。

未来的生产系统以及智能工厂的产品、资源及处理过程因CPS的存在将具有非常高的实时性，同时在资源、成本节约中颇具优势。智能工厂将按照重视可持续性的服务中心的业务来设计。智能工厂的服从性、灵活性、自适应性和可学习等特征，其具有的容错能力、风险管理能力，通过可实时应对的灵活生产系统，实现生产工程的彻底优化。智能工厂的设备将基于自动观察生产过程的CPS的生产系统的灵活网络来实现高级自动化。同时，生产优势不仅在特定生产条件下一次性体现，也可以实现多家工厂、多个生产单元所形成的世界级网络的最优化。

1.4.4 智能工厂的体系架构

由于CPS进入制造和物流的技术集成与在工业流程中使用物联网，从而产生了创新的工厂系统——智能工厂。智能工厂的体系架构如图1-24所示。从图1-24可以看出：对应于传统自动化系统的现场级，采用物联网技术；对应于控制级，采用信息物理融合生产系统（CPPS）；对应的监控管理级连接到安全可靠和可信的云网络主干网，采用服务互联网提供的服务。

1. 基于嵌入式互联网技术、无线自组织的M2M通信网络

M2M是基于特定终端行业，以公共无线网络为接入手段，为客户提供机器到机器的通信解决方案，满足客户对生产过程监控、指挥调度、远程数据采集和测量、远程诊断等方面的信息化需求。M2M不是简单的数据在机器到机器之间的传输，它是机器之间的一种智能化、交互式通信，即使人们没有实时

发送信号，机器也会根据既定程序主动进行通信，并根据得到的数据智能化地做出选择，对相关设备发出正确的指令。工业控制需要实现智能化、远程化和实时化，随着无线宽带的突破，具有高数据传输速率、低占空比、IP 网络支持以及在移动性的 M2M 上将提供更佳的承载基础。

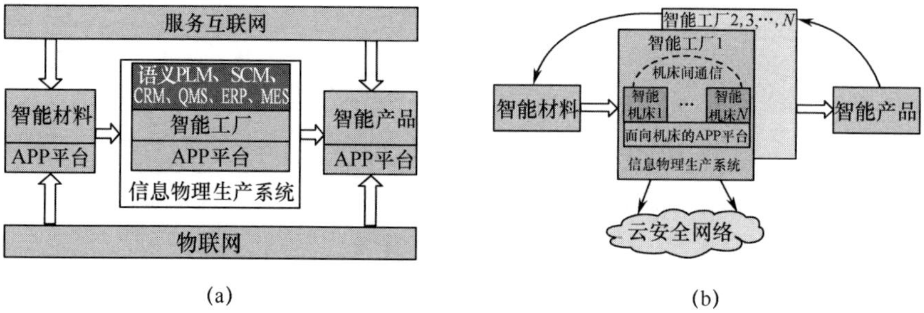

图 1－24　智能工厂的体系架构

（a）基于物联网和服务互联网；（b）基于云安全网络的智能工厂流程。

PLM—产品生命周期管理；SCM—供应链管理；CRM—客户关系管理；

QMS—质量管理体系；APP—应用程序；ERP—企业资源计划；MES—制造执行系统。

2. 信息物理融合生产系统

由于工业控制的可靠性要求非常高，因而生产流程控制采用靠近工厂机器设备的 CPPS。CPS 是计算过程和物理过程的集成系统，利用嵌入式计算机和网络对物理过程进行监测与控制，并通过反馈环实现计算过程和物理过程的相互影响。CPPS 是一种网络型嵌入式系统，它将打破在个人计算机（PC）时代建立的传统自动化系统的体系架构，从而全面实现分布式智能。

3. 安全可靠和可信的云网络

智能工厂的 IT 设施建立在云计算网络基础上，云计算的本质是一种基于互联网的服务模式，它类似于远程数据中心。控制室可以理解为私有云，考虑到控制的可靠性要求非常高，为 CPPS 提供服务的 APP 平台建立在工厂企业的私有云上。但是一些营运和生产管理，如 PLM、SCM、CRM、QMS、ERP 以及 MES 的一些功能可以通过云计算网络提供服务，从而降低创建和优化基础架构的成本，提升生产管理的智能化水平，高效地跨地域协同以及提高快速响应市场需求的能力等。

4. 基于 CPS 的高级工厂辅助系统

“智能工厂创新联盟”十分重视将各种无线技术以及室内精确定位等多种 IT 领域成熟的技术，创新地引入新一代工厂系统，形成高级工厂辅助系统。

2012年4月，谷歌公司发布了新产品“谷歌眼镜”，是一款可穿戴移动终端产品。“谷歌眼镜”采用了“扩增实境”（又称为增强现实技术），在“实境”现实基础上将图像、声音和其他感官增强功能实时添加到真实环境中，以虚拟现实方式把它扩增，把真实环境和虚拟物体实时地叠加到同一个画面或空间，可以使用户充分感知和操作控制虚拟的立体图像。为此，“智能工厂创新联盟”专门成立了项目组，经过研究试验，计划将该技术用于工业维护系统：通过头盔式显示器将多种辅助信息显示给用户，包括虚拟仪表的面板、待维修设备的内部结构以及待维修设备零件图等，从而大幅提高维护效率。利用这些高级工厂辅助系统还可以支持、帮助和培训新一代工作人员。

1.4.5 引信智能化制造之路

1. 信息化技术创新对引信制造生产的影响

进入21世纪后，随着IT技术突飞猛进的发展，我国军工制造业在产品设计、工艺规划设计与管理、零件制造、装配、产品检测、物料配送与供应链管理、售后服务等覆盖产品全生命周期的各个环节发生了革命性的改变。随着数字化技术的不断发展和深入应用，产品设计经历了由二维手工制图到全三维数字化产品定义，由串行设计到面向制造的并行协调设计的演进。产品协调逐步从模线—样板—标准样件的模拟量协调过渡到全三维数字量协调模式，样件制造逐渐被时代淘汰。工艺设计逐步从二维离散式手工编制向全三维结构化自动工艺设计方向演进，工艺仿真技术的应用打破了“设计—制造—评价”和“实物验证”这一传统模式，不需要实际产品作为支持，有效地解决了传统的二维装配工艺设计周期长、需要实物验证、效率低的企业制造瓶颈问题。从而提供了三维工艺设计的环境，确保工艺工程师、工装设计师尽早地参与到产品设计研发中，与设计人员并行开展工作，及早发现装配过程中的各种干涉问题，并将这些信息反馈给设计人员，结合人机工效评估结果对工艺方法、工装结构和生产线布局等进行修改和优化，在产品上游设计阶段即可消除潜在的装配冲突与缺陷，评价产品的可装配性，帮助企业拥有“面向制造的设计”和“面向维护的设计”，实现真正意义上的数字化并行工程。

在零件制造方面，机械加工已经实现依据产品三维设计模型快速编程和仿真，部分车间已着手建立车间物联网，建成后可依据设备的使用情况和需求自动安排生产。应用仿真技术可以提前预判零件的成形工艺性，采用回弹补偿技术，降低零件返修率，缩短零件制造周期30%以上。装配模式也逐步由“一对一”手工装配模式向“一对多”柔性装配模式发展。IT 技术的广泛应用使企业管理逐步由粗放型向精细化管理转变，物料配送和供应链管理发生了根本性改变。例如，标准件配送和采购逐步由大批量库存、年终盘点、手工计数领用的传统模式向标准件自动拣选、按需采购、零库存或适度备货的模式转变。企业领导者可以通过强大的信息化系统应用，及时准确地了解企业各个关键环节的进展情况和存在的问题，大大提高了办公效率。IT 技术创新使我国军工制造业进入快速发展的时代，新产品研制周期不断缩短。然而，我国的军工制造业还远远未达到工业 4.0 的水平。

2. 引信智能化制造的物质基础

构成工业 4.0 的基础包含两个方面，即自动化和信息化。我国在国防工业基础技术研究上加大了投入力度，也在局部点上形成了示范应用的效应。但与发达国家相比，自动化水平还有很大的差距，仅解决了高端国产化的设备问题，大量的先进科研成果和发明专利还没有转化成生产力。原理样机与工程化应用之间还有很长的距离。在生产线上的高端装备多是进口设备，这说明军工制造业的基础技术还很薄弱，自动化水平的相对较低，较长时间内如何快速实现自动化、智能化装配仍是我们面临的主要问题。

云计算、大数据、互联网等技术为自动化和智能化融合提供了有力支撑。随着我国军工制造业信息化应用技术水平的快速提升，逐步构建起实时广泛的物联网络平台和灵活动态的基础信息架构，以支持军工制造企业高度协同的设计制造、高效统一的运营管理和随需而动的智能决策发展需求，实现生产线的信息化集成管理。

实现工业 4.0 必须解决好以下三个方面的问题：

(1) 安全和保密。这就要求其必须满足两个条件：一是确保生产设施和产品本身对人或环境不造成任何危险，特别是涉及危险工序装配时，不会增加装配的固有危险性；二是防止数据被滥用和未经授权的访问。军工企业由于其特殊性，安全保密的问题是不可逾越的“红线”。在目前国家保密法的规定框架内，保密要害部位不能存在任何的无线通信设备，保密信息系统的软件防护也有十分严格的限制，因此，妥善处理好安全和保密问题是当务之急。

(2) 标准化和参考架构。在漫长的信息化发展进程中，企业发展前期很难在可持续发展的信息化规划下构建信息化系统，通常是对需求迫切的部门先在相对独立的业务流程中开发出一套信息化系统，从而导致遗留信息孤岛。因此，随着工厂与工厂外的很多事物和服务连接起来，通信手段及数据格式等很多事物必须统一 IT 架构，制定共同标准，而且需要一个参照架构来为这些标准提供描述并促进标准的实现。

(3) 复杂系统的管理。随着生产系统与其他系统连接，整个系统变得复杂，管理变得越来越困难。制造系统正在日益变得复杂，适当的计划、描述和说明模型可以为这些复杂系统提供管理基础。工程师们应该为了发展这些模型而进行更多的方法创新和工具应用。通信基础设施的建设购置可用于工业用途的、可靠性高的通信基础设施和通信网络是工业 4.0 的关键要求。

工业 4.0 的出现，必将从根本上改变企业的组织和管理，以及人们的工作方式和职业诉求。企业的可利用资源可以面向全球，原材料变为产品的过程更高效。

2

第2章 手工装配

2.1 手工装配概述

装配是通过搬运、连接、调整、检查等操作，把具有一定几何形状的物体组合到一起。发达国家，尤其是欧美国家早在20世纪70年代末就基本实现了制造自动化，目前制造业的自动化已达到了非常高的水平，发展了许多典型的自动化制造系统。以机器人为代表的各种自动化专机及自动化生产线广泛应用在机械制造、物流与仓储等行业，保证了产品的高质量和生产的高效率，推动了行业的快速发展。

从20世纪80年代开始，我国引进了大量自动化装备，涉及的行业很多，以家电、轻工、电子信息行业最为典型，引进的装备涉及模具、专用设备和生产线。但目前自动化设备行业的自主设计开发能力仍然较差。由于装备制造业水平有限，手工装配生产线作为技术含量不高的生产模式大量应用于国内各种制造业。目前，国内制造业相当多的产品都是在这种生产方式下装配制造出来的，而且在今后相当长的时期内，这种生产模式仍将发挥重要的作用。

在以下情况下通常采用手工装配进行生产：

（1）产品的需求量较大。

（2）产品相同或相似。

（3）产品的装配过程可以分解为小的操作工序。

（4）采用自动化装配在技术上难度较大或成本较高。

手工装配生产线的设计及生产主要存在的问题：

（1）该类型生产线很多是依据经验而生产设计的，缺乏有效的设计规划，从而造成能源、材料及人力的浪费。

（2）符合现实需要，适应当前我国国情的发展，优化生产线的设计，对减少材料能源消耗、最大限度地节约空间资源、提高生产效率、改善工人工作环境具有重要意义。

国内之所以仍然大量采用手工装配线组织生产，主要是因为手工装配线这种生产方式具有如下特点：

(1) 成本低廉。可以充分利用国内丰富的劳动资源，而且由于工人长期专门从事某项或某几项工序操作，其操作可以达到相当熟练的水平，并具有相当的技巧。

(2) 生产组织灵活。能够适应多品种、小批量生产的需要，某些多品种、小批量的类型和规格需要经常更换，不适合组织自动化生产。

(3) 某些产品的制造过程更适合采用手工装配生产线，比自动化生产线更容易实现。如果要实现自动化生产，设备的难度将很大，制造成本高。

(4) 成本低的制造方法很多情况下是自动化生产和人工生产相结合进行的。在实际工程中，市场竞争越来越激烈，用户对产品的要求是质量更高、产品更新周期更短、产品价格更低，企业追求的目标始终是时间更短、质量更高、成本更低，降低成本成为企业竞争的重要手段之一。由于某些产品的部分或是全部工序中，采用手工装配生产线的制造成本仍然是最低的，因此很多情况下，成本最低的制造方法是自动化生产和人工生产相结合进行的。即使在设备自动化程度较高的情况下，也可能是自动化专机、自动化生产和手工装配生产线并存。

(5) 手工装配生产是实现自动化制造的基础。自动化生产线是在手工装配生产线的基础发展起来的，工业发达国家早期的制造业大量采用了这种手工装配生产线，之后，为了降低人工成本，提高产品质量，在此基础上逐步发展自动化生产线。手工装配生产线是实现自动化制造的重要基础。

2.2 装配工艺流程

2.2.1 装配工艺流程概述

零件通过某种连接技术装配成最终产品而发挥其作用。零件的装配涉及许多操作，最为重要的是这些操作必须以合理的顺序进行，这就是装配程序。因此，必须事先考虑装配程序，以便迅速有效地完成装配工作。

合理的装配顺序在很大程度上取决于：装配产品的结构；零件在整个产品中所起的作用和零件间的相互作用；零件的数量。

安排装配顺序一般应遵循的原则：首先选择装配基准件，它是最先进入装配的零件，多为机体或机座，并从保证所选定的原始基面的直线度、平行度和垂直度的调整开始；然后根据装配结构的具体情况和零件之间的连接关系，按先下后上、先内后外、先难后易、先重后轻、先精密后一般的原则确定其他零件或组件的装配顺序。

通常，将整台机器或部件的装配工作分成装配工序和装配工步顺序进行。由一名或一组工人在不更换设备或地点的情况下完成的装配，称为装配工序。用同一工具，不改变工作方法，并在固定的位置上连续完成的装配工作，称为装配工步。在一个装配工序中可包括一个或几个装配工步。部件装配和总装配都是由若干个装配工序组成。

2.2.2 典型引信装配工艺流程

引信从中、小口径到大口径产品尺寸相异，从触发、非触发、指令引信产品结构及组成各异。产品结构复杂、零件多、工序多、工艺路线长，是引信装配的共同点；但不论口径大小，结构如何，其装配生产大的流程基本相同。引信装配工艺流程如图 2－1 所示。

1. 中、大口径引信——某加榴炮机械时间引信

1）引信上体部件装配流程

引信上体部件装配流程：涂胶→焊接窗口玻璃→擦拭→密封检验→外观检验→装垫圈→装装定钥匙→密封试验→检验。

2）组合部件装配流程

组合件装配流程：涂润滑脂→装垫圈→装固定环→检验力矩→拆卸固定环→重装固定环→检验→压装击发机构→铆钟表机构罩→检验→装计数器→零装定→装压计数器罩套圈→点铆套圈→检验点铆质量→装连接环→去毛刺→抽验→检验→退修→退修检验→涂润滑脂→最终检验。

3）未装雷管的隔爆机构装配流程

未装雷管的隔爆机构装配流程：装隔离机构部件→铆接部件→配置润滑剂→润滑→检验→复位→检验。

4）隔离机构装配流程

隔离机构装配流程：装配点铆→检验→复位到保险装置→检验保险装置→检验→复位→检验→组批→拆卸隔离机构（返修）→检验。

5）总装配流程

总装配流程：吹风→组合部件装入引信体→检验装配正确性→初拧引信下体部件→拧紧引信下体部件→检验→引信装定→打标志→检验标志→检验外螺纹→密封试验→涂密封脂→检验→退修工序（刮胶）→退修工序（拆卸引信下体）→退修工序（拆卸引信下体部件、隔离机构、引信上体部件、组合部件）→退修工序（刮引信上体和引信下体部件上的胶）→退修工序

（复检）→钻孔→检验孔径、孔深、外观→装引信下体部件弹簧销→检验→涂硅橡胶→检验涂胶→拧紧加强螺→检验→密封检验。

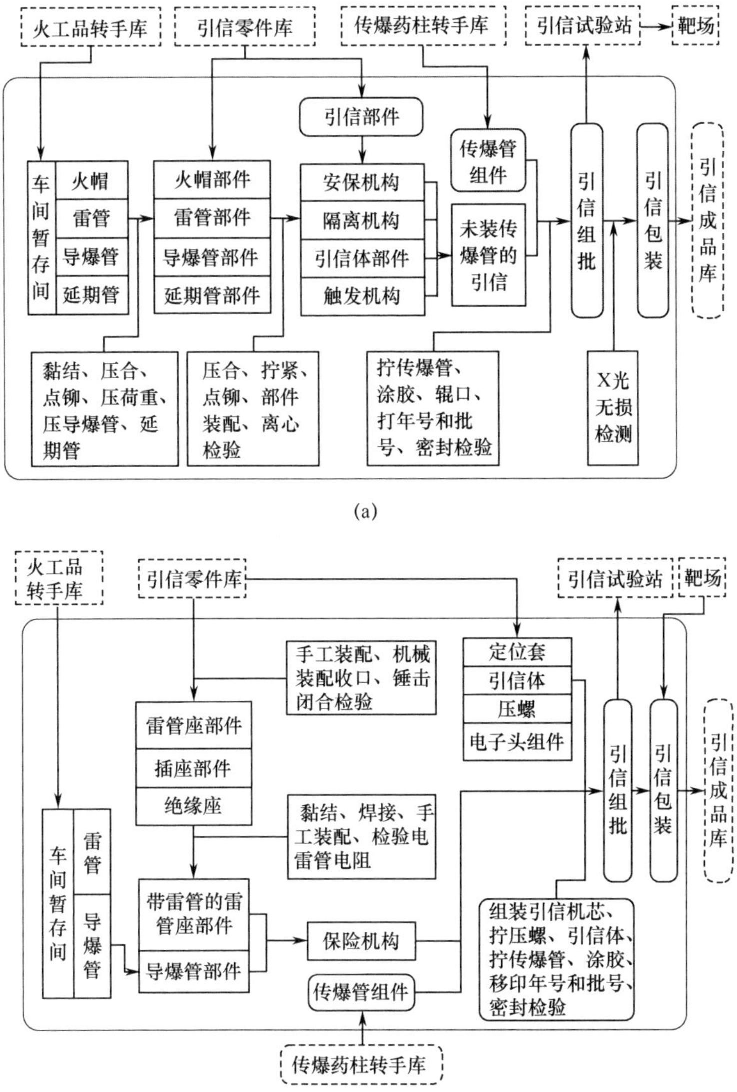

图2－1　引信装配工艺流程

（a）某机械引信装配工艺流程；（b）某近炸引信装配工艺流程。

2. 中、大口径引信——某机械触发引信

1）无传爆管的引信装配工艺流程

无传爆管的引信装配工艺流程：装触发机构→检验触发机构装配正确性→

涂密封胶→检验密封性→延期装置装配前检验→装密封垫圈及延期装置→检验→延期装置压螺并拧紧→检验尺寸→检验外观→初拧隔离装置和压螺部件→拧紧隔离装置和压螺部件→检验→装后密封垫圈→擦洗→涂密封胶→检验外观→检验密封→退修→装栅杆架部件→点铆→检验点铆质量→将锥帽套在引信体头部锥体上→收口→检验尺寸→检验外观。

2）机械触发引信总装配工艺流程

机械触发引信总装配工艺流程：初拧传爆管部件→拧紧→去掉环形槽外的密封胶→密封检验→检验高度→检验外螺纹→打年号→打批号→检验年批号→清擦产品→外观检验。

3. 小口径引信

1）远解隔离机构装配工艺流程

远解隔离机构装配工艺流程：清洗小钢球→隔离球盖涂油→裂环涂红→检验涂红→隔离球座装入夹具内→装装雷管的隔离球→装隔离球盖→压紧隔离球盖→装裂环→装保险带→装一个小钢球→装四个小钢球→检验装配正确性→装罩并压合→检验装配质量→摇响→拆卸部件→检验（退修）。

2）小口径近炸引信装配工艺流程

小口径近炸引信装配工艺流程：引信体吹风→截胶布→贴胶布→写号→检验→装定位套组装引信机芯→检验装配质量→初选压螺→拧紧→去毛刺→检验径向跳动→拆卸压螺→涂胶→初拧压螺→擦拭→终拧压螺→检验径向跳动→退修→退修品检验→退修→涂胶→预拧压螺→终拧压螺→去毛刺→擦拭引信→补胶并擦拭→检验引信高度→检验引信外观→修螺纹→涂漆→检验径向跳动→外观检验退修→去胶→密封检验→补胶→检验→擦拭压螺→印标志→检验标志→退修→去胶→去胶布。

3）小口径可编程电子时间引信装配工艺流程

（1）快激活电源装配工艺流程：电源各部件、零件检测→防旋柱和上盖铆接组成上盖部件→保险机构、电芯部件装入电池壳→高精度环氧树脂灌封、固化，清除电源内腔多余灌封料→磁芯部件装入电源内腔→完成上盖和电池壳扣铆的四道工序，即翻边、平整翻边幅度、压盖、退出模具→电源电性能检测。

（2）电子模块装配工艺流程：合装电路部件→焊接→合装电路部件和模块座→电子模块封装→检测电子模块电性能→安装天线簧片和短路簧片。

（3）安全系统装配工艺流程：主动轮部件装配→远解机构的装配→保险机构装配→离心机构装配→检验。

（4）电子引信装配工艺流程：控制机芯部件装配→感应接收装置装配→感应接收装置检验→感应接收装置高度尺寸分级→装配电雷管→电雷管短路电阻检验→装配纸垫片→装配安全系统→装配传爆管→标记检验。

2.3 装配生产线布局

2.3.1 装配生产线布置概述

手工装配生产线是在自动化输送装置（如皮带输送线、链条输送线等）基础上由一系列工人按照一定的次序组成的工作站系统，每名工人（或多名工人）作为一个工作站或一个工位，完成产品制造装配过程中的不同工序，当产品经过全部工人的装配操作后即完成全部装配操作，并最终变为成品。如果生产线只完成部分工序的装配检测工作，则生产出来的就是半成品。

在生产线上如果大部分工序都由机器完成，只采用少数工人进行辅助工作，则为手工装配和自动化装配共同组成半自动生产线。如果全部工序由机器自动完成，就变成自动化生产线。引信装配线绝大部分工序是手工装配，少数工序是由机器自动完成，或在工人的辅助下由机器完成，这种生产线通常称为手工装配线。

引信装配生产具有如下特点：

（1）在手工装配线上，产品输送系统一般为皮带输送线和滚筒输送线，输送方式一般为连续式。

（2）工人的操作一般是将产品从输送线上取下，在输送线旁边的工作台上完成装配后再送到输送线上。

（3）工人的装配工作是坐着进行，根据工序所需要的时间分为多个工序。

（4）每个工序的排列次序是根据产品的生产工艺流程要求经过特别设计安排的，一般不能调换。

（5）工人在装配过程中可以是手工装配，但较多使用气动或电动工具。

（6）根据实际产品的生产工艺，在手工装配线上可以进行多种装配操作，如焊接、放入零件或部件、螺钉螺母装配紧固、胶水涂覆、贴标签条码、压紧、检测、包装等。

从装配操作方法角度来看，工位布置相当重要。工位布置通常是用工位平面图的形式表示，在平面图中标示出工具、夹具和零件箱架应放的位置，同时平面图中还包括作业指导、分段运输完成品和存放进料的装运箱以及与操作和工位设置相关的其他任何资料。

2.3.2 装配生产线布置的原则

装配生产线的布置受装配设备、产品、人员、物流运输以及生产方式等诸多因素的影响。装配生产线布置要精心，与现代化管理相结合，考虑如何进行管理，先进的管理方式直接与装配线布置相关。

进行装配生产线平面布置时应遵循以下原则：

（1）有利于工人操作。

（2）在制品运输线最短。

（3）有利于流水线之间的衔接。

（4）充分利用生产空间。

（5）有利于安全生产。

2.3.3 装配生产线布置方式的选择

装配生产线按照平面布置方式，一般分为“一”形、“L”形、“U”形、“M”形、环形、“S”形。

每种流水线在工作站布置上又分为单列流水线和双列流水线。单列流水线一般在工序较少、每道工序的工作站也较少的条件下应用。当工序与工作站数量较多而空间的长度不够大时，可以采用双列直线排列。

当工序或工作站更多时，可采用“L”形和“S”形等布置。“M”形常用于零件加工与部件装配相结合的情况，环形布置多用于工序循环的情况。

装配线的平面布置除符合工艺路线外，还必须考虑设备、产品、生产方式、物流及运输、仓储及辅助设施、厂房结构等因素以及装配线布置的灵活可变性。

1. 设备

装配线设备的选择是根据产品技术要求和装配工艺方法确定的。正确选择装配线布置的工艺设备和工装，不仅能提高生产效率、降低生产成本，还可以使装配线布置工艺合理化。选择装配线设备时要考虑的问题包括：产品的生产纲领；产品质量要求；设备的先进性、可靠性和价格。

2. 产品

产品结构和装配过程设计是装配流水线布置首要考虑的重点。对产品结构进行分析、研究，提出改进产品结构的意见，可以大大简化装配流水线生产过程。

3. 生产方式

生产方式是装配流水线布置时需要考虑的一个方面，确定生产方式需明确：生产纲领；工作制度，即工作班制和每班工作时间；生产形式，要考虑自动线生产还是流水线生产，是单机生产还是机群生产；管理方式，指保证生产所规定的管理方法、制度和规定。

4. 物流及运输

物料流动是通过运输来完成的。物料运输在工厂必不可少，生产中应该采取经济合理安全的运输方式。物料移动的多少取决于生产因素，装配流水线布置必须保证物料的运距最短，并始终不停地向产品装配线的终点流去，建立控制系统保证物料的流动。

5. 仓储及辅助设施

物料流始终向装配过程终点流去，但无论何时，只要物料中断，就会出现停产待料，因此，需要保留一定数量的储备，以保证装配流水线上物料的流动，这在保持生产和平衡工序能力方面是经济合理的。此外，辅助设备为生产提供维修保养和服务，也起着重要作用。

6. 厂房结构

厂房一旦建立，其可变动性较小，因此，在设计时就应认真考虑，根据生产特点确定厂房结构。在装配工艺上有特殊要求的，需对厂房进行专门设计。一般采用通用厂房，多层厂房应根据装配流水线布置工艺特点、生产安全要求和占地情况综合来考虑。

2.3.4 典型引信装配生产线布局

引信装配生产线的布局与所要求的引信生产能力密切相关。通常情况下，对于中、小口径引信：如果产量较低，部件装配与引信总装配就布置在一栋建筑物内；如果产量较高时，就按部件和总装分别布置在不同建筑物内。对于大口径引信，部件装配与总装配分别布置在不同建筑物内。

在生产线布局时，一般按装配工艺分段布置，在装配工艺允许的条件下，非危险性工序与有危险的工序一般要求隔离开来，危险性较大的装配工序一般要求人机隔离并布置在具有防护能力的间室内。生产线布局时还要求作业过程不交叉，布局尽量能简化生产组织和现场管理，并做好劳动保护和安全防护措施。图 2－2 为某小口径引信的装配生产线布局。图 2－3 为某大口径引信的生产线布局，该生产线由一个部件装配建筑物和一个总装配建筑物组成。

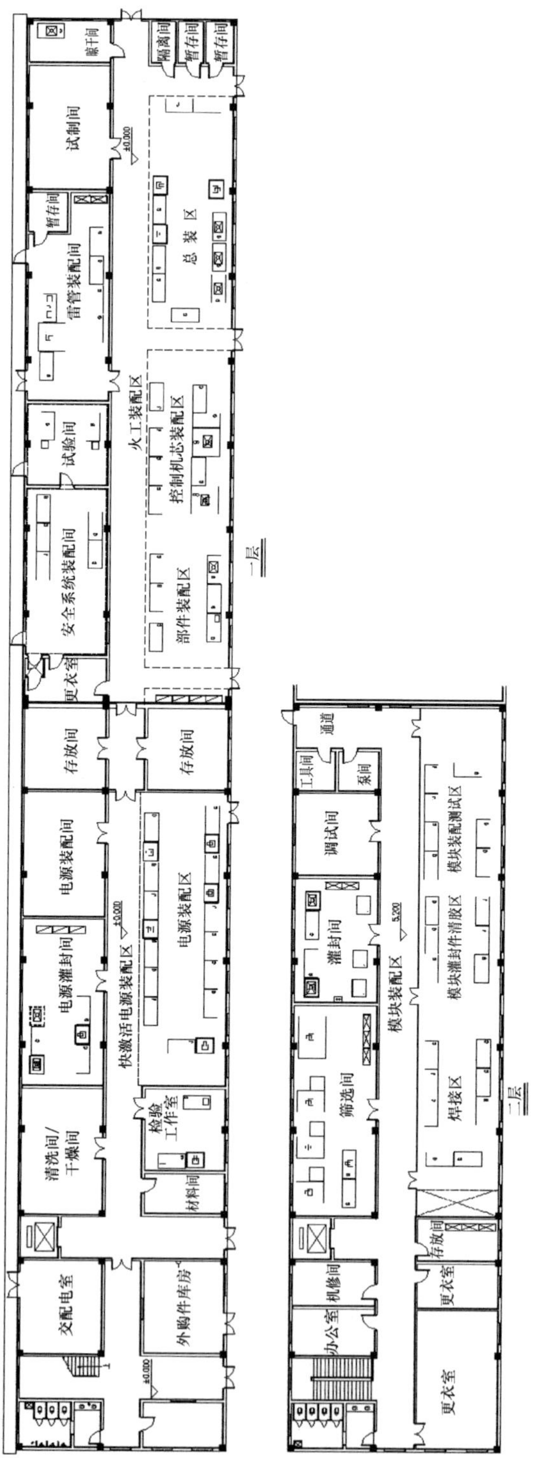

图2-2 某小口径引信装配生产线布局

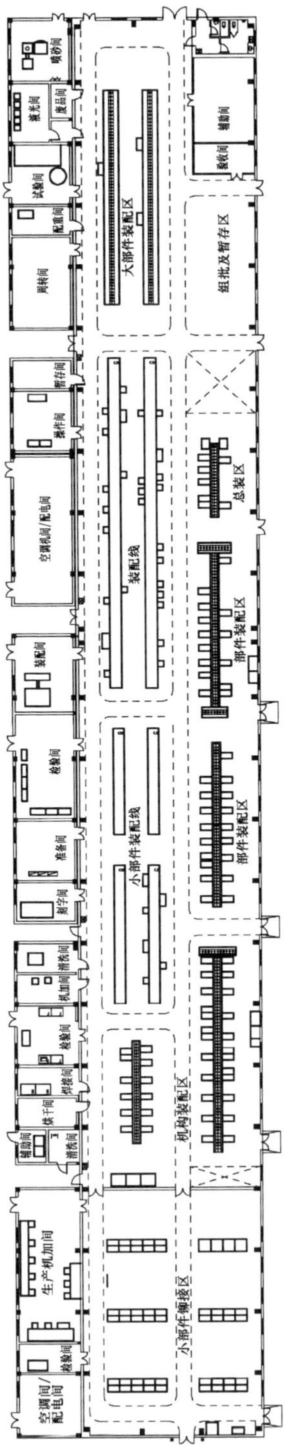
大部件装配区
组批及暂存区
空调机间/配电间
装配线
总装区
部件装配区
小部件装配线
部件装配区
机构装配区
生产机加间
空调间/配电间
小部件铆接区

（a）

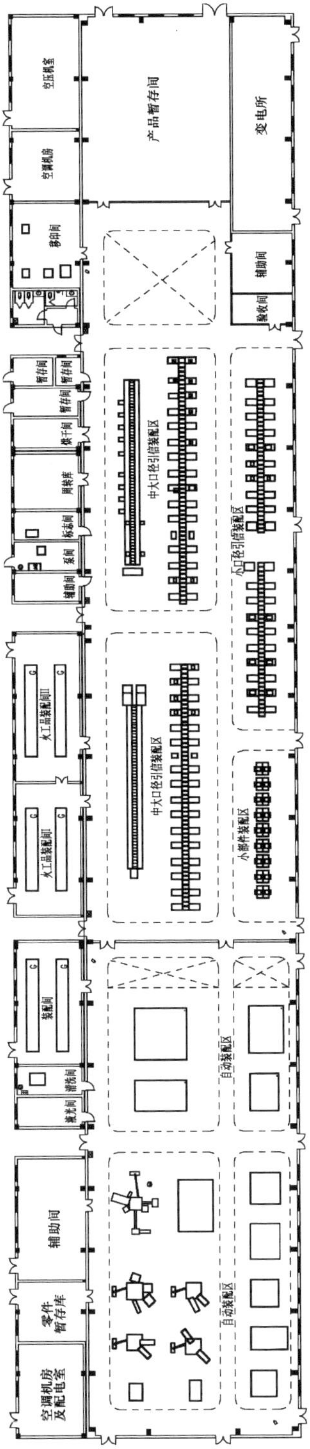
产品暂存间
变电所
辅助间
零件暂存库
空调机房及配电室

（b）

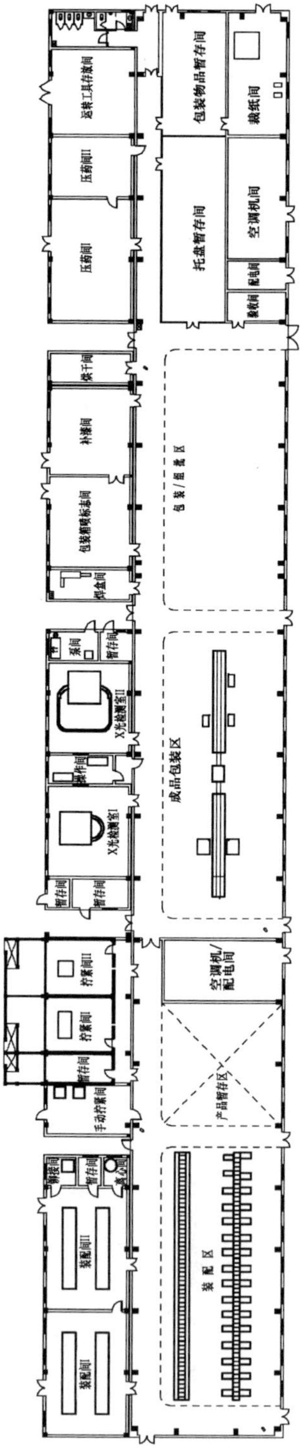

（c）

图2-3　某大口径引信装配生产线布局

（a）小部件装配；（b）大部件装配；（c）传爆管装配及总装配。

2.4 装配动作分析

2.4.1 制造方法分析

在研究制造工艺过程中，无论是铸造、机械加工、成形、精加工还是装配，制造工程师都必须明确说明适于制造加工的最经济的操作方法。为了分析最经济的操作方法，制造工程师必须理解并会应用一些基本技术，这些基本技术包括作业方法分析、动作经济性分析和操作简化技术。

即使最为细致充分的工艺规划编制，有时也会忽略一些细节或特殊方法，被忽略的细节或方法可以在后续的产品生产中进行改进。制造工程师的部分工作就是要洞察并能改进生产工艺中需要改进的地方。

生产工艺改进的途径之一是操作简化，即有目的地应用常识找出简易的操作方式。操作简化提供系统的、常规的方法使操作更简易，同时使成本降低。操作简化的基本假定是总会存在一个更好的方法去完成任务。操作简化模式有以下五个基本步骤：

（1）选择要改进的操作。

（2）记录操作的详细情况。

（3）分析操作的详细情况。

（4）提出改进措施。

（5）应用改进措施。

选择一个要改进的操作需要仔细考虑和研究。首先把精力投入改进回报最大的地方。优先改进生产中的瓶颈位置、阻塞点、易出现故障的位置、需要大量时间的操作或者是工作条件差的地方。在做出改进操作的项目选择时，下面所列操作项目可供参考：

（1）最高成本：涉及的资金支出、劳动量和设备使用上最多的操作。

（2）最大工作量：完成操作时需要劳动量最大。

（3）所需人数：需要大量的工人完成相似的操作任务。

（4）步行：需要大量的、不停走动的操作任务。

（5）瓶颈：操作不顺畅、不平稳的操作任务。

（6）影响进度：不能满足生产进度，导致生产积压或加班。

（7）过多浪费：导致材料浪费、报废、返工的操作任务。

（8）过度疲劳：需要强体力或者需要频繁休息才能继续的操作任务。

（9）不安全或不舒适作业：导致大量事故，或是由于诸如灰尘、噪声、浓烟、蒸汽以及高温等恶劣环境产生的不舒适感。

每个操作由以下三部分组成：

（1）操作前准备：花时间和精力整理布置，或开始准备操作。

（2）操作：完成真正操作。

（3）操作后整理：花时间和精力整理操作完成后的东西。

如果让一位木工做一个木质包装箱，可以把木工的工作分解为如下三个部分：

（1）操作前准备：打开材料箱，取出钉子，关上材料箱，拿出锤子，把钉子放置在工作台上。

（2）操作：锤击钉子。

（3）操作后整理：放置好锤子，拿起并放置好箱子。

缩短整个操作中的“操作前准备”和“操作后整理”所需要的时间就是减少了与作业相关联的非生产性时间。

完成作业的详细记录最好借助于流程图表技术，特别是工艺流程图和框图。工艺流程图是一种工具，这个工具以一种紧凑的方式记录作业中的每一步操作，借助于这个工具，可以更好地理解和改进工艺过程。流程图用图示的方法分别表示出了在完成操作或一系列动作过程中的所有各步操作。工艺流程图表可以用于记录一个组、段和车间内，或车间之间的流程。工艺框图的应用是没有限制的。

无论连续操作是多么复杂和难以理解，如果按时间点一步步分析，那么流程图是能建立起来的。像其他图示方法一样，流程图仍然需要修改以满足特殊情况时的需要。例如，流程图可以按顺序表示出生产操作员的所有操作，或者按顺序表示出工人、零部件和原材料流通步骤。图表与操作员类型或物料类型，两者不应该结合在一起表示。

仔细研究和分析工艺流程图，给出加工过程中的每一步图表描述，这样提出改进方法是可能的。经常可以发现一些操作可以取消，或者一个操作可以部分取消，一个操作可以与其他操作合并，能找到适合零件的更佳路线，能更经济地使用机器，可以消除两个操作间的延迟时间，还可以采取其他的改进措施，这些都是为了能以较低的成本生产高质量的产品。

制作流程图需要遵守以下原则：

（1）说明正在研究的活动：确定正在研究的正是已经选择的。

（2）选择研究主题：决定是研究操作员，还是物料并全程跟踪。选择了研究主题后，就应该坚持。

（3）选择起始点和结束点：确定希望研究的工序，并确保覆盖这些工序，不要增减。

（4）简要描述每个零件：逐步描述。

（5）使用符号：说明每个符号的意义，把每个符号用线正确地连接起来。

（6）用黑色表示“执行”操作：给表示“执行”操作的符号加上阴影。

（7）输入距离：只要有运输，就要输入运输距离。

（8）输入时间：这不是必需的。然而，在对分析有帮助的情况下，应注释所需要的时间。

（9）总结：汇总所有情况并添加到总结一览表中。一览表中应该简要说明人员、运输、检验、延迟、存储以及搬运距离。

图2－4为工艺卡示例，图中圆圈中数字表示的位置与上面列出的原则一一相对应。

流程图中各符号的意义如下：

“○”表示操作。操作是有目的地改变操作对象的物理或化学性质，是对操作对象进行装配或分解。操作也包括为另一个操作所进行的准备工作、搬运、检验或存储。信息的收发、计划编制或计算同样是操作。

“⇒”表示搬运。搬运是操作者从一个车间移动到另一个车间，是操作对象的移动。但有两种情况不属于搬运：运动属于操作中的一部分或者在工作站上进行操作或检验时引起的运动。

“□”表示检验。检验是对产品身份进行检查核实，查证产品质量、数量以及其他特性。

“D”表示延迟。当条件不允许或者不需要立即进行到下一步操作动作时就产生了延迟，但延迟产生的条件不包括有意地改变操作对象的物理或化学特性。

“▽”表示存储。存储是把产品保存起来，未经允许不得移动。

流程图是包含所有要研究作业的一个简单区域布置图，在工艺卡中通过物体或人员行进的路线来简要说明。通过使用与工艺卡中相同的符号来表示所要采取的动作。

操作简化模式的第三步涉及质疑每一部分、每一方面或作业的每一个细节。此时，仔细检查每一个操作，提出一些非常尖锐的问题。在已经询问了所有可能的问题并得到相关的回答之前，不要感到满意。要做的第一件事情是对要研究的所有操作提出问题：为什么这样操作？这个操作真正需要吗？如果需要，那么对每个“操作”工作提出问题。如果可以消除一个“操作”工作，那么同样可以消除与其相伴随着的“操作前准备”和“操作后整理”工作。“操作”工作是能增加价值到所研究的产品或工艺中的那部分。

工艺流程图

编号：1
页码：1/1

摘要 ⑨

	当前值		推荐值		差值	
	编号	时间	编号	时间	编号	时间
○操作	15					
⇒搬运	4					
□检验	0					
D延迟	5					
▽存储	0					
移动距离	120英尺					

① 工作内容：订单标价与记录

② □人员 ☑材料：未标价订单

起点：A工作台 ③

终点：A工作台

编制：John Smith　日期：4/15/83

⑧

详细方法	操作	搬运	检验	延迟	存储	距离	位置	时间	动作：提升	抓取	延迟	放置	准备	检验	说明
1置于A工作台	○	⇒	□	D	▽										由投递者完成
2打时间标记	○	⇒	□	D	▽										
3置于箱外	○	⇒	□	D	▽										
4等待	○	⇒	□	D	▽									√	
5C拣选	○	⇒	□	D	▽							√	√		至少15min
6到工作台	○	⇒	□	D	▽	20							√		
7分类标记和未标记	○	⇒	□	D	▽					√	√	√	√		
8到B工作台	○	⇒	□	D	▽	40							√	√	由C完成
9置于工作台	○	⇒	□	D	▽								√		
10等待	○	⇒	□	D	▽				√						
11标价	○	⇒	□	D	▽									√	
12到C工作台	●	⇒	□	D	▽	40								√	由B完成
13置于工作台	○	⇒	□	D	▽										
14等待	○	⇒	□	D	▽										
15记录	●	⇒	□	D	▽										
16到A工作台	○	⇒	□	D	▽	20			√	√	√	√	√		由C完成
17置于A工作台	○	⇒	□	D	▽				√						
18等待	○	⇒	□	D	▽				√						
19分类	○	⇒	□	D	▽					√	√	√	√		分公司内和公司外
20置于信封内	○	⇒	□	D	▽						√	√	√		
21放入箱外	○	⇒	□	D	▽						√	√	√		
22等待	○	⇒	□	D	▽										
23	○	⇒	□	D	▽										
24	○	⇒	□	D	▽										

④ ⑤ ⑥ ⑦

图2－4　工艺卡示例

2.4.2　装配动作的经济原则

下面探讨装配动作的经济性原则，这个原则已经在制造方法研究中得到成功应用。这些原则成为定律的基础、规范和主体，如果正确地应用，使用最少的劳动量就能在很大程度上增加手工工厂的劳动产出。下面将分别从人体的运用、操作场所的布置和工具设备三个方面来研究这些原则。

1. 人体的应用

下面分析双手动作的分类。下述五个动作，越靠前者其完成动作所耗费的时间和精力就越少：

（1）手指动作。

（2）手指及手腕的动作。

（3）手指、手腕及前臂动作。

（4）手指、手腕、前臂及上臂动作。

（5）手指、手腕、前臂、上臂及肩部（导致身体姿势改变）动作。

所以，应该尽量把物料和工具放置在离使用点较近的地方。在操作者允许范围内，双手动作的距离尽可能短。

与人体的运用相关动作的经济原则如下：

（1）双手动作应该同时开始、同时结束。

（2）双手动作不应同时停止（休息时除外）。

（3）双手移动应取对称反方向路线，双手应同时动作。

（4）双手和身体的动作应以最低等级而能得到满意结果为妥。

（5）尽可能运用物体的动量，如果需用体力制止时，则应将其减至最小限度。物体的动量即物体质量与速度的乘积。在工厂中，由操作者搬移的总质量是由搬移的物料质量、搬移的工具质量和部分身体运动时的质量组成。当某操作者需要冲击力时，就会用到物体动量的优势。工人的动作应该如此安排，即当达到最大冲量时释放冲击。

（6）双手连续曲线运动比含有方向突变的直线运动好。方向突变不仅耗时，而且还易使操作者疲劳。

（7）冲击运动比受限制的或受约束的运动更快、更容易、更精确。正向肌群收缩引起的运动快速平稳，没有反向肌肉收缩引起的冲击。冲击行程可以通过反向肌肉收缩来终止，或者通过一个阻力来终止，或者与摆动中的一个大锤一样通过动量消耗来终止。冲击运动比受限制的或受约束的运动更可取，应该尽可能地利用冲击运动。

（8）应尽可能以流畅和自然的节奏来安排操作动作。节奏对任何操作运行的平稳性和无意识性都是必要的。节奏像有条不紊的匀速运动，能帮助操作者执行操作。通过车间、工具和物料的适当安排，实现操作的均衡、流畅和匀速。固有动作顺序能帮助操作者建立起一个节奏，这个节奏能帮助操作者在不需要思考的情况下无意识地完成一系列操作。

（9）眼睛应尽量避免注视，如需注视，双眼注视点应该尽可能靠近。当需要目视时，双眼能有效地直对工件，这样安排作业是合乎需要的。车间的布局应该能使双眼注视尽可能少，且注视点应尽可能靠近。

2. 操作场所的布置

(1) 所有的工具和物料应该有明确和固定的位置。操作者应总能在同一位置取放工具和物料，半成品和成品应堆放在固定位置或区域。例如，在机械五金器具的装配中，操作者应该能不假思索地依次从平垫圈物料箱、止动垫圈物料箱、螺栓物料箱和六角螺母物料箱方向上移动双手。就操作者而言，应该不假思索就能进行操作。

(2) 工具、物料和控制装置应放置在靠近使用点的位置。在水平面，正常劳动量条件下，存在一个明确、有限的工作区域，这个区域包括左、右手分别操作和同时操作时的正常操作区域。图2－5说明了这些区域，并分别标注出在水平面与垂直面工作区域的正常尺寸和最大尺寸。图2－5给出站姿和坐姿两种工作状态，以及座椅和工作台的正常高度。

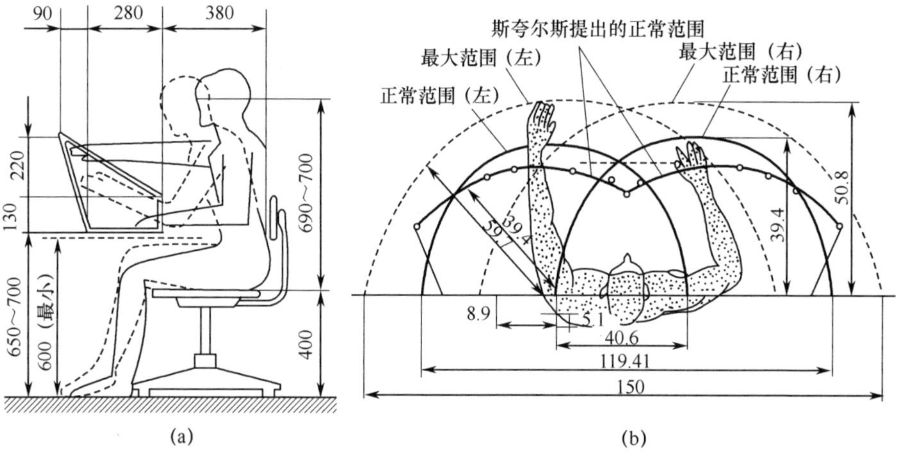

图2－5　正常和最大的操作区域与操作高度（单位：mm）

(a) 立体作业范围；(b) 水平作业范围。

图2－6更详细地说明了左、右手分别操作和同时操作时最容易操作的操作区域，同时也对应地给出了最容易拾取小工件的区域。

(3) 应利用重力自流进料箱和重力自流槽把物料送到靠近使用点的位置。有时可以通过使用有倾斜底面的零件箱，由重力实现零件箱正面送料，这样可避免装配操作者取下零件箱抓取零件。

(4) 应该尽可能使用“坠送”的方法。这需要布置好车间，例如，为了处理完成品，可以在加工完成它们的位置上释放，通过重力输送到下一个位置。除节省时间外，还解放了双手，操作者不用中断节奏就可开始下一循环的操作。

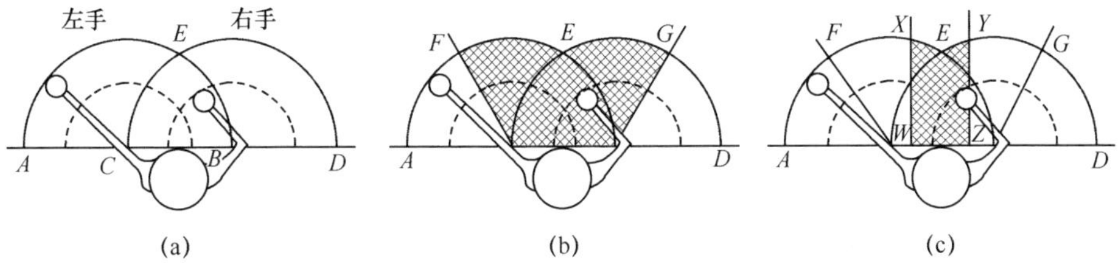

图 2-6 左、右手分别操作和同时操作时最易达到的操作区域

（a）左、右手能达到的最大区域；（b）最易拾取小工件的区域；

（c）双手同时和对称操作的目视区域。

注：虚线表示当前臂以弯曲的肘部为中心回转时双手所达到的有界区域。

（5）物料和工具应按最佳的动作顺序放置。

（6）应有适当的照明。

（7）工作台和座椅的高度设置应易于操作者在工作时交替坐立。

（8）工作台和座椅的高度应可调整，操作者在工作时可以坐立自如。

（9）座椅式样及高度应能使操作者保持良好的姿势。

3. 工具设备

（1）尽量解除手的工作，而以更有效率的夹具或足踏工具代替。

（2）可能时，应将两种或两种以上工具结合在一起。

（3）工具和物料应尽可能预放在工作位置。

（4）手指分别工作时，各手指负荷应按其本能给予分配（打字机键盘式的布局）。

（5）杠杆、开关和手轮应放置在操作者能以身体姿势上的最小变化和最大的机械利益操作它们的位置。

2.5 标准生产工艺

除操作者作业指示、工艺路线、生产物料清单外，文件集的一个重要组成部分还包括生产工程师编制的标准生产工艺。标准生产工艺包括工艺标准、设备操作程序和标准维修程序。

2.5.1 工艺标准

工艺标准可以告诉操作员，什么操作合格，什么操作不合格。这些标准采用的形式有辅以文字说明的简图、辅以文字说明的合格和不合格工件的彩色图片、生产样机或试验样机。图 2-7 为带绕铁芯变压器工作质量标准，标示出了说明，指出了用带子缠绕铁芯时需要注意的事项。引线部分应符合标准：①带子需绕紧引线；②在缠绕带外侧折叠引线；③带子应连续，如有必要，开始和结束缠绕时应该用聚酯带。同时，应该指出的是，这个工艺标准仅仅表明了合格缠绕带的要求，确定绕带材料和必需的层数还应参考具体的产品规格。

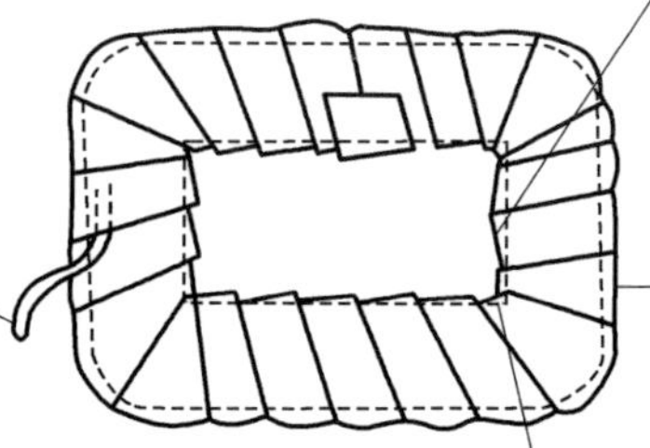

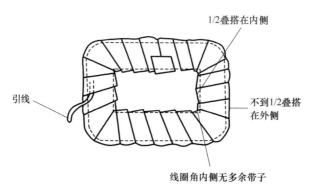

图 2-7　带绕铁芯变压器的工作质量标准

2.5.2　设备操作程序

设备操作程序是机器或生产设备的启动、运转和关闭的操作说明。设备操作程序应该贴附在机器或设备上，或者放置在它们附近，通常是由生产工程师依据机器或设备制造商提供的手册来制作。在由机器或设备设置控制的工艺参数比较重要时，这些设备操作程序是特别有价值的。设备操作程序能保证正确训练新操作者，同时可以作为熟练操作人员的备忘手册。所以，有必要为每一台设备制定操作程序。

2.5.3　标准维修程序

当产品零件、半成品或成品某些方面维修时，标准修理程序能提供作业指示。这些程序预先由检验部门或质量控制部门核准，如果有必要，还应经过设计工程师核准。标准维修程序不仅说明了如何排除某些故障，而且这一程序已经标准化，检测人员不必因程序问题而拒绝维修。

例如，金属零件内的孔因定位错误或设计变更后，进行修正的标准程序如下：

（1）根据这个程序，任何零件上被堵塞或焊接孔的最大数量是零件上孔的总数量的20%。

（2）如不会因热导致变形，首选的修理方法是焊接。

(3) 在焊接会引起表面变形的位置上，紧配合的柱销或扁平头铆钉都是可以接受的。

(4) 填充焊料的孔边沿应倒角，倒角要完全，以保证焊接熔深。

(5) 根据适于特定类型相关材料的焊接规定，清洁焊接表面。

(6) 焊料应完全填充孔。

(7) 焊接应由认证合格的焊工完成。

(8) 表面要研磨或以其他方式整平焊接凸起处。

(9) 通过塞入方式填堵的孔边沿应有斜面倒角或导向角以便插入柱销。

(10) 柱销直径能确保紧配合。

(11) 插入柱销后，表面要打磨或以其他方式消除凸出部分。

(12) 每次都应核准检查装入到零件中的柱销。

(13) 在装入铆钉的孔洞四周扩孔，以便装入平头铆钉。

(14) 铆钉应成形加工且要研磨便于压入。

(15) 成形后，铆钉应不能松动。

2.6 作业岗位和作业空间分析

2.6.1 作业岗位分析

1. 作业岗位的选择

作业岗位按作业时的姿势分为坐姿作业岗位、立姿作业岗位，以及坐、立姿交替作业岗位三类。在人机系统设计时选择哪一类作业岗位，必须依据工作任务的性质来考虑。

1) 坐姿作业岗位

坐姿作业岗位是为从事轻作业、中作业且不要求作业者在作业过程中走动的工作而设置的。当具有下述基本特征时，宜选择坐姿作业岗位：

(1) 在坐姿操作范围内，短时作业周期需要的工具、材料、配件等易于拿取或移动。

(2) 不需用手搬移物品的平均高度超过工作面以上 15cm 的作业。

(3) 不需作业者施用较大力量，如搬运物料质量不得超过 4.5kg；否则，应采用机械助力装置。

(4) 在上班的大部分时间内从事精密装配或书写等作业。

2) 立姿作业岗位

立姿作业岗位是为从事中作业、重作业以及坐姿作业岗位的设计参数和工作区域受限制情况下而设置的。当具有下述基本特征时，宜选用立姿作业岗位：

（1）当作业空间不具备坐姿作业岗位操作所需的容膝空间时。

（2）在作业过程中，常需搬移物料质量超过4.5kg时。

（3）作业者经常需要在其前方的高、低或延伸的可及范围内进行操作。

（4）要求操作位置是分开的，并需要作业者在不同的作业岗位之间经常走动。

（5）需作业者完成向下施力的作业，如包装或装箱作业等。

3）坐、立姿交替作业岗位

因工作任务的性质，要求操作者在作业过程中采用不同的作业姿势来完成，而只有不同的作业岗位才能满足作业者采用不同作业姿势的要求，为此而组织的作业岗位称坐、立姿交替作业岗位。当具有下述基本特征时，宜采用坐、立姿交替岗位：

（1）经常需要完成前伸超过41cm或高于工作面15cm的重复操作。如果不考虑人体可及范围和静负荷疲劳的特点，可取坐姿岗位；但要考虑人的特点，应选择坐、立姿交替岗位。

（2）对于复合作业，有的采取坐姿操作，有的适宜立姿操作，从优化人机系统来考虑，应采取坐、立姿交替作业岗位。

2. 手工作业岗位设计

在工业生产中，以手工操作为主的生产岗位称为手工作业岗位。按工作任务的性质，也分为坐姿手工作业岗位、立姿手工作业岗位，以及坐、立姿交替作业岗位三种类型。GB/T 14776—93《人类工效学工作岗位尺寸设计原则及其数值》中对三种类型的手工作业岗位的设计提供了有关的基本原则和确定尺寸的基本方法。

1）坐姿手工作业岗位

图2-8为坐姿手工作业岗位，图中标注的代号为设计时需要确定的与作业和人体有关的尺寸。

2）立姿手工作业岗位

图2-9为立姿手工作业岗位的侧视图，俯视图与图2-8（b）相同。

3）坐、立姿交替作业岗位

坐、立姿交替手工作业岗位侧视图如图2-10所示，俯视图与图2-8（b）相同。

3. 视觉信息作业岗位设计

视觉信息作业是以处理视觉信息为主的作业，如控制室作业、办公室作业、目视检验作业以及视觉显示终端作业等。随着现代生产自动控制技术、通信技术、计算机技术等学科的飞速发展，各种系统的计算机通信网络的建立，正在改变着人们作业岗位的面貌。因此，视觉信息作业岗位将逐渐成为人们重要的劳动岗位。

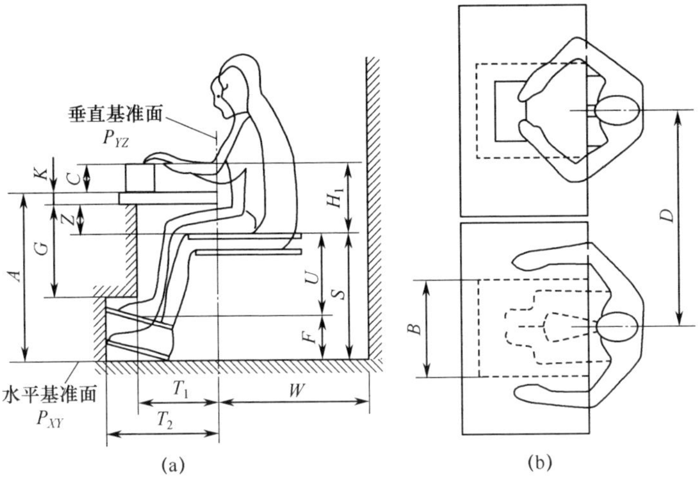

图2－8　坐姿手工作业岗位

（a）侧视图；（b）俯视图 。

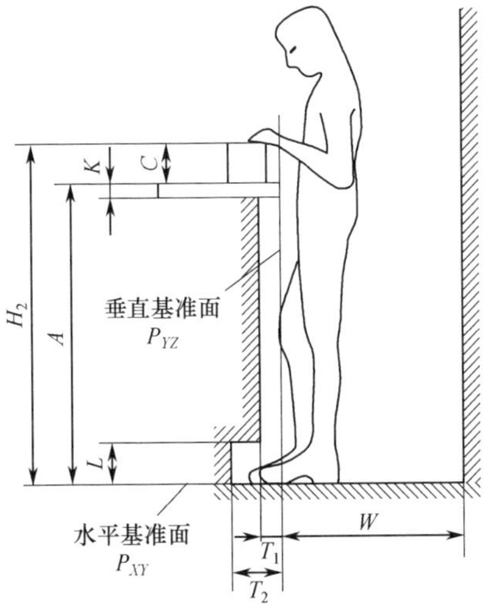

图2－9　立姿手工作业岗位

视觉显示终端作业岗位更具有代表性，视觉显示终端作业岗位的人－机界面如图2－11所示。由于这类作业岗位大多采用坐姿作业岗位，因而其人－机界面关系主要存在于图中箭头所指示的四处，即该类岗位设计要点。

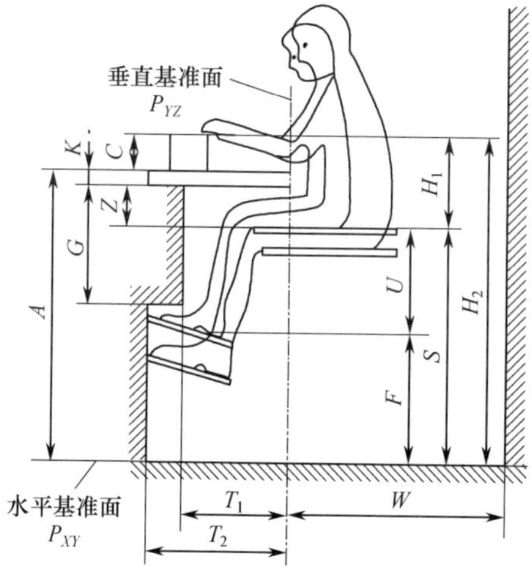

图 2－10　坐、立姿交替手工作业岗位

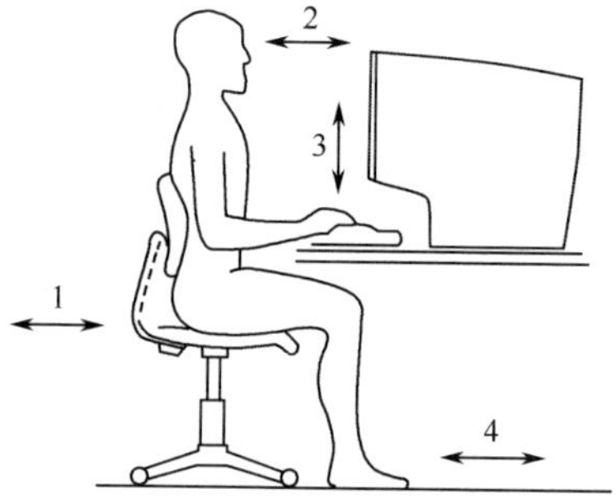

图 2－11　视觉显示终端岗位作业的人－机界面

1—人－椅界面；2—眼－视屏界面；3—手－键盘界面；4—脚－地板界面。

1）人－椅界面

在人－椅界面上，首先要求作业者保持正确坐姿，正确坐姿为：头部不过分弯曲，颈部向内弯曲；胸部的脊柱向外弯曲；上臂和下臂之间约成 90°角，而上臂近乎垂直；腰部的脊柱向内弯曲；大腿下侧不受压迫；脚平放在地板或脚踏板上。

组成良好人－椅界面的另一个要求是：采用适当尺寸、结构和可以调节的座椅，当调节座椅高度时，作业者坐下后，脚能平放在地板或脚踏板上；调节座椅靠背，使其正好处于腰部的凹处，如此由座椅提供的符合人体解剖学的支撑作用，而使作业者保持正确坐姿。

2）眼－视屏界面

在眼－视屏界面上，要求满足人的视觉特点：从人体轴线至视屏中心

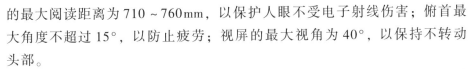

的最大阅读距离为710～760mm，以保护人眼不受电子射线伤害；俯首最大角度不超过15°，以防止疲劳；视屏的最大视角为40°，以保持不转动头部。

眼－视屏界面的另一个要求是：选用可旋转和可移动的显示器，显示器可调高度约为180mm，可调角度为－5°～＋15°，以减少反光作用；如设置固定显示器，其上限高度与水平视线平齐，以免头部上仰。

3）手－键盘界面

在手－键盘界面上，要求上臂从肩关节自然下垂，上臂与前臂的适宜的角度为70°～90°，以保证肘关节受力而不是上臂肌肉受力；还应保持手和前臂呈一直线，腕部向上不得超过20°。

在手－键盘界面设计时，为适应成年人使用，可选择高度固定的工作台，但应选择高度可调的平板以放置键盘。键盘在平板上可前后移动，其倾斜角5°～15°可调。在腕关节和键盘间应留有100mm左右的手腕休息区；对连续作业时间较长的文字、数据输入作业，手基本不离键盘，可为其设置一舒适的腕垫，以避免作业者引起手腕疲劳综合征。

4）脚－地板界面

脚－地板界面对坐姿视觉显示作业岗位也是一个重要的人－机界面，如果台、椅、地三者之间高度差不合适，有可能作业者脚不着地，引起下肢静态负荷，也有可能大腿上抬，大腿受工作台下部压迫，这两种由不良设计引起的后果都会影响作业人员的舒适性和安全性。

2.6.2 作业空间分析

1. 坐姿作业空间设计

坐姿作业空间设计主要包括工作面高度和宽度、作业范围、容膝空间、椅面高度及活动余隙、脚作业空间的尺寸设计。

1）工作面高度和宽度

从人体力学的角度来看，作业者下臂接近水平或稍微倾放在工作面上而上臂处于自然悬垂状态，是最适宜的操作姿势。所以，一般把工作面高度设计在肘部以下50～100mm（轻作业，正常位置），但也要根据作业性质适当调整。例如，负荷较重时工作面的高度应低于正常位置50～100mm，以避免手部负重，易于臂部施力；对于装配或书写这样的精细作业，作业面高度要高于正常位置50～100mm，使眼睛接近操作对象，便于观测。表2－1列举了坐姿作业时工作面高度。

表 2-1 坐姿作业时工作面高度 （单位：mm）

工作类型	男性的工作面高度	女性的工作面高度
精密作业	900～1100	800～1000
轻负荷作业	740～780	700～740
重负荷作业	680	650

工作面宽度视作业功能要求而定。若单供靠肘用，最小宽度为 100mm，最佳宽度为 200mm；仅当写字时，最佳宽度为 400mm。工作板度不超过 50mm，以保证容膝。

2）作业范围

作业范围是作业者以站姿或坐姿进行作业时，手和脚在水平面与垂直面内触及的最大轨迹范围。它分为如下三种作业范围：

（1）水平作业范围：人坐在工作台前，在水平面上方便地移动手臂所形成的轨迹，如图 2-12 所示。它包括正常作业范围和最大作业范围。正常作业范围是指上臂自然下垂，以肘关节为中心，下臂作回旋运动时手指所触及的范围。最大作业范围是指人的躯干前侧靠近工作面边缘时，以肩峰点为轴，上肢伸直回转运动时手指所触及的范围。

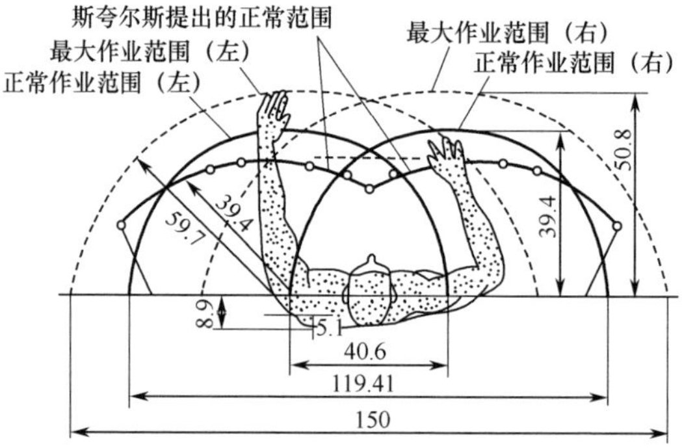

图 2-12 水平作业范围（单位：cm）

根据手臂的活动范围，设计作业空间的平面尺寸时，应将使用的控制器、工具、加工件放在正常作业范围内，将不常使用的控制器、工具、加工件放在正常作业范围和最大作业范围之间，将特殊的、易引起危害的装置放在最大范围之外。

（2）垂直作业范围：从垂直平面看，人体手臂最合适的作业区域近似梯形，如图 2-13 所示，应根据人体尺寸和图 2-13 中所示范围决定作业空间。

（3）立体作业范围：将水平作业范围和垂直作业范围结合在一起的三维空间。实际上，坐姿作业时，操作者的动作被限制在工作台面以上的空间范围。图 2-14 为坐姿立体作业范围。

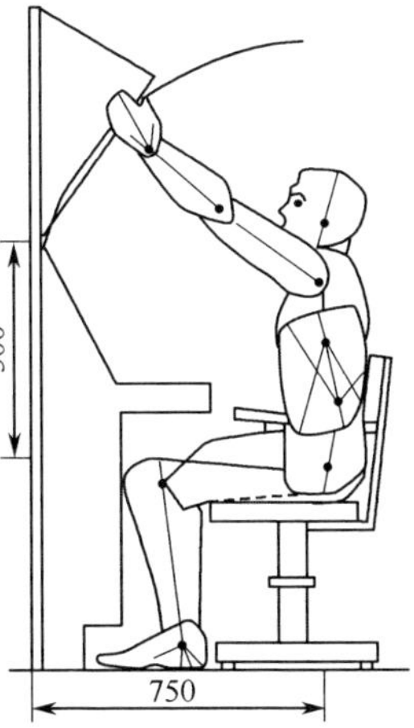

图2-13 坐姿垂直作业范围（单位：mm）

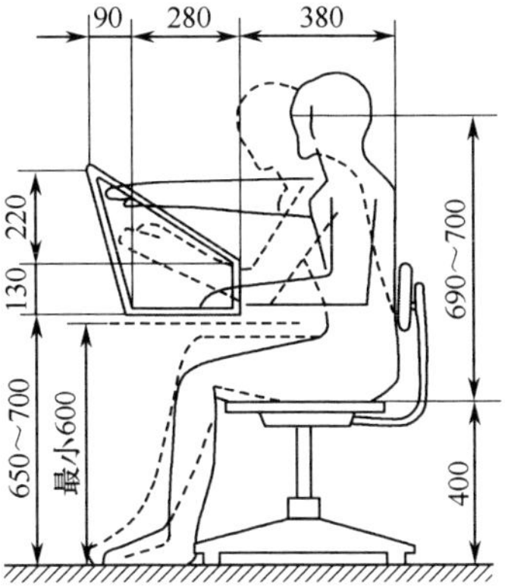

图2-14 坐姿立体作业范围（单位：mm）

3）容膝空间

设计坐姿工作台时，要考虑作业者在作业时腿和脚都能有方便的姿势，因此，在工作台下部就要有足够的空间。在工作台下部容下腿部的区域称为容膝、容脚空间。表2-2列出了坐姿作业时的最小和最佳容膝空间尺寸。

表2-2 容膝空间尺寸 （单位：mm）

尺寸部位	最小容膝空间尺寸	最佳容膝空间尺寸
容膝孔宽度	510	1000
容膝孔高度	640	680
容膝孔深度	460	660
大腿空隙	200	240
容脚孔深度	660	1000

4）椅面高度及活动余隙

设计坐姿作业空间时要考虑作业所需的空间及人体活动应改变座椅位置等余隙要求，例如：

（1）椅面高度略低于小腿高度，以使脚掌全部着地支撑下肢重量，方便下肢移动，减少臀部压力，避免座椅前沿压迫大腿。

（2）座椅放置空间的深度距离（台面边缘到固定壁面的距离）至少大于810mm，以便作业者起身与坐下时移动座椅。

（3）座椅放置空间的宽度距离应保证作业者能自由地伸展手臂，座椅的扶手至侧面的距离应大于610mm。

5）脚作业空间

许多作业都需要由脚部的踏板配合完成，踏板设计不合理会直接影响操作者的舒适度和动作的准确性。正常的脚作业空间位于身体前侧、坐高以下的区域。图2－15显示了脚偏离身体中心线左右各15°范围内的作业空间，阴影部分为脚的灵敏作业空间。

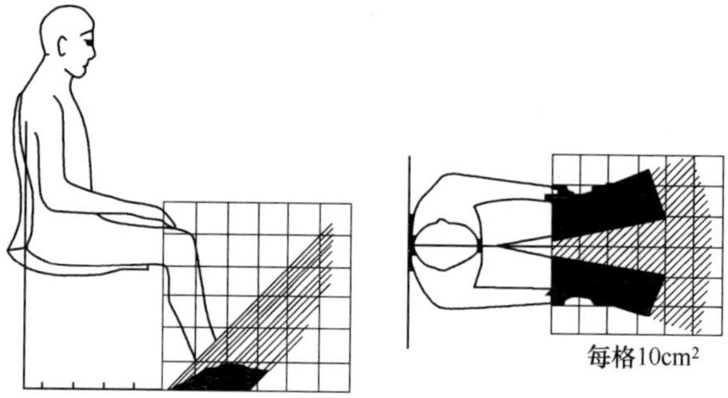

图2－15　脚作业空间

脚操纵器的空间位置直接影响脚的施力和操纵效率。蹬力较大的脚操纵器作业空间如图2－16所示。蹬力较小的脚操纵器作业空间如图2－17所示。

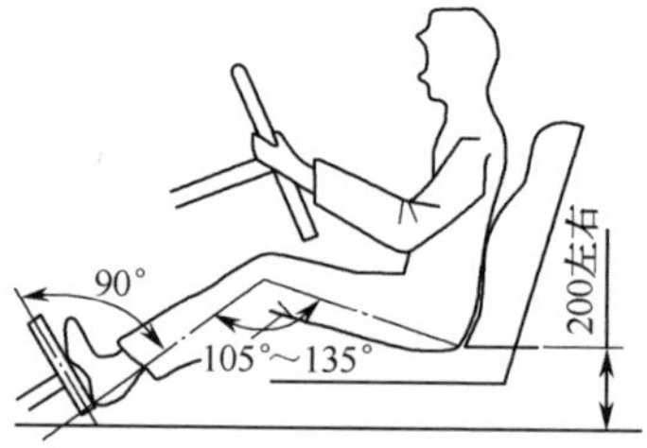

图2－16　蹬力较大的脚操纵器作业空间（单位：mm）

2. 立姿作业空间设计

立姿作业空间设计主要包括工作面高度、作业范围和工作活动余隙等的设计。

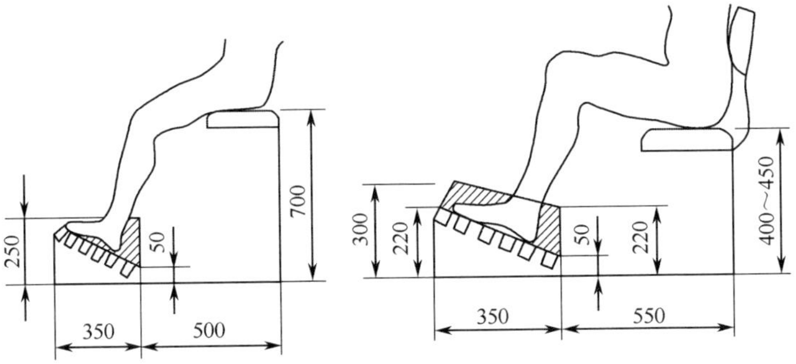

图 2 - 17 蹬力较小的脚操纵器作业空间（单位：mm）

一般而言，人站立工作时比较舒适的工作面高度比肘关节低 1 ~ 5cm，站立工作时工作面的高度还应根据工作性质适当调整，图 2 - 18 为工作面的调整高度。

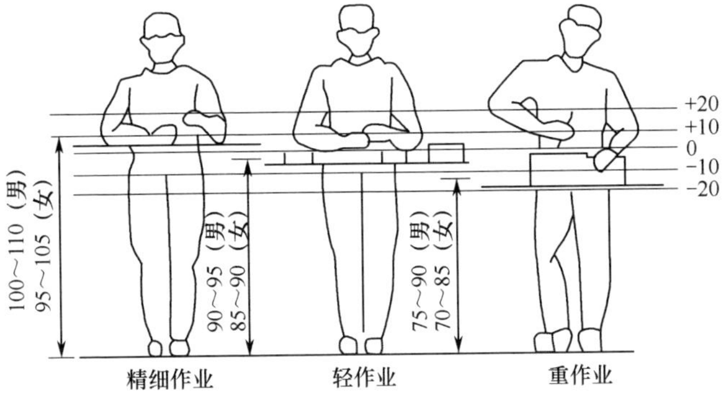

图 2 - 18 工作面的调整高度（单位：cm）

立姿水平作业范围与坐姿作业基本相同，垂直作业范围比坐姿的大一些，也分为正常作业范围和最大作业范围，同时有正面和侧面之分，如图 2 - 19 所

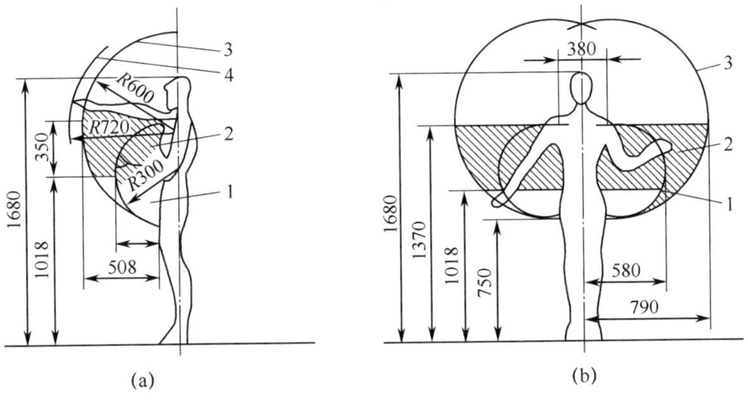

图 2 - 19 立姿作业范围（单位：mm）

示。最大可及范围以肩关节为中心、壁的长度为半径720mm所划过的圆弧；最大可抓取作业范围是以600mm为半径所划过的圆弧；正常或舒适作业范围半径为300mm左右划过的圆弧，身体前倾时，半径可增加到400mm。垂直作业范围是设计控制台、配电板、驾驶盘和确定控制位置的基础。

立姿作业时，人的活动性比较大，为保证作业者操纵自由、动作舒展，必须使操作者有一定的活动余隙，并尽量大一些，见表2-3。

表2-3　立姿作业活动余隙设计参考尺寸　（单位：mm）

余隙类型	最小值	推荐值
站立用空间（工作台至身后墙壁的距离）	760	910
身体通过的宽度	510	810
身体通过的深度（侧身通过的前后间距）	330	380
行走空间宽度	305	380
容膝空间	200	—
容脚空间	150×150	—
过头顶余隙	2030	2100

立姿作业空间在垂直方向可划分为5段，根据人体作业的特点，不同高度上设计的作业内容不同。立姿作业空间垂直方向布局尺寸见表2-4。

表2-4　立姿作业空间垂直方向布局尺寸　（单位：mm）

控制器种类	推荐值
报警装置	1800
极少操纵的手控制器和不太重要的显示器	1600~1800
常用的手控制器、显示器、工作台面	700~1600
不宜布置控制器	500~700
脚控制器	0~500

3. 坐、立姿交替作业空间设计

从生理学角度来讲，一般推荐能够交替站着或坐着进行的工作，其原因是：若人一直站着，腿部负荷过重，感到劳累；而总是坐着，运动量太小，易产生一些职业病。人在站着和坐着时对身体内部产生的压力是不同的，站着和坐着交替工作，人体的某些肌肉就像轮流工作和休息一样。另外，每次变换姿势都可以改善某些肌肉营养的供应，这对身体也是有好处的。

在设计坐、立交替作业的工作面时，以立姿作业时工作面高度为准，为使工作面高度适合坐姿操作，需提供较高的座椅。座椅以高68~78cm为宜，同时提供脚踏板，使人坐着工作时脚有休息的地方。图2-20给出了坐、立姿交替工作设计要求。

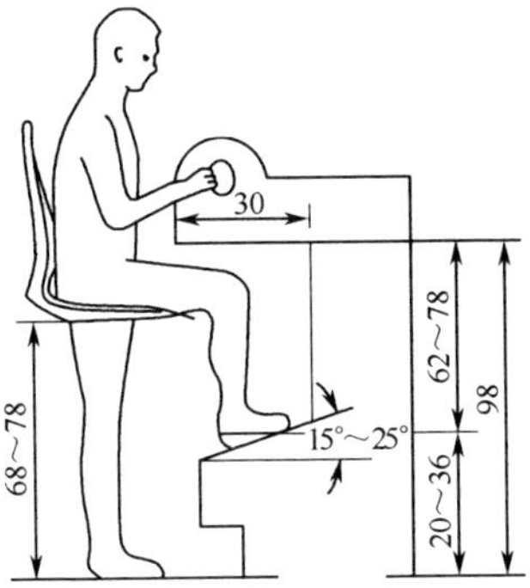

图 2-20 坐、立姿交替工作设计要求（单位：cm）

4. 其他作业姿势的作业空间设计

除坐姿、立姿和坐、立姿交替作业外，还有许多特殊的要求限定了作业空间的大小，例如，环境、技术要求限定作业空间，或者一些维修工具的使用要求的最小空间等，这些都是上述三种作业姿势以外常遇到的作业空间设计问题，在此不作专门介绍，可参考相关书籍。

2.7 作业环境分析

2.7.1 环境照明

1. 环境照明及其对工作的影响

1）照明与视觉疲劳

照明对工作的影响表现为能否使视觉系统功能得到充分发挥。为了能看清物体，必须利用眼肌调整视野、折光能力和瞳孔大小。眼肌经常收缩，极易造成眼睛疲劳，严重时还会造成作业的全身性疲劳。

2）照明与工作效率

改善照明条件，提高照度，可以提高识别速度、主体视觉和显色性，从而提高工作效率和准确性，达到增加产量、减少主体差错、提高产品质量等目的。但是增加照度超过一定界限会引起目眩，因此，必须防止眩光。

3）照明与事故

适当的照度可以增强眼睛的辨色能力，从而减少识别物体色彩的错误率，增强物体轮廓主体视觉，有利于识别周围物体的相对位置，扩大视野，防止错误和工伤事故的发生。

2. 环境照明的设计

1）照明方式

在照明设计时应最大限度地利用自然光，并应尽量防止眩光，增加照明的稳定性、均匀性、协调性和良好的显色性。工业企业建筑照明通常采用自然采光、人工照明和混合照明三种形式。

人工照明又分为一般照明、局部照明和特殊照明。

一般照明是不考虑特殊局部的需要，为照亮整个假定工作面设置的照明。它适用于工作地密集或者工作地不固定的场所。

局部照明是为了增加某些特定地点的照度而设置的照明。应避免眩光和过强的对比效应。

综合照明是由一般照明和局部照明组成的照明。一般照明占综合照明的5%～10%，这是一种最经济的照明方式。

2）光源选择

在采光设计中应最大限度地利用自然光，因受昼夜、季节等不同条件限制，在生产环境中常采用人工光源作为补充光源照明。

选择人工光源时，应注意光谱成分，尽量接近自然光，力求光源柔和、亮度分布均匀。

3）避免眩光

眩光主要破坏视觉的暗适应，产生视觉后像，使工作区的视觉效率降低，产生视觉不舒适感和分散注意力，造成视觉疲劳。防止眩光的措施是：限制光源亮度；合理分布光源，增大视线与光源之间角度；必要时采用散射光；适当提高光源周围的亮度，减少亮度对比。

2.7.2 环境噪声

1. 环境噪声的危害

1）对听觉的影响

在噪声作用下，人们的听觉灵敏性降低，并且逐渐变得迟钝，形成听觉疲劳。若长期在噪声环境中作业，听觉疲劳不能及时恢复，就会导致噪声性耳聋。当听觉器官遭受巨大声响，且伴有强烈的冲击作用时，会导致失聪。

2）对其他生理机能的影响

首先表现为对神经系统的影响，在噪声作用下会出现头痛、头晕、失眠、多汗、恶心、注意力不集中等植物神经衰弱症状，还会导致内分泌失调，同时也会对心血管系统和消化系统造成伤害。

3）对心理的影响

主要表现为令人产生烦恼、焦虑、生气等不愉快的情绪。

4）对工作绩效的影响

噪声会影响人们在工作中的语言信息传递，使得人们不能充分地进行语言

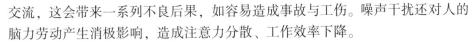

交流，这会带来一系列不良后果，如容易造成事故与工伤。噪声干扰还对人的脑力劳动产生消极影响，造成注意力分散、工作效率下降。

2. 环境噪声的控制

声源、传播途径和接收者是形成噪声干扰的三要素，因此，噪声控制必须从三个方面解决，即降低声源的噪声、控制噪声的传播途径和个人防护。

降低声源的噪声主要从生产组织和技术上采取综合措施，包括改进设备、采用防震材料、装设消声或隔声装置等措施。控制噪声传播途径的主要措施是全面考虑工厂总体布局。当其他措施不成熟或达不到听力保护标准时，使用耳塞、耳罩等方式进行个体防护是一种经济有效的方法。

2.7.3 色彩环境

1. 色彩的作用

颜色是光的物理属性，人们可以通过颜色从外界获取各种信息。人对色彩的感受是一定波长的电磁波作用于人的视觉器官的结果。光波除使人产生色彩的感知外，还会引起人的其他多种不同反应，包括生理的和心理的。人对不同色彩有不同的偏好，而且人们的颜色偏好存在明显的个体差异，因此，通过色彩的合理设计，可达到调节身心、促进工作的目的。

色彩配合是指对一定空间内的物体颜色加以组合安排使之协调一致，以达到优化视觉效果，调节心理状态和提高工作绩效的目的。色彩设计得好，能改善生产场地的视觉环境，激发人的工作热情，提高工作效率和减少生产事故。

通过色彩调节可以得到的效果是：增加明亮程度，提高照明效果；标识明确，易于识别；注意力集中，减少差错与事故；赏心悦目，精神愉快。

2. 色彩设计

工业生产中的色彩设计可分为以下三类：

（1）环境色：生产场地内的墙面、地面、天棚、建筑构配件以及工位周围器物的颜色。环境色的设计要考虑：有利于采光，避免引起注意力分散，色彩配合协调。

（2）设备色：注意生产设备与周围环境相协调，设备表面颜色不宜过于鲜艳，设备不同部分要根据有利于提高工效、保障生产安全的原则进行配色。

（3）焦点色：着重从颜色对比上使注视对象从背景中明显区分出来。

2.7.4 空气环境

清洁的空气环境是人类健康、安全、舒适地工作和生活的保证，但是伴随工业化的进程，空气污染日趋严重。空气中的污染物可分为以下三类：

（1）工矿企业排放出的废气。

（2）汽车等交通工具排放出的含一氧化碳、碳氧化物、铅等的尾气。

（3）人们日常生活中，做饭、取暖等排出的烟尘及呼出的二氧化碳。

如果对这些有害气体不采取有效的防护措施，将会污染作业环境和大气环境，不仅影响人们的身体健康，还影响作业效率和产品质量。通风和空气调节是改善气体环境的有效手段。通风是把局部地点或整个房间内污染的空气排至室外，从而保证室内空气的新鲜及清洁程度。空气调节是更高一级的通风，不仅保证送进室内空气的温度和洁净度，还保持一定的湿度和空气流动速度。通风的目的是消除生产过程中产生的有害气体，而空气调节的目的是创建一定的温度、湿度和洁净度的空气环境。根据空气流动的动力不同，通风又分为自然通风和机械通风。

2.7.5 振动环境

振动是一个质点或物体相对于基准位置做往返的运动。“振动公害”大多来自生产线振动，主要来源有不平衡物体的转动、物体的摩擦和冲击等。局部振动主要是由于手握振动工具进行操作而引起的，此时，振动由手、手腕、肘关节、肩关节传到全身。

振动对人的生理或健康主要影响有：引起肌肉、关节、器官疼痛，恶心，手足的血液循环失调，手指的感觉下降，握力强度降低。对工作绩效也会造成一定的影响，如干扰操作、干扰视觉作业等。

可以采取一定的措施消除或减少振动：阻止振动的传播，将振动对人的不良影响和损害降至最低；隔离振源或减少振源数量；缩短操作人员暴露于振动环境的时间；加强个体防护。

2.7.6 微气候环境

微气候是指生产环境局部的气温、湿度、气流速度，以及现场中的设备、原材料、半成品零部件和产品等热辐射，构成的气象条件。

1. 微气候条件及其测量

1）气温

气温通常是指空气的冷热程度。人类自身具有适应气候条件的生理调节机制，人体主观感到舒适的温度与许多因素有关，在生理学上通常认定为

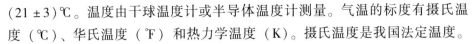

(21 ±3)℃。温度由干球温度计或半导体温度计测量。气温的标度有摄氏温度（℃）、华氏温度（℉）和热力学温度（K）。摄氏温度是我国法定温度。

2）湿度

空气的干湿程度称为湿度。舒适湿度一般为40%～60%。在不同的空气湿度下，人的感觉不同，温度越高，湿度越大，人的感觉越差，工作效率也越差。相对湿度可用通风干湿表或干湿球温度计来测量，也可用湿敏感元件制成的湿度计测定。

3）热辐射

物体在热力学温度大于0K时产生热辐射，辐射强度的单位为J/（cm^2·min）。辐射温度一般采用黑球温度计测定，其指示值称为黑球温度，是辐射源和气温的综合效应，在关闭辐射源后，黑球温度下降，其差值为实际辐射温度。

4）空气流动速度

在工作人数不多的房间内，最佳空气流动速度为0.3m/s；而在较为拥挤的房间内，最佳空气流动速度为4.3m/s；当室内温度和湿度都很高时，最佳空气流动速度为1～2m/s。由于空气流动速度较低，因此一般采用热球微风仪来测定。

2. 微气候环境对人体的影响

1）高温作业环境对人体的影响

一般将热源散热量大于84kJ/（m^3·h）的环境叫作高温作业环境。高温作业环境有以下三种类型：

（1）高温、强辐射作业：相对湿度为30%～40%、夏季气温达40～50℃、单项热辐射强度可达42～62J/(cm^2·min）的作业环境，如炼铁炉、机械铸造等。

（2）高温、高湿作业：相对湿度高达85%～90%、气温为30℃以上的作业环境，如印染等。

（3）夏季露天作业：这类作业的特点是不仅阳光直接照射，还有地表面被加热的物体所产生的二次辐射，如露天采矿、筑路等。在高温作业环境条件下，人体产生热量大于散射量时，首先引起热应激效应。持续的高温环境会导致热循环机能失调，造成急性中暑或热衰竭，同时会导致操作者的差错率、事故率增加。高温环境改善主要是减少高温热源，以及采取隔热方式和通风系统，使环境温度控制在舒适或人体可承受的范围。

2）低温作业环境对人体的影响

低温作业环境没有明确规定，当环境温度低于皮肤温度时，刺激皮肤冷觉感受器发出神经冲动，引起皮肤的毛细血管收缩，同时肌肉剧烈收缩抖动，以增加产热维持温度恒定，这称为冷应激效应。

低温首先使手、脚等人体末端失去灵活性和不适，因此对生产效率和操作安全产生不利影响，严重时还会产生冻伤。

低温防护措施除采取以外，主要是个体防护。

3

第3章 装配自动化基础

3.1 装配自动化概述

3.1.1 装配及自动装配的概念

1. 装配的概念

任何机器都由许多零件和部件组成。按规定的技术要求，将若干零件结合成组件，并进一步结合成部件以至整台机器的过程，分别叫作组装、部件和总装，统称装配。

零件装配有以下三种方式：

(1) 完全互换性装配：在装配过程中，任意提供两个零件，即可顺利装配并保证装配后的性能满足要求。这种装配方式适用于零件批量较大的情况。

(2) 分组互换性装配：在装配前，按精度将零件分成若干组；在装配时，零件只能在各组内部互换。这种装配方式很灵活，但会给维修带来困难。

(3) 配作装配：已有零件的精度，按配合要求生产相配合的零件。这种方式无互换性，效率比较低，只有在维修或对精密零件的装配时采用。

装配所占的总工时和总成本都很高，应尽量提高装配工作的自动化程度。目前，加工的自动化程度已相当高，应将研究的重点放到装配自动化方面。装配自动化的实现不仅可以提高装配工作效率，降低装配成本，而且可以改善工人的劳动条件，提高产品的质量稳定性。

2. 自动装配的概念

通过一定的技术手段，由机器或装置独立地将若干零件结合成组件，并进一步结合成部件以至整台机器的过程，叫作自动装配。

自动装配包括：送料自动化；零件定位、定向自动化；组装自动化；装配前零件精度的检验和分类自动化；装配后的检验自动化。初期的自动装配机是一种专用机，只能适应生产固定的产品，缺乏灵活性。由于机器本身造价较高，为了获得较好的投资效果及经济效益，引入了模块化系统的概念，将各个独立的单元进行编组配合的装配化模式，这样自动化装配的结构核心就是零件的运输系统。为使输送系统标准化并便于推广应用，开发了各种形式的输送装置，并将其典型化，这就将各厂家自行设计的自动装配机转变为由专门生产厂进行制造。

3.1.2 自动装配的实现途径

自动装配一般有以下三种方式：

（1）具有一定专用性的高度自动化装配：一般采用装配自动线的形式，特别适用于大批量生产的情况。

（2）通用性强的柔性自动化装配：一般采用计算机控制的装配机器人来实现，当装配情况发生变化时，通过改变控制程序来适应，适用于中、小批量生产的情况，也是最值得研究的一种装配系统。

（3）人机结合的半自动化装配：由人完成比较复杂的、机器难于实现的工作，机器完成比较简单、易于自动化的部分。在一定条件下，这种人机结合的半自动化系统具有最大优势，但应找到人机结合的最佳点。

产品装配时，确定是否采用装配机械化及自动化装配的程度，一般与以下因素有关：

（1）产品市场需求的稳定性及其生存周期。

（2）生产批量和品种数，零部件的通用化和标准化程度。

（3）劳动生产率、劳动条件和生产的组织形式。

（4）零部件的制造质量和稳定性。

（5）产品结构、装配的精度要求及复杂程度。

（6）技术的可靠性和投资的经济效果。

提高产品的装配机械化和自动化水平，可以从以下角度考虑：

（1）改进产品设计，提高自动化装配的工艺性。着重改进零部件结构，以便于自动定向、给料、装配和检验。具有准确姿势和就位的给料是自动装配成功的关键。有时装配工艺的改进，远不及改进产品设计有效。

（2）提高装配工艺的通用性，适应类似产品的多品种生产。装备的模块化对调整生产线的工位（生产能力）会带来极大方便，可以快速增加、递减或更换工位。灵巧的随行夹具有助于各道装配工序的精确定位和控制。采用标准的组成部分，能使一个系统简单地连接起来，不仅可以减少元件的改装费用，还可以节省时间。在实践中，要求整个装配系统能比较灵活地调整，改变生产能力。另外，自适应控制新技术已在自动化装配中推广应用，根据基本参数进行数字逻辑运算，使装配过程达到最佳化。

（3）自动装配中，发展使用机器人和装配中心。利用光学、触觉等传感器和微处理器控制技术，使机械手的重复定位精度达 ±0.1㎜，可根据装配间隙和零件表面温度等因素自动调整位置，使零件顺利装入。

（4）必须考虑人的因素，而且仍是保证产品质量的主要措施之一。对于技术要求较高、控制因素较多的装配作业，根据具体情况，保留局部的人工操作，来弥补当前自动化水平的不足，既机动灵活也可降低成本。

另外，必须重视改进装配系统中各个细小环节和附属工作，使装配机械化、自动化程度不断提高。

3.1.3 自动装配的组织形式

组织形式也就是为装配工作规定工艺方面的组织条件。与零件的制造不同，装配有其特殊性，在一个零件被装配时还可能进行与此平行的加工。装配工作可以是手工的、机械化的和自动进行的。由于工艺的因素和出于成本的考虑，某些产品采取混合装配方式。例如，装配机械（特别是机器人）和装配工人同在一条装配线上配合工作。如图 3－1 所示，在人和机械之间有不同的分工方式。

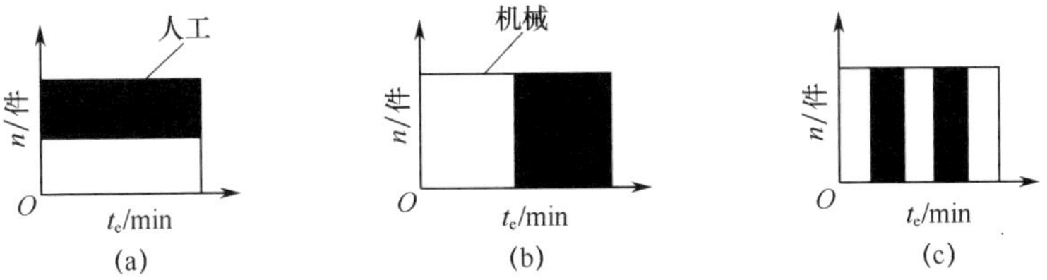

图 3－1　混合装配系统中的工作分工

（a）按工作量划分；（b）按工作内容划分；（c）多次按工作内容划分。

对于变种批量生产，人具有更大的灵活性。例如，初装配采用自动化方式，终装配由于根据用户的特定要求有不同的变种，因而更适合采用人工方式。这种组织形式对于原来完全是手工装配后来逐步实现自动化的装配作业来说，是一种典型的组织形式。在这些基础上，组织形式是一种如何在工艺组织实施一种装配作业的种类和方式。

组织形式可以具体化为以下几个方面：

（1）空间排列。

（2）物流之间的时间关系。

（3）工作分工的范围和种类。

（4）在装配过程中装配对象的运动状态。

按照这一观点，典型的装配组织形式可以分为下列几种：

（1）单工位装配：全部装配工作都在一个固定的工位完成，基础件和配合件不需要传输。

（2）固定工位顺序装配：几个装配单元位置固定相邻设置，在每个工位上都完成全部装配工作。这样安排的优点是，当一个工位出了故障时，并不影响整个装配工作。

（3）固定工位流水线装配：与固定工位顺序装配的区别在于装配过程中没有间歇，但装配单元的位置不发生变化。

（4）装配车间：集中在一个车间的装配工作，只适用于特殊的装配方法，如焊接、压接等。

（5）巢式装配：装配单元沿圆周设置，没有确定的装配顺序，装配流程的方向也可能发生变化。

（6）非时间联系的顺序装配：装配单元按工艺流程设置，装配过程中相互之间不存在固定的时间联系。

（7）移动的顺序装配：装配工位是按装配工序设置的，它们之间有一定的时间联系，但可以有间歇，是一种顺序有间断的装配。

（8）移动的流水装配：装配工位是按装配操作的顺序设置的，它们之间有确定的时间联系而且没有间歇。装配单元的传输需要适当的链式传输机构。

如果要求较高的装配效率或因产品比较复杂单工位难以实现，就需要施行流水装配，装配任务被分配给几个相互链接的装配工位。典型的方式是圆形回转台式装配机和节拍式装配通道。在自动化生产的计划阶段，应该选定产品的装配组织形式。

流水作业概念已于1924年由经济制造专业委员会定义为“在局部范围内按照一定的时间顺序不间断地向前移动的作业过程”。后来又基于工艺方面的考虑做了补充：“在生产过程中人既不是持续不断地也不是被迫地随着工艺流程工作。”

此外，从空间的角度来考虑，也就是各个装配工位如何相互耦合，最常用的是一种线式结构，当然也存在其他的可能性。线式结构分为开式结构和闭式结构（图3－2）。开式结构装配线的起点和终点是分开的。闭式结构则相反，而且闭式结构所能容纳的装配工位也是有限的。根据装配工艺的需要也可以采取一种混合结构。

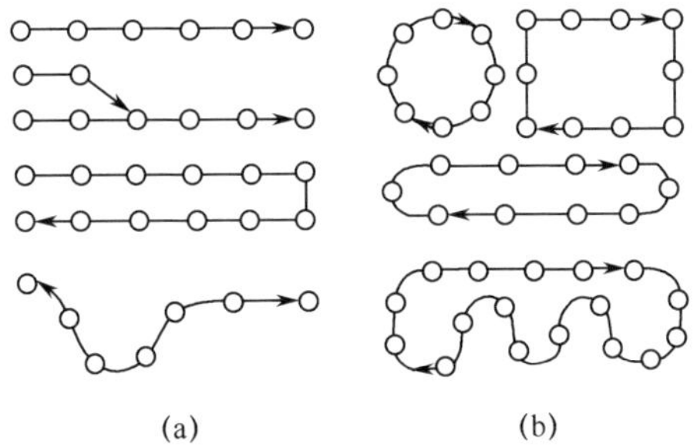

图3－2 装配工位在空间排列的基本形式
（a）开式结构；（b）闭式结构。

随着装配机器人的发展，出现了一些新的组织方式，原先只能由熟练装配工实施的装配工作现在可由机器人来实现，如由移动式机器人执行的固定工位装配，装配工人和装配机器人共同工作的装配线发挥了强大的威力。由此而产生的具有柔性的装配系统在中批量生产中也得以使用（图3－3）。

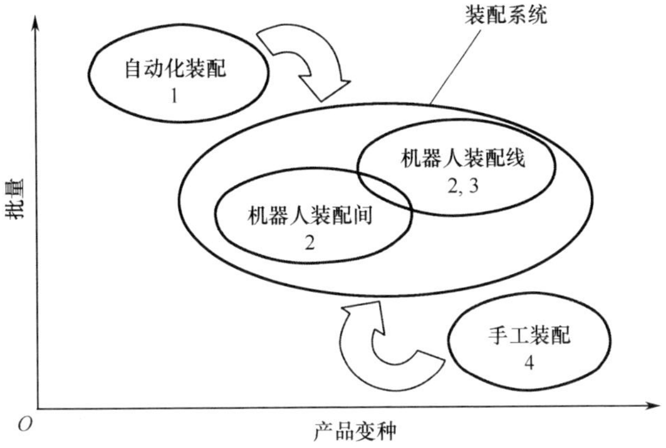

图3－3 装配自动化的适应性
1—专用化的自动化装配机械；2—有一定柔性的装配系统（可移动的多用机器人）；
3—使用若干台机器人的装配线；4—高度柔性的装配系统。

3.2 装配自动化条件分析

3.2.1 装配任务分析

1. 分析目的

对每个装配任务必须进行仔细全面的分析，以便明确实际需要的装配动作。对装配过程、组件、被装配产品的结构以及装配副的公差都要认真研究。

如果有一个组件不合格，就可能影响整个装配过程。修改一个组件可能引起装配关系的改变。应注意以下几点：

（1）连接方法。

（2）传输过程。

（3）检验和控制过程。

（4）组件的准备。

当然必不可少的是对可能性和风险的评价，尤其是对一种新的方案必须做风险估计。对每一个配合件都要从传输和连接的角度对于自动化的风险进行评分。

2. 自动化程度

在计划阶段必须尽早地确定装配自动化的程度。自动化的实现可以分为以下步骤：

（1）从零件开始的自动化装配。

（2）逐步扩展的自动化装配。

（3）全自动化装配。

（4）速度可调的全自动化装配。

（5）变种柔性自动化装配。

为实现自动化所需要的投资随自动化功能的增加呈指数上升。

装配自动化程度由自动化装配除以自动化装配加上人工装配的总和。

确定自动化装配的主要标准是每年应该完成的装配单元的数量和产品的装配过程所需要的时间。一定的装配方式适合一定的年产量，这样才是经济的。自动化装配系统的应用范围如图 3－4 所示。自动化装配程度还要根据产品的复杂性和体积大小来确定。

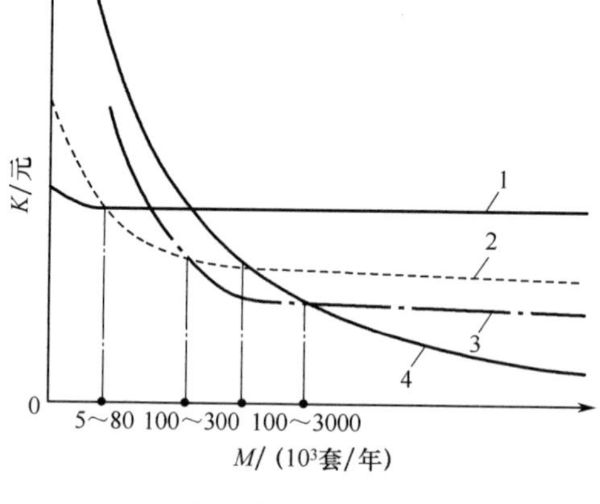

图 3－4　自动化装配系统的应用范围

K—每个装配单元的装配成本；M—每年的装配单元数量；

1—手工装配；2—机器人装配间；3—柔性自动化装配线；4—专用装配机械。

确定自动化的方案需考虑以下因素：

（1）产品变种的数量。

（2）当产品和工艺过程改变时的潜力。

（3）缓冲储仓的大小。

（4）可通过性（可维修性）和占地面积。

（5）可改装性和改装所需时间。

（6）装配组件的可输送性。

（7）整个系统内部的联系与链接。

（8）控制与检测方法。

正确确定自动化的程度是不容易的，对于所选的解决方案可以按下列三条来验证：

（1）技术功能的实现。

（2）安全要求的实现（人、环境和机械的安全）。

（3）经济目的的实现。

对于中、大型零件的传输和装配还必须考虑操作力的问题，特别是当节拍时间小于6s时，由于惯性的影响，这种中、大型零件或许不能与传送链同步。

某种零件实现自动装配的难易程度可以采用一种近似的方法来确定。其优点是难易程度可以用数字来评价。由包含在一个部件里的所有零件的装配难度可以推断出此部件自动化装配的难易程度。每个配合件的编码构成一个7位数的关键字，这些关键字各位编码数字的总和成为装配工艺性评价标准，通过数字大小可推断出自动化装配的难易程度。

3. 公差分析

零件的精度要求决定制造与装配的经济性。装配中存在的所有的联系都可以用尺寸链来表示。每个零件都有各自的尺寸和公差，可供制定自动化的计划时分析。公差分析是从数量上掌握公差链的极端情况，也可以通过试验来确定装配公差。

公差链的总公差等于各个环节公差的总和，即各公差的绝对值相加。其相互关系如图3－5所示。

任何形状和位置公差超过了界限的配合件都不能用来进行自动化装配。如果出现这种情况，就必须在制造过程中予以改正。质量控制标准中对于公差的分布形式有具体规定。最常见的分布形式有正态分布、Simson分布、均匀分布、均匀增长分布和复合分布。

图3－6中表示了两种可能的公差分布形式：方式1公差分布比较宽，成本低，但不适合自动化装配；方式2公差分布比较严格，适合自动化装配，但生产成本高。

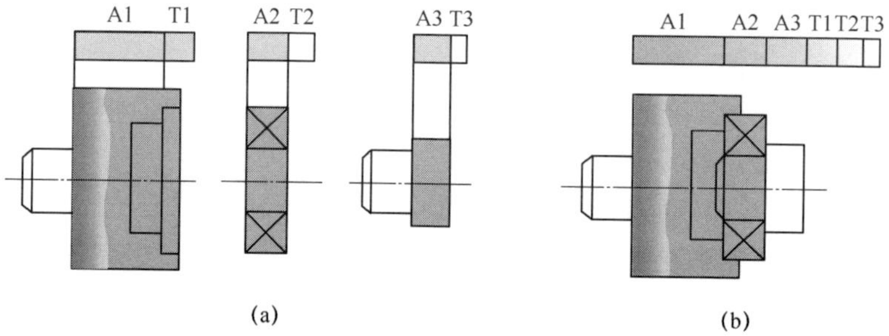

图 3－5 一维公差链的公差

（a）每个环节各有自己的公差；（b）带有总公差的装配组。

A—尺寸；T—公差带。

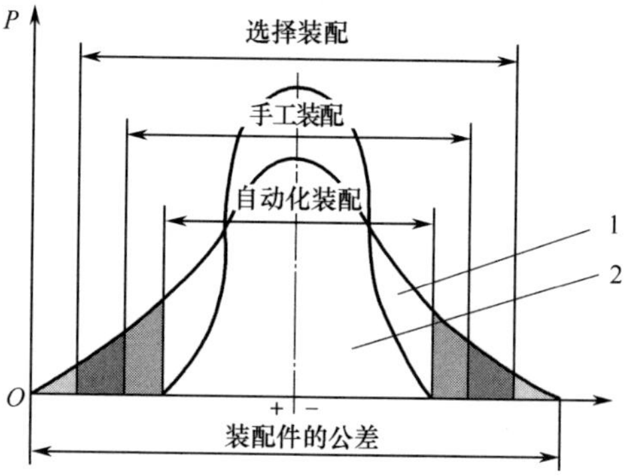

图 3－6 随着自动化程度的提高，配合件的公差范围变窄

P—概率；1—现成的零件质量；2—自动化装配所要求的零件质量。

必须区别如下两种不同种类的公差：

（1）功能公差：能够装配到一起并且实现规定的功能所允许的偏差。零件的技术要求须按照装配条件以及在运转状态所引起的作用来确定。

（2）自动化装配过程公差：与操作过程相关的由装配机械造成的位置和方向误差。

零件的技术要求与装配条件是相互作用、相互影响的，所有单个零件的尺寸公差和位置公差加在一起构成总公差，如果要使整个连接过程无干扰地进行，总公差不允许超过封闭公差。

如果要求相互连接的零件共同发挥一种功能，而各个零件本身又不被过分严格地要求，可以采用绝对互换法以外的几种方法，对零件的公差界限可以略有放松。

有以下几种配合方法：

（1）完全互换法：可以从备件中任取一件装配。在任何一种情况下都可以达到要求的使用功能。这种方法首先用于：公差链及成批大量生产。

（2）成组互换法：备件按公差范围分组。尽管要求的配合公差很小，但工件的制造公差可以大一些。只有属于同一组的零件才可以配合。

（3）均衡补偿法：最终公差的精度通过一个补偿环节得到，或者通过尺寸改变，或者加入一个补偿件。

（4）概率法：有一定概率的零件的公差超过了事先规定的最终公差而不能完全互换。这部分所占的比率称超差率。这种方式适用于最终公差要求较严的多环节公差链。

两个被连接的零件之间的配合关系有四种典型的情况，如图 3－7 所示。概率 P_1（x）和 P_2（x）完全重合（图 3－7（a））或至少在许多点上交叉。这种情况是理想的，因为在装配中所有的零件都是可用的。与此不同，在图 3－7（b）中两个零件显示了不同的尺寸分布概率，分布曲线的峰值位置是重合的。有 Q_1、Q_2 和 Q_3 三部分零件找不到合适的配对。这部分零件需要再补充加工，否则就不能使用。还有一种情况是分布规律虽然相同，但峰值位置发生偏移，如图 3－7（c）所示。最普通的情况是分布曲线的形状、峰值的位置与高低都不相同（图 3－7（d）），A 种零件的 Q_2 部分在以 P_2（x）为概率分布的 B 种零件中找不到合适的配对。

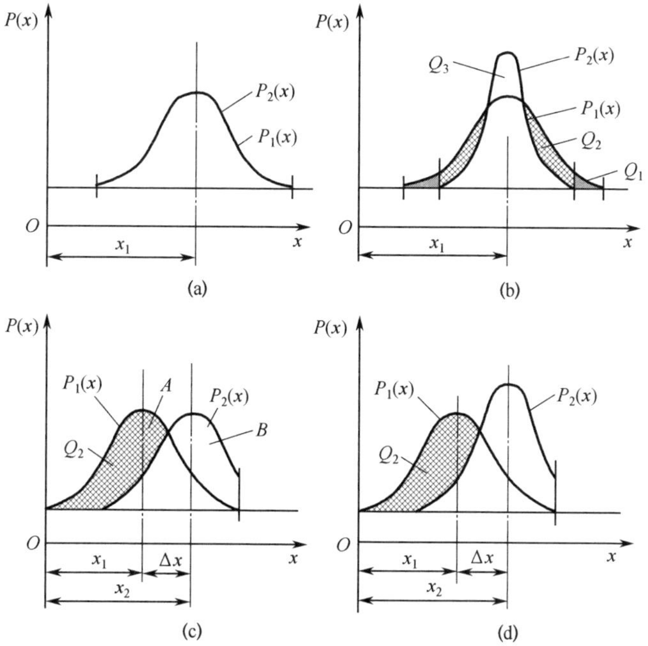

图 3－7　两个被连接零件的概率分布

（a）概率完全重合；（b）概率分布不同；（c）峰值位置不同；（d）概率分布和峰值位置都不同。

4. 产品的装配工艺性

适合装配的零件形状对于经济的装配自动化是一个基本的前提。如果在产品设计时不考虑这一点，就会造成自动化装配的成本增加或完全不能实现。产品的结构、数量和可操作性决定了装配过程、传输方式和装配方法。机械制造的一个明确的原则是“部件和产品应该能够以最低的成本进行装配”。首先应该区别以下三个不同的概念：

（1）适合自动化装配的零件形状。

（2）适合机器人进行装配的零件形状。

（3）适合传输的零件形状。

对于适合自动化装配的形状，就单个零件、部件和产品来说，层叠式和鸟巢式的结构（图3-8）对于自动化装配是有利的。结构方面的另一个区别是分立式还是集成式。集成方式可以实现元件最少，维修也方便，如图3-9所示。

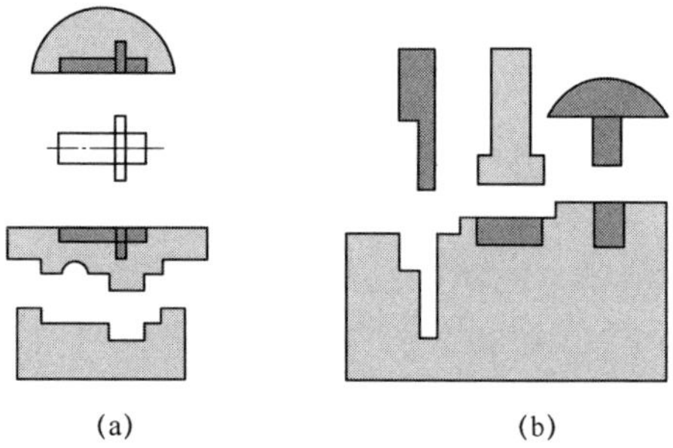

图3-8　适合自动化装配的产品结构形式

（a）层叠式（垂直）；（b）鸟巢式。

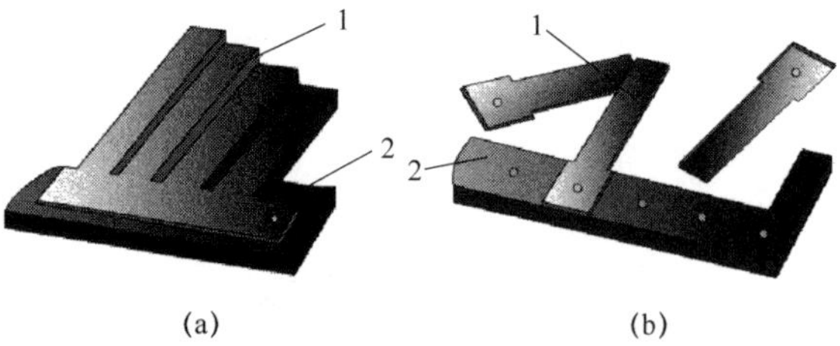

图3-9　集成方法对装配是有利的

（a）集成方式，如梳形；（b）分立方式。

1—配合件；2—基础件。

可以进一步划分下列细则：

（1）装配点的数量应该少。

（2）连接过程中不应该再有附加的连接件。

（3）零件从料仓里被抓取出来时的抓取部位应与连接时的抓取部位一致。

(4) 尽可能做到预装配单元是稳定的、可检验的。这样就给最终装配时的定位带来方便。

(5) 避免形状不稳定的结构元件，如叉、塑料垫、管形零件和薄膜。

(6) 配合件应该适合于装配。

(7) 产品变种应尽可能地使用相同的零件，以便变种产品也能实现自动化装配。

(8) 配合组应该是易于传送的，具有一定的平面、回转面和抓取表面以及足够大的自由空间，以便抓钳和装配工具能够无阻挡地通过。

产品的装配工艺性如何，可以通过各种不同的方法来评价。装配工艺性对于各种产品变种来说尤为重要。无论是装配性评价方法还是 Boothroy – Dewhurst 方法都是以降低装配成本为根本原则。使用 Boothroy – Dewhurst 方法可以借助于计算机进行评价，只要输入工件的几何形状、特性、连接工艺和装配顺序就可以得出一个装配工艺系数，这个系数是直接判断可装配性的优劣、装配时间长短、装配成本高低的重要标志。

3.2.2 产品结构分析

按照装配的观点确定产品形状时，零件之间的相互关系非常重要。需要哪些零件，它们之间怎样连接，在考虑整个产品的结构时必须清楚它们的各个组成部分。

产品的结构是指把一个多阶段产品分解成构成该产品的部件和零件。

这种划分也可以从功能的观点把整个产品划分为功能部件和功能元件。结构部件和功能部件不一定要求必须一致。有些产品其构件是确定的和不能改变的，也有些产品，它们有不同的变种。对这些必须予以适当的确定和评价。方案一览表是一种经常使用的方法。一个适合装配自动化的产品结构应该满足以下几点：

(1) 可以明确地划分装配部件。

(2) 大部分装配件相对集中在子部件上。

(3) 与变种无关的结构范围是明显的。

(4) 不同结构水平的功能检测是可能的。

(5) 便于技术服务。

3.2.3 装配流程分析

1. 装配流程的确定

为了装配一个产品，必须首先说明其安装顺序。必须规定哪些装配工作之间可以串联，哪些之间可以并联。装配过程中所出现的连接方法的种类和数量对装配过程有一定影响。装配过程越宽（相并联的工序多），越难以组织。对复杂的产品必须首先装配子部件，即装配过程是多阶段进行的。根据包含部件的情况，装配过程按原理可以划分为如图 3－10 所示的几种。

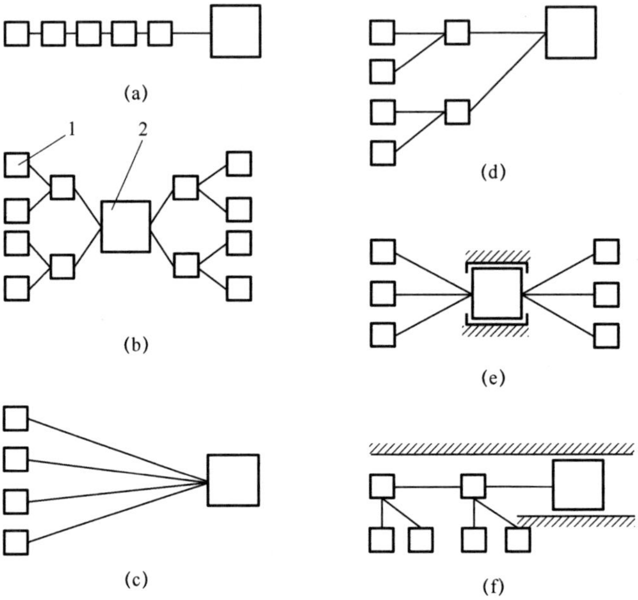

图 3－10 装配过程按原理划分

（a）无分支；（b）有分支；（c）单阶段；（d）多阶段；（e）装配站；（f）流水作业。
1—部件；2—产品。

按照时间和地点关系，装配过程可以划分为以下几种：

（1）串联装配。

（2）时间上平行的装配。

（3）在时间上和地点上都相互独立的装配。

（4）时间上独立、地点上相互联系的装配。

装配顺序在生产计划和流程图中都有说明。

流程图是一个网络的计划图。其结构可以是有分支的或没有分支的，它重现了装配过程。

零件的移动方向通过网结，相互关系通过连接线来表示。其排列方式总是由最早的步骤开始。从图 3－11 的流程图可以知道装配工作（1）可以先于其他步骤（3、4、5）开始，在此步骤中零件被装配到一起。一种装配操作（如 2）最早可以在什么时间开始，什么步骤（如 3、4）可以平行地进行。装配步骤（如 5）中另一零件的前装配必须事先完成。

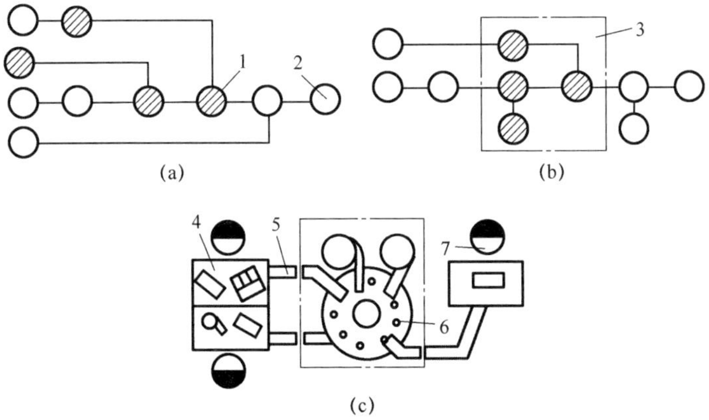

图 3－11　流程图和装配系统
（a）流程图；（b）流程图中块的划分；（c）混合装配系统。
1—自动化装配；2—非自动化装配；3—自动化装配段；4—人工装配工位；
5—中间料仓和传送链；6—自动化装配机；7—工人。

这样一个流程图对于结构复杂的产品绝对是必要的，并且为装配时间的确定带来极大方便；同时为“在哪里设置缓冲”提供了依据。为了给自动化装配找出最佳的流程，应该借助于计算机首先找出可能性，也就是必须把装配零件之间的关系描述清楚，尤其是空间坐标关系；否则，有可能在技术上难以实现。

下面介绍几种不同的考虑方法：

（1）装配配合面：也就是注意失去了哪些配合面。失去是指被占用或被封闭。

（2）考虑任务：如把一个产品适当地分解成可传输的部件。当一个 O 形圈装入槽内，槽就构成一个部件。

（3）考虑对象：如把带有许多配合面、质量大、形状复杂的零件视为基础件。特别敏感的零件应该在最后装配。

除了上述几种方法，还存在一些变种，通过它们也可以找出最佳的装配顺序（流程）。

下面再介绍另外几种考虑方法：

（1）考虑操作（工艺工程）：如操作简单的步骤（如弹性涨入）应该先于操作复杂的步骤（如旋入）进行。

（2）考虑功能：各种零件在产品中实现不同的价值。

（3）考虑组织：在大批量生产中，部件装配时，如使用装配机器人进行装配，要尽量避免频繁地更换工具。优先权的说明和装配流程的精确描述通常是一个重要的前提。这些工作都可以借助于计算机来完成。

在考虑装配流程时，这种流程是否能实现自动化的问题并没有同时解决，对此还必须单独进行研究。通过研究方能认定多大程度上实现自动化是可能的。在讨论这一问题时，重要的是下列因素：

（1）配合、连接过程的复杂性。

（2）配合、连接位置的可达到性。

（3）配合件的装备情况。

（4）完成装配后的部件的稳定性。

（5）配合件、连接件和基础件的可传输性。

（6）装配流程的方向。

（7）部件的可检验性。

由于技术、质量或经济原因，某种装配操作不能实现自动化，就必须考虑自动化装配与人工装配混合的方法。这种混合方式的装配系统（图3－11）有其突出的优点。

2. 装配工艺过程的确定

装配工艺过程的确定分几步进行，即在不同的水平上的确定。这是工艺工程师的一项复杂的工作。

（1）最高层面的确定。对此，产品的批量和生产周期起着重要作用。首先要决定该产品是否适合自动化装配，是专用自动化还是柔性自动化。必须对此做具体分析，甚至要对产品的设计做装配工艺性方面的改进，然后再确定装配的过程。

（2）第二层面上的确定。在第二层面上确定装配工艺过程，其具体任务是确定装配操作的顺序，可以借助于流程图来进行。把各种不同的基本组织形式和装配工艺过程的排列顺序（装配工位）做出图来就产生出装配设备结构上的不同的变种。

（3）最低层面上的确定。这一层面上的确定是从所要求的功能出发，把装配工艺过程分解到各个实际的组成部分。可以把装配划分以下四个功能范围：

① 前装配辅助功能。属于这一功能范围的有整理、分离、上料、检验，为真正的装配工作准备基础件和配合件。这项工作也包括更换料仓或把电子元件从传送带或胶黏带上分离出来。

② 装配功能。装配功能涉及的具体功能，如抓取、移动、连接（压接、旋入、铆接等），其作用是把两个或多个零件先定位配合然后连接到一起。

③ 后装配功能。已完成装配的部件或产品必须从装配设备上取走。空的料仓也必须更换。在开始新的装配动作之前往往还要做功能检查。

④ 监控功能。此项功能包括整个装配系统的检测、坐标控制，装配过程控制以及与前仓库和后仓库的信息交换。为实现这些功能，物流、信息流、能量流是必需的。传输功能完成配合件的供应，送走装配好的部件，这就是物流；关于物体（零件）在空间的位置和方向的信息（信息流），对于被装配物体的定位和配合过程是必不可少的。当然，配合和连接过程离不开力，这就是能量流。

装配的第一步是基础件的准备。基础件是整个装配过程的第一个零件。往往是先把基础件固定在一个托盘或夹具上，使其在装配机上有一个确定的位置。人们常把这一步称为“定位”，也就是把可能的12种运动冻结为11种。如图3－12所示，只有向上的垂直运动是唯一可能的。因为间隙和加工误差仍然存在，其位置和方向并不是绝对精确的，与理想状态存在偏差。装配对象（配合件）的移动，特别是基础件的位置变换的精度是非常重要的。

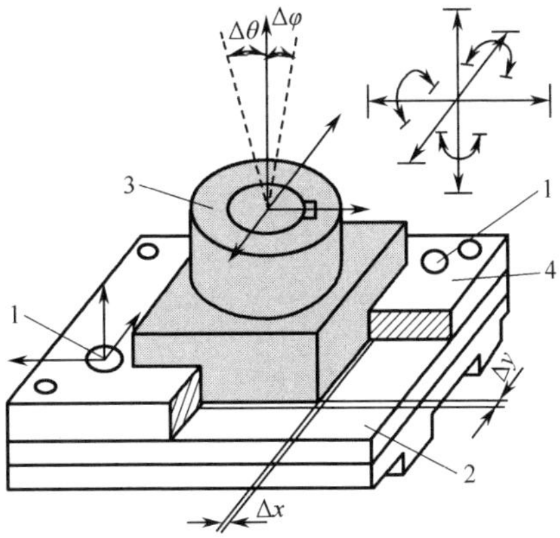

图3－12 基础件在托盘上的定位

1—定位孔；2—托盘；3—基础件；4—基础件夹具。

需要传送的物体的运动通过一个运动系统来完成。按被传送物体与运动系统的相对关系可以分为两种：一种是被传送的物体与运动系统固定耦合；另一种是二者可以有相对运行。

在固定耦合的情况下（图3－13），被传送的物体可以准确地到达目标位置。在依靠摩擦带动物体运动的情况下，在装配机上须附加定位（阻尼、挡块、定位销等）。在某些情况物体的移动不需要运行系统带动，而是靠加速度力、摩擦力，或者靠重力在垂直方向移动。加速度力在运动开始或结束时及运动方向改变时出现。与此类似，在配合件向装配位置运动时也产生加速度力。

固定的耦合称为夹紧，可移动的耦合称为引导。固定的耦合需要施加一定的平面压力；可移动的耦合，在被传送件和导向件（导轨、导槽等）之间存在直线的和弧线的相对运动。

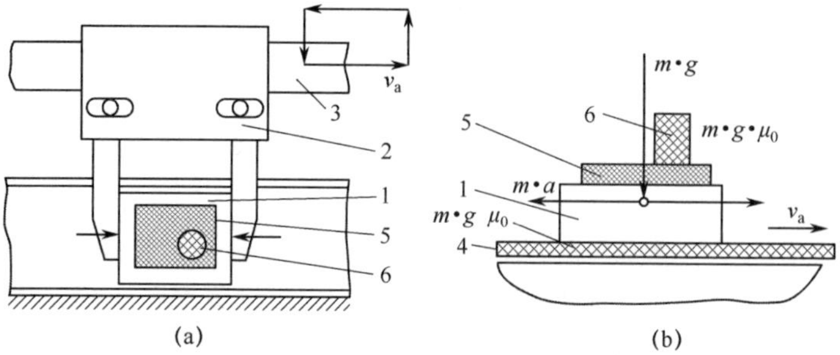

图 3－13　基础件的运动系统

（a）与传送系统固定耦合；（b）摩擦耦合。

1—工件托盘；2—抓钳；3—使抓钳做直角运动的轨道；4—传送带；5—基础件；6—配合件。

为确定一台自动化装配机或其他装配设备完成一种产品的装配的方案，首先应该借助于功能图。配合件的传送与装配工作本身具有同样的重要性。图 3－14 为一台装配机的功能图，内容是一个接头的装配过程。

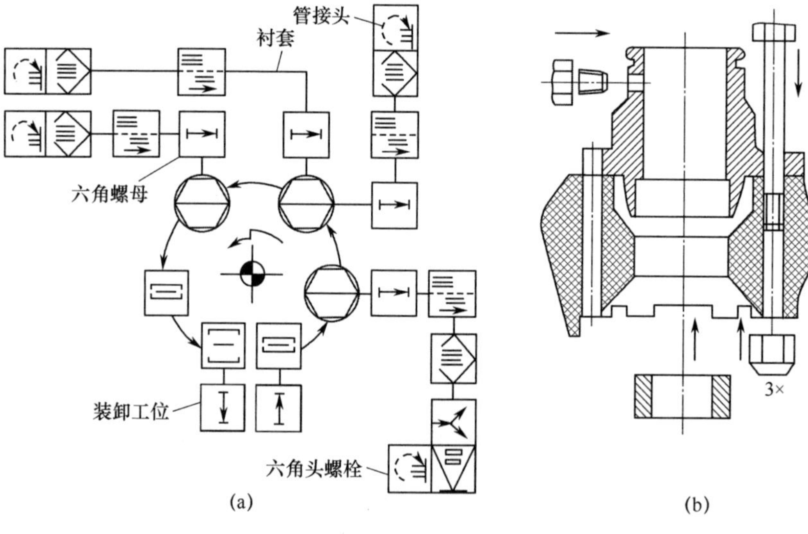

图 3－14　一台装配机的功能图

（a）功能计划；（b）以一个部件为例。

下一步是把功能图转化成一种技术方案（可以有不同的变种）。对此，“地貌图”（图中曲线类似地形图中的等高线）是一种适用的方法。通过这种方法人们可以把技术方案－物理功能和经过整理的、标准的功能元件概括地编纂到一起。最后把各个单件的方案结合在一起就可以获得各种不同的原则变种。这一过程标示于图 3－15 中。由于技术上的原因，并不是一列中的每一个方案都能与其他的列相连。“地貌图”只是一个辅助工具，它不能起决定性作用。

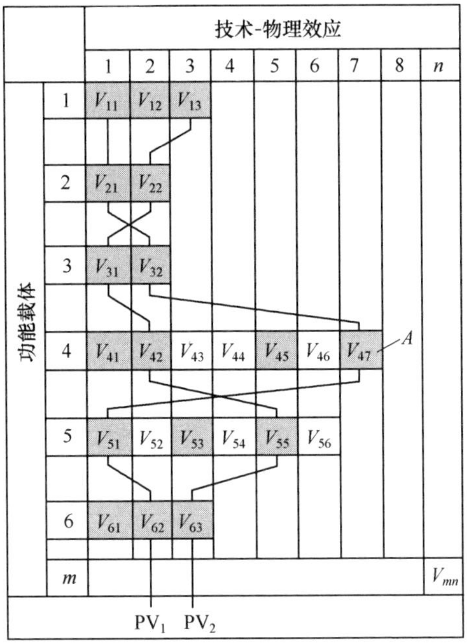

图 3－15 “地貌图”方法确定装配方案

A—适合于这项装配任务的技术方案；PV—不同的装配方案；V_{mn}——一个技术功能元素的变种。

为了进一步选择装配设备的方案，与环境的相容性、质量要求，例如无损操作和其他要求（效率、节能等）都要考虑。这种选择可以利用值分析法进行，重要的是确定评价目标和权重系数。

最好是为刚选出的局部方案建立一个方案卡，它包含配合、连接任务、技术草案、效率数据、功能说明、应用标准和检验方法以及概算账单。在大多数情况下，装配工作是分散到各个工位上进行的，所以选择适当的链接设备也是必不可少的。它们是各装配工位之间的连接环节。链接设备的选择必须考虑下面的问题：

（1）这种连接方法是固定的还是松弛的，即是否需要中间的存储器。

（2）传送路径是直线形还是圆形的，通道式的还是空中悬挂式的。此外，要考虑是否需要工件托盘的返回通道。

（3）选用什么样的链接手段。由于正确的选择只有综合考虑技术性能和经济成本才能做出，因此需要使用利用值分析法。

最后是信息流的问题。装配过程是很复杂的，它要求一套功能复杂的控制系统。这也是在确定方案时要考虑的。

（1）什么情况下适合集中控制，什么情况下实行分散控制。

（2）是否把工件托盘作为信息载体。

（3）需要设置哪些接口。

复杂的装配设备计划可以由计算机辅助系统来实现。计划的质量可以由此得到提高。这类计算机辅助的一个实例是 BOSCH 公司的 FMS Soft 系统。它包含以下功能：

（1）从装配技术的角度对产品进行品鉴和产品弱点分析。

（2）装配设备结构计划。

（3）信息系统的拟定（结构原理和系统元件）。

3.3 装配作业自动化

装配作业自动化一般包括储料、传送、给料、装入、连接和检测等的自动化。适于自动化装配产品的基本条件是：有相当的生产批量，且零部件能互换、易定向、便于抓取；有良好的装配基准和装配空间，使零部件定位可靠和保证作业动作的活动范围。

3.3.1 装配工序自动化

在装配过程中，有多种可自动化的装配工序，如做标记、清洗、平衡等，最常见、最复杂的是装入和连接工序。

1. 装入

工件经定向、送进至装入工位后，通过机构对准基件进行装入。装入分为间隙配合、过盈配合、套合、灌入等。装入动作宜保持直线运动。对过盈配合件的装入，一般应设置导向套，并宜缓慢进给。当装入动作的节拍不能满足装配线节拍要求时，应并行设置多个装入工位。在装入过程的设计中，应视工件的装配条件，对装入动作和定位方法进行合理的选择、组合和计算。表 3 – 1 列出了装入动作和定位方法及其适用场合。

表 3 – 1　装入动作和定位方法及其适用场合

装入动作方式	对准方式	装入位置	适用场合
重力装入	对准位置的控制要求较低，常用机械挡块、调节支架或固定对准等方法	一般由装配基件本身控制，或由夹具上的平面挡块等控制	一般适用于配合间隙大的配合装入。套合装入和灌入，如垫圈、钢球、弹簧等

（续）

装入动作方式	对准方式	装入位置	适用场合
推压装入	控制要求较高，常采用固定导向套，配合夹具定位；也可以用光学电子对准和自寻轨迹装置等	常用曲柄连杆、凸轮、汽缸和液压缸等往复运动机构直接控制，也可采用各种位置传感器控制	适用于一般精度配合的装入，如轴承、轴、销、端盖等
机械手装入	受夹持机构定位精度的制约，用各种位置传感器控制，可用多级缸或挡块实现多点定位	常用位置挡块、行程开关，也可采用各种位置传感器控制	适用于间隙配合的装入。当机械手带有主动柔顺或被动柔顺装置，可进行间隙很小的配合装入

2. 连接

装配中的连接方法一般有螺纹连接、铆接、焊接、黏结等。其中螺纹连接便于装拆、应用普遍。螺纹连接自动化需要对螺钉、螺母、垫圈等进行自动运送、对准、拧入和拧紧，并要求有一定的拧紧力矩，所以螺纹连接的自动化比较复杂。

采取自动化装配时，应优先考虑劳动强度较大的工作内容，如拧紧工作。对有些实现自动化难度较大的作业，如自动对准及自动拧入，有时可结合采用手工操作，经济可靠，效果较好。

3.3.2 加工和装配的复合

对于一些运送、定向等甚为复杂、难以保证顺利可靠给料的工件，常考虑采用加工成形和装配给料相结合的方法来进行自动装配。这样简化了装配过程的运送、定向动作，提高了可靠性。有时虽不存在运送、定向问题，但从简化设备考虑，也采用这种方法。举例如下：

（1）易于纠缠的零件，如弹簧卡环等。

（2）易碎、极薄的零件。

（3）一些简单加工成形的零件。

图 3-16 为卡环的成形过程原理。卡环成形装入机构如图 3-17 所示，钢丝从送料导管送入柱形棍子径向槽中；驱动器通过传动齿轮及花键，带动与推出器键连接的柱形棍子和压辊转动，卡环一端弯曲并由压辊压住，始终保持压紧状态；柱形棍子转过 360°即完成了卡环的成形，然后，滑台液压缸把导向套贴在装配基件活塞上，再由推出液压缸推动推出器向前，把卡环从柱形棍子上推入活塞的销孔，使卡环嵌入销孔的槽中，完成给料和装入动作。

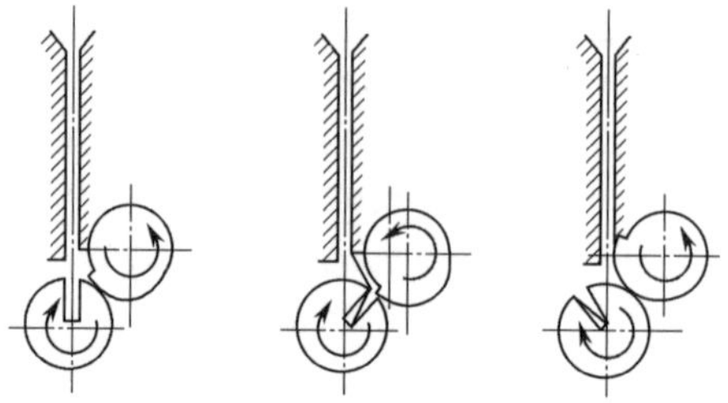

图 3－16　卡环的成形过程原理

（a）成形开始；（b）成形；（c）成形完成。

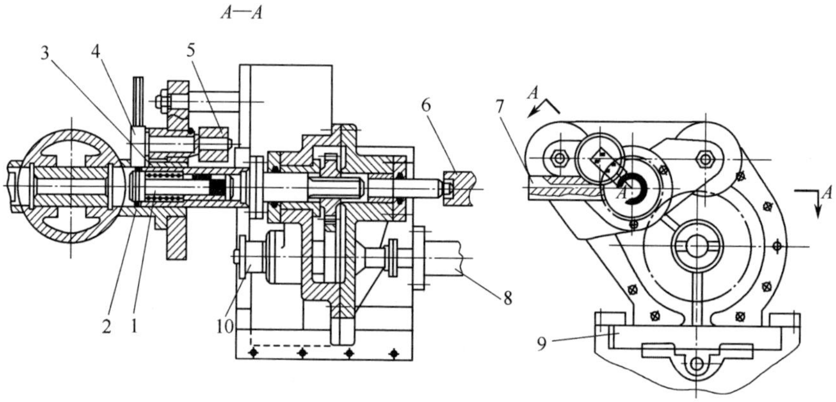

图 3－17　卡环成形装入机构

1—柱形棍子；2—导向套；3—推出器；4—压辊；5—齿轮；6—推出油缸；7—送料导管；8—滑台液压缸；9—送入滑台；10—驱动器。

3.3.3　装配过程中的自动检测

1. 自动检测的分类、目的及检测内容

自动检测的分类、目的及检测内容见表 3－2。

表 3－2　自动检测分类、目的及检测内容

检测分类	检测阶段及目的	检测内容	检测性质	备　注
不制造缺陷	装配行为发生前，制止可能发生的缺陷	装配前或装入时，被装工件品种、缺件、定位状态（位置方向）、夹持力，以及配对选择等的检测	主动检测或事前检测	有效性级别中等，成本最低

（续）

检测分类	检测阶段及目的	检测内容	检测性质	备注
不传递缺陷	装配行为发生中，将缺陷控制在本工序	装配行为中的检测，大多与装配机的反馈控制相联系，如工件夹持的准确性、装入过程力与位移的关系、螺纹连接的转矩等的检测	主动检测或事前检测	有效性级别中等，成本中等
不接受缺陷	装配行为发生后，发现前道工序造成的缺陷	① 装配后的形位精度检测；② 装配后的组件要求检测，如配合间歇、密封性、质量平衡、摩擦力矩等的检测；③ 产品功能的试验和检测	被动检测或事后检测	有效性级别最低，成本最高

2. 自动检测按测量原理分类

1）机械式自动检测

机械式自动检测是利用被装配件的外形特征，将形状不合格或方向不正确的工件剔除。如图3－18所示，工件1、2未安放到位，将被检测件（或通过执行机构）阻挡在装配工位之外。

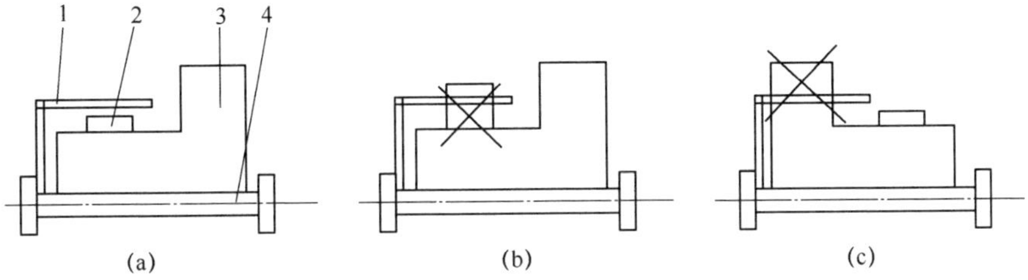

图3－18 利用工件的外形特征检测

（a）工件安放正确；（b）工件1安放不到位；（c）工件2安放不正确。

1—检测件；2—工件1；3—工件2；4—工件3。

2）机电式自动检测

机电式自动检测的应用非常广泛，可用于检测工件是否存在、工件是否夹持到位、工件是否安装到位等。

（1）图3－19为检测工件位置是否正确，如工件在工作位置翻转了90°，则工件不能触及限位开关，不发出工作信号。

（2）图3－20为自动检测装配后的衬套是否达到规定位置。衬套下面设置了三个检测销，压入衬套时，推动检测销向下与三个触头接触。若全部接触，表明衬套被压至规定位置；如果其中任何一个检测销与触头未接触，则表明压装过程出现了偏斜，或未压到规定位置。

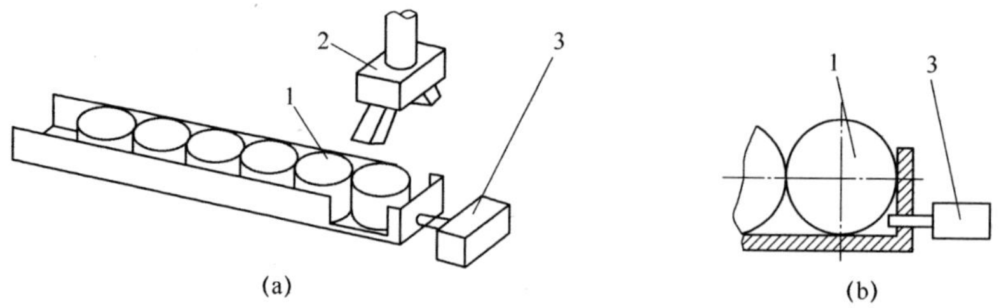

图 3－19　限位开关自动检测工件位置

（a）正确位置；（b）错误位置。

1—工件；2—抓料器；3—限位开关。

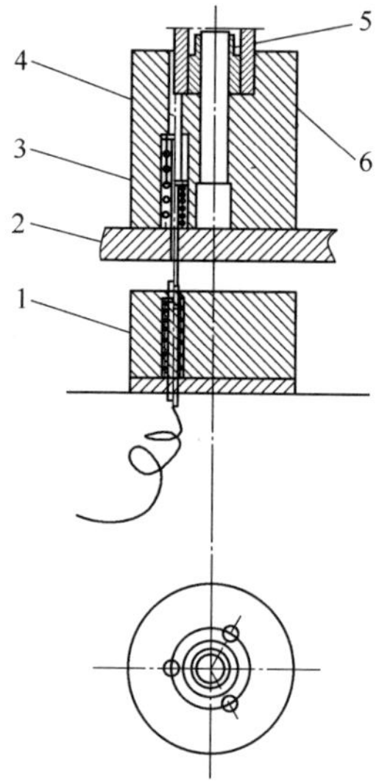

图 3－20　自动检测衬套装配图

1—触头；2—回转工作台；3—装配夹具；4—检测销；5—轴套（工件）；6—衬套（工件）。

（3）图 3－21 为自动检测螺柱安装高度。当螺柱拧入规定的深度时，接触器与调定的基面接触时，输出信号，表面螺柱已拧入规定深度。接触器与基准面的距离，可按螺柱拧入深度来调节。

（4）图 3－22 示出电接触式检测装置，该装置用于检测工件是否能被正常夹持。根据装配机信号，压缩空气被接通，推动对置活塞向两边移动，从而使止动夹爪和测量端夹爪闭合夹持工件。当夹持正常时，测量端夹爪和触点螺钉之间形成间隙，电路不通；当缺件时，间隙消失，电路接通，发出夹持有误信号。

该检测装置可以通过调整螺钉和触点螺钉的位置，来适应多种工件夹持的检测。

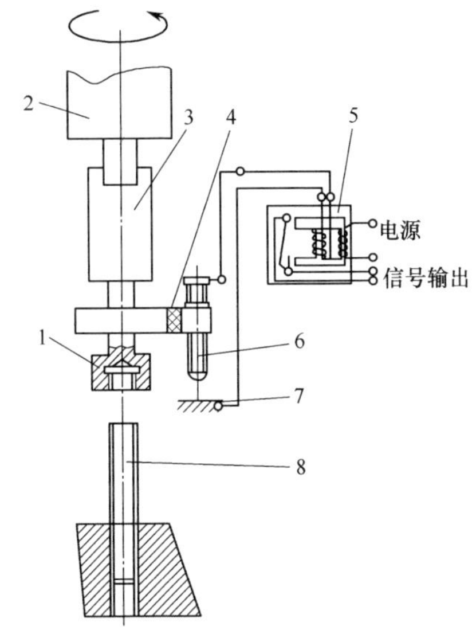

图 3-21 电接触式检测螺柱安装高度

1—螺柱夹头；2—工作头；3—联轴节；4—绝缘体；5—输出装置；6—接触器；7—基面；8—螺柱（工件）。

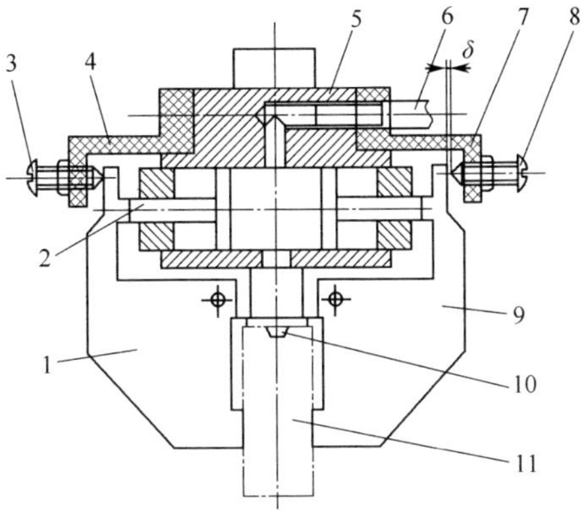

图 3-22 电接触式检测装置检测工件的夹持

1—止动夹爪；2—对置活塞；3—调节螺钉；4、7—绝缘体；5—检测头本体；6—进气管；8—触点螺钉；9—测量端夹爪；10—导销；11—工件。

（5）图 3-23 为离合器吸盘与带轮吸合面之间隙 δ 的自动检测装置。装在随行夹具上的离合器吸盘（工件），由链式传送装置传送至检测工位定位，并自动接上直流电源，使离合器吸盘与带轮平面吸合，此时间隙 $\delta=0$。接着检测工作头由汽缸推动向下，当三个弹性触头接触吸盘上平面时，通过检测工件使检测系统自动对零，然后断开直流电源，吸盘在离合器内弹簧片作用下向上弹回，三个弹性触头同时被向上顶起，其位移量就是间隙。通过位移传感器和控制回路，待测定值与设定值作比较，并将比较结果发出信号。

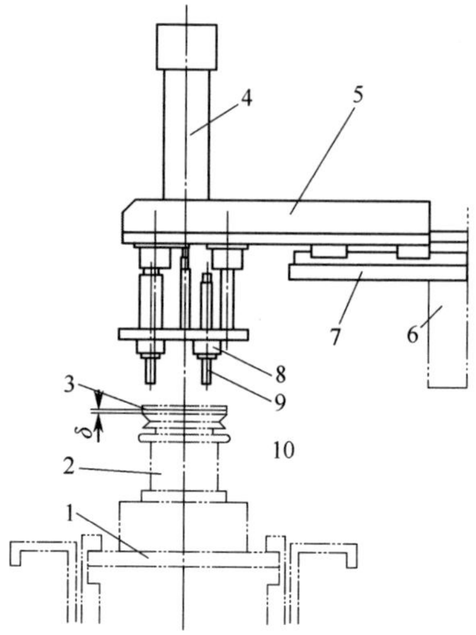

图 3－23　自动检测离合器吸盘吸合间隙

1—传送装置；2—随行夹具；3—离合器吸盘（工件）；4—汽缸；5—横枕；6—机身；7—导轨；8—检测工作头；9—弹性触头；10—带轮（工件）。

（6）图 3－24 为压差法检测轴承工作方向。工件为一面带防尘盖的轴承，由五工位旋转式料仓供料的轴承，自料仓出口落到挡板上，悬臂式送料器每转一次，夹取一个轴承送到装配工位。

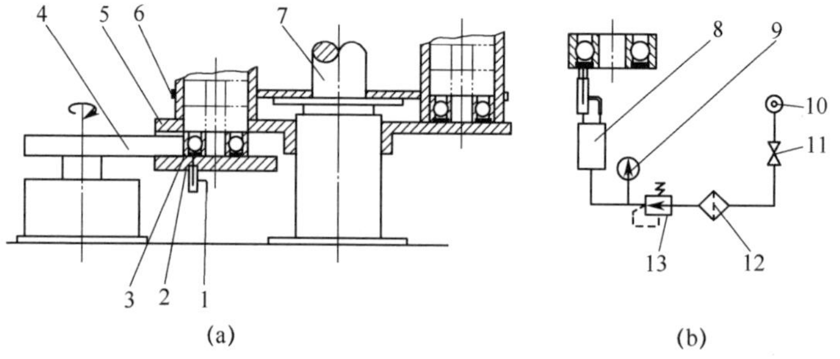

图 3－24　压差法检测轴承工作方向

（a）机构示意图；（b）气路原理。

1—测量喷嘴；2—挡板；3—轴承（工件）；4—悬臂式送料器；5—支撑板；6—驱动板；7—旋转式料仓；8—压差式继电器；9—压力计；10—气源；11—阀门；12—过滤器；13—减压阀。

轴承在挡板上因有、无防尘盖，将造成和测量喷嘴之间隙不同，由此，喷嘴出口处的背压会随之变化，这一压力变化可以通过压差式继电器发出相应信号，从而检测轴承（工件）方向是否正确。

3）光电式自动检测

光电式自动检测是将被检测对象引起的光通量变化转化为电通量，显示或发出控制信号。

图3－25示出利用光电传感器自动检测钢球缺件。检测棒前端的直径比套筒（工件）中均布的三个钢球内接圆略大。当缺少一个钢球时，检测棒就能通过，使光电检测器的光路畅通，发出钢球缺件信号。

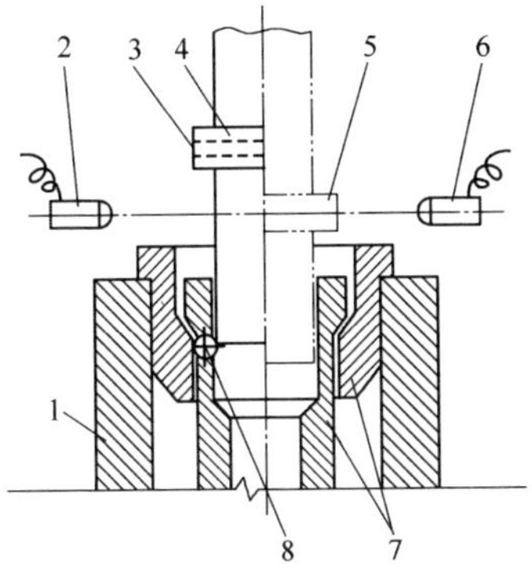

图3－25 光电传感器自动检测装入钢球缺件

1—装配夹具；2—发光器；3—检测棒上的透光孔；4—正常位置检测棒；5—缺件位置检测棒；6—受光器；7—套筒（工件）；8—钢球（工件）。

利用发射型激光传感器，按发射回的光通量判断正误。例如：工件内是否装有润滑油脂；工作盘上是否有工件；工件的正面或反面（正反面反射能力不一样）；工件的颜色等。

4）视频自动检测

视频自动检测是利用分辨率数码摄像头对工件进行拍摄，然后与存储在计算机中的标准状态的工件图片进行比较，从而判断工件的状态。视频自动检测要求有高质量的照明条件。视频自动检测可以用来为装配机器人定位，以及检测工件中被装件的数量、位置正确与否。

3.4 装配机及装配设备

3.4.1 装配机的结构形式

1. 装配机概念

装配机是一种按一定时间节拍工作的机械化的装配设备，所完成的任务是把配合件往基础件上安装，并把完成的部件或产品取下来。随着自动化的发展，装配工作（包括至今为止仍然靠手工完成的工作）可以利用机器来实现。产生了一种自动化的装配机械，即实现了装配自动化（按照规定这还是一种单用途的装配机）。在装配设备上，部分手工、部分机器，或者完全由机器来完成装配工作。这种工作是有节奏循环往复地进行的，设备与料仓相连接。为了解决中小批量生产中的装配问题，人们进一步发明了可编程的自动化的装配机，即装配机器人。它的应用不再是只能严格地适应一种产品的装配，而是能够通过调整完成相似的装配任务。这就是柔性自动化装配。在单独的手工装配工位和柔性自动化装配系统之间可以列举出许多中间形式。图 3－26 列出了其中的几种，在图上线框（即图（d）～（i）种）范围内的所有要求的操作都是自动进行的。

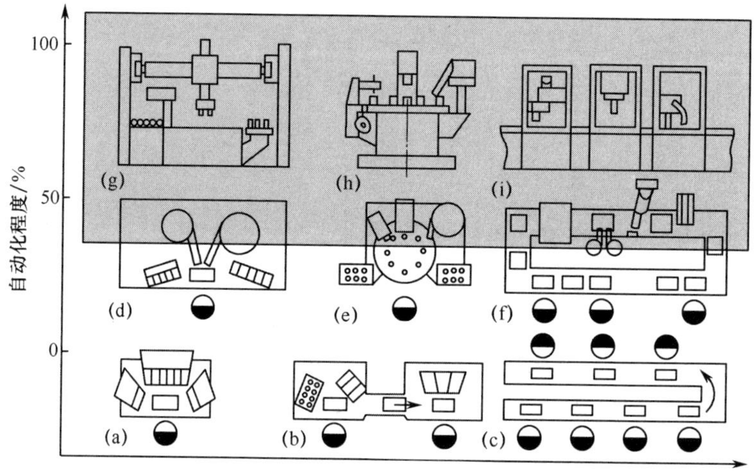

图 3－26　典型的装配设备（排列与分类）

（a）单独的手工装配工位；（b）有缓冲的传送链的手工装配；（c）手工装配系统；（d）机械化装配站；（e）半自动化的装配站；（f）柔性的半自动化的装配线；（g）柔性的自动化的装配间；（h）自动化的装配机；（i）全自动非柔性的装配设备。

如果在某些装配工位和装配设备中仍保留手工操作，按表 3－3 划分的种类，它们属于装配机或装配系统。多用途装配设备的最高等级是装配系统。装配机是与确定的装配任务相联系的装配设备，它执行某种被迫的运动，其输入和输出都是确定的。装配系统是按照某种关系连接在一起的多台设备的集合，以此来完成某种预先计划的工作过程。一台装配机可以是一个系统的组成部分，也可以看作一个系统。自动化装配机是一种特殊的机器，它能够适应当前的装配任务，从而找出一种最佳的解决问题的方法。自动装配机一般是不能实现柔性的。虽然装配机是为特定的装配任务而设计的，但其中的基础功能部件、主要功能部件和辅助功能部件等作为一台装配机的组成单元都是可以购买的。

表 3 – 3 装配设备的分类

<table>
<tr><td colspan="8">机械化的装配设备</td></tr>
<tr><td colspan="8">专用装配设备</td></tr>
<tr><td colspan="8">单工位装配机、多工位装配机</td></tr>
<tr><td rowspan="2">自动化、非柔性的装配机</td><td colspan="2">非节拍式</td><td colspan="5">节拍式</td></tr>
<tr><td>转盘式
自动装配机</td><td>纵向自动
装配机</td><td colspan="3">转盘节拍式自动装配机</td><td colspan="2">纵向节拍式自动装配机</td></tr>
<tr><td>特种装配机</td><td>转子式
装配机</td><td>纵向移动式
装配机</td><td>圆台式
自动装配机</td><td>环台式
自动装配机</td><td>鼓形
装配机</td><td>纵向节拍式
自动装配机</td><td>直角节拍式
自动装配机</td></tr>
<tr><td colspan="8">通用（多用途）装配设备</td></tr>
<tr><td>装配工位</td><td colspan="2">装配间</td><td colspan="3">装配中心</td><td colspan="2">装配系统</td></tr>
<tr><td>使用装配机器人的
自动化装配工位</td><td colspan="2">使用装配机器人的一
个或几个装配工位</td><td colspan="3">用传送设备把装配间与
自动化仓库连接到一起</td><td colspan="2">把装配工位、装配间、
装配中心连接到一起
称为装配系统</td></tr>
</table>

组成单元是由几个部件构成的装置，可以根据它的功能特点、特征参数和连接尺寸连接在一起共同来自动化地完成一种装配任务。根据它们的功能、组成单元可以分为基础单元、主要单元、辅助单元和附加单元。

基础单元是各种架、板、柱，工作单元和驱动部分安装在基础单元上。基础单元必须具有足够的静态和动态刚度。主要单元是指直接实现一定工艺过程的部分。它包括运动模块和装配操作模块。它的工作方式（如螺纹连接、压入、焊接等）完全取决于其所执行的装配任务。辅助单元和附加单元具有控制、分类、检验、监控及其他功能。功能载体的量由需要实现的功能多少来决定。装配过程包括：配合、连接对象的准备，配合、连接对象的传送，连接操作和结果检查。

当基础件的准备系统或装配工位之间的工件托盘的传送系统一经确定时，一台装配机的结构形式原则上也就确定了。基础件的准备系统可分为直线形传送系统、圆形传送系统和复合方式传送系统。

此外，基础件的传送可以是连续的或按节拍的，步长可以是固定的或变化的。基础件放在工件托盘上传送，用夹具固定。所以还要考虑夹紧和定位元件的可通过性，既不能在传送过程中与其他设备相碰，又不能影响配合件和装配工具通过。

2. 单工位装配机

单工位装配机只有单一的工位，没有传送工具的介入，只有一种或几种装配操作。这种装配机的应用多限于仅由几个零件组成而且不要求有复杂的装配动作的简单部件。在这种装配机上同时进行几个方向的装配是可能的，而且是经常使用的方法。这种装配机的工作效率可达 30 ~ 12000 个/h 装配动作。

单工位装配机在一个工位上执行一种或几种操作，没有基础件的传送。其优点是结构简单，可装配最多由 6 个零件组成的部件。

这种装配机的典型应用是电子工业和精密工具行业，如接触器的装配。这种装配机用于自动旋入螺钉和自动压力操作，如图 3 – 27 所示。

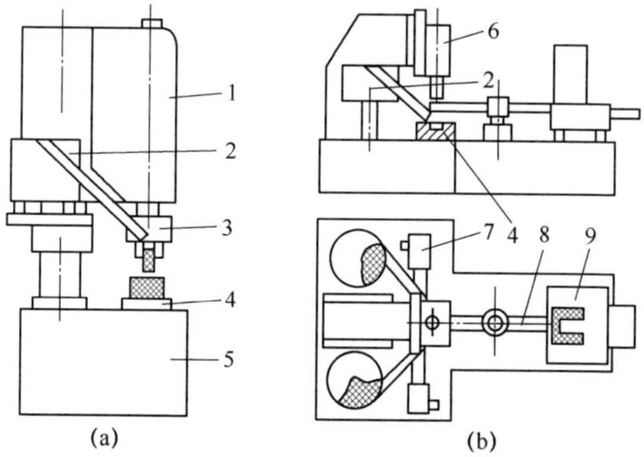

图 3 – 27　单工位装配机

(a) 自动旋入螺钉；(b) 自动压力操作。

1、5—机架；2—送料单元；3—旋入工作头和螺钉供应环节；4—夹具；6—压头；7—分配器和输入器；8—基础件送料器；9—基础件料仓。

也可以同时使用几个振动送料器为单工位装配机供料。这种布置方式如图 3 – 28 所示，零件先在振动送料器中整理、排列，然后输送到装配位置。

基础件经整理后落入一个托盘，它保留在那里直至装配完毕。滚子和套作为子部件先装配，然后送入基础件的缺口中，同时螺钉和螺母从下面连接。

装配机器人有能力在基础件被夹紧的情况下完成一个部件的全部装配工作。图 3 – 29 示出了有两个机械臂的传递设备。这种结构称为装配间。装配间的特点是在装配时基础件的位置不变。

3. 同步传送多工位装配机

一个部件或一个产品的装配在几个工位上完成。工位之间用传送设备链接。工件传递可以是时间上同步或时间上异步。同步是所有的基础件和工件托盘都在同一瞬间移动。当它们到达下一个工位时这种传送运动停止。这种方式称为节拍式自动化。

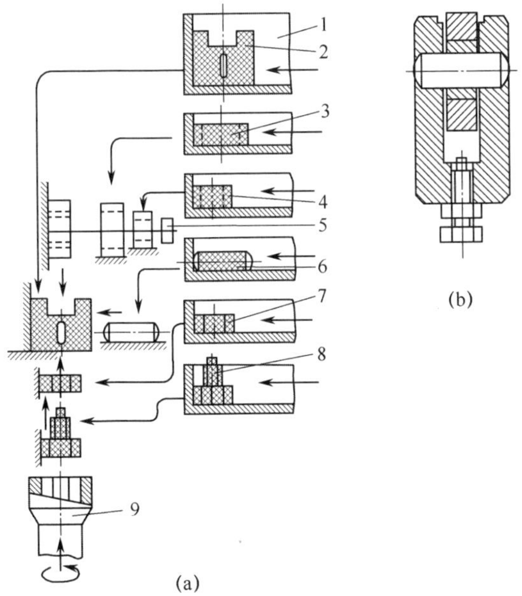

图 3-28 在单工位装配机上所进行的多级装配

（a）装配顺序；（b）所完成的部件。

1—供料；2—基础件；3—滚子；4—套；5—压头；6—销子；7—螺母；8—螺栓；9—旋入器头部。

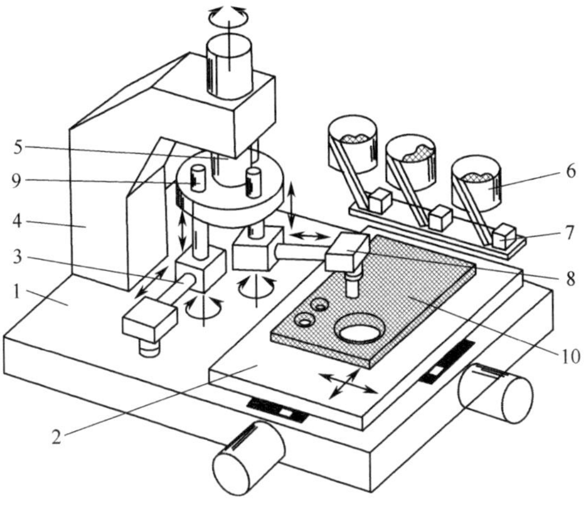

图 3-29 使用专门的传递设备在两个坐标移动的工作台上进行装配的装配间

1—底盘；2—两坐标工作台；3—装有抓钳的送料臂；4—立柱；5—回转轴；

6—振动送料器；7—配合件的配料器；8—装配机械手；9—滑杆；10—基础件。

时间同步传送也可以连续进行。这种传送方式往往应用于纵向传送的自动化装配或使用机器人的自动化装配。时间同步方式的多工位装配机只能适应相互区别不大的同一类装配。其装配工位的数量因结构所限不能很多。

时间同步传送的多工位装配机在多数情况下其传送方式是环形或纵向的。

1）圆形回转台式装配机

圆形回转台式装配机由于它的圆形传送方式和传送精度而适用于自动化装配。通常的工位数（被装配零件的数量）为2、4、6、8、10、12、16、24个。

在这种装配机上，经常是检验工位占几乎所有工位的1/2。这对于装配工位的顺利进行非常必要。因为前面的装配错误就会造成后继装配工作无法进行。

圆形回转台式装配机是一种多工位和集中控制（经常是凸轮控制）的装配机械，其核心部分是回转台，围绕回转台设有连接、检验和上下料设备。其节拍是由一套步进驱动系统来实现的。

图3－30所示的圆形回转台式装配机能够完成最多由8个零件组成的部件的装配。基础件的质量允许1～1000g；每小时可以完成100～12000个部件的装配任务。在标准的情况下圆形回转台式装配机每分钟可以走10～100拍。这种装配机在大多数情况下是通过一个盘形凸轮机械控制的。凸轮控制的机械的最大运动速度不超过300mm/s。如果是气动，则可以达到1000mm/s或更高。除工作台驱动外，还需上料和连接运动。这些运动可以通过分离的驱动方式来实现或从步进驱动系统的轴再经过一个凸轮来实现。

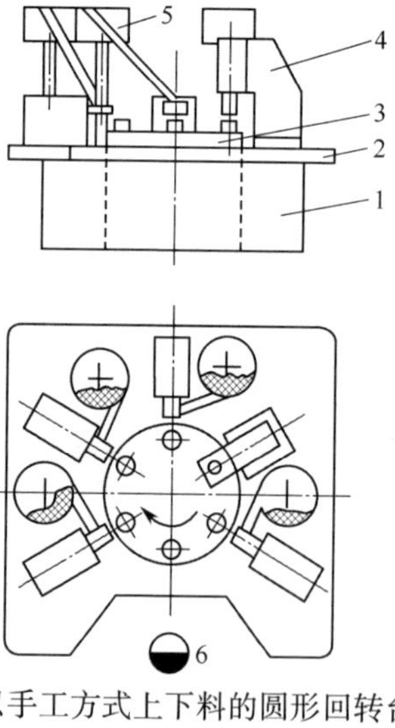

图3－30　以手工方式上下料的圆形回转台式装配机

1—机架；2—工作台；3—回转台；4—连接工位；5—上料工位；6—操作人员。

在这种情况下，所有工位可以共用一个控制轴或每个工位都有一个凸轮组，从图3－31可以清楚地看出它的传动箱结构。连接单元和上料单元可以通过预留的耦合接口实行凸轮控制。中心立柱不旋转，起到一个刚性的回转中心的作用。

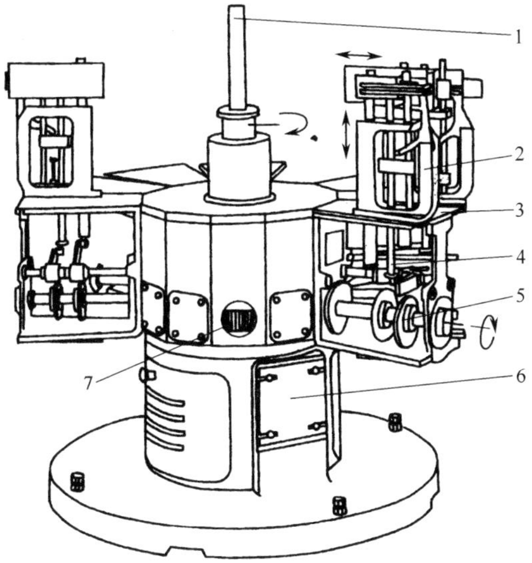

图 3-31 凸轮控制的多工位的圆形回转台式装配机
1—刚性的中心立柱；2—工作单元；3—托架；4—杠杆和顶杆；
5—凸轮轴；6—机架；7—行星轮（连续回转）。

也可以通过其他方法，甚至用一个滑块运动传递到各个工位。图 3-32 示出了这种结构。其特点是可以把工作台与控制元件脱开，以便给各个工作单元留出较多的安装位置。这种结构所提供的运动方向是垂直上下的。水平运动是通过一摆杆转化来的。这种控制方法适用于快速（60 拍/min）工作的装配机。

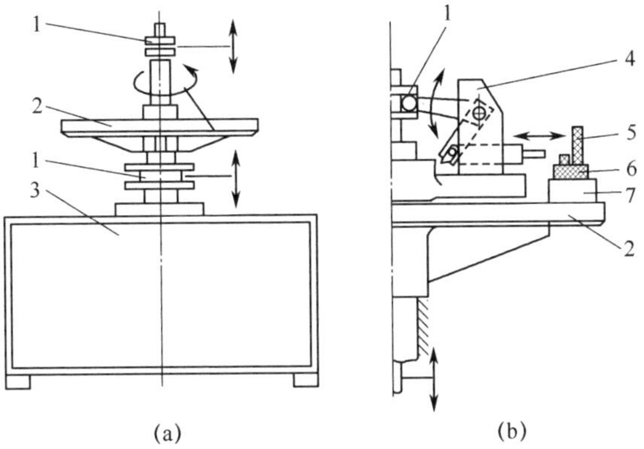

图 3-32 带有中心滑块的圆形回转台式装配机
（a）基础单元的外观；（b）到达连接工位的运动传递。
1—中心滑块；2—圆形回转台；3—机架；4—安装在固定支架上的连接工位；
5—配合件（被连接的零件）；6—基础件；7—工件托盘。

圆形回转台式装配机可以由单步机或双步机来构成。其区别在于同时操作的装配单元数是一个还是两个。在单步机上每个节拍只向前进给一个装配单元。在双步机上每个节拍向前进给两个装配单元，即在每一时刻都有两个装配单元平行工作。圆形回转台式装备机的工作原理如图 3-33 所示。双步机每节拍转过的角度是单步机的 2 倍，即一下走两步。

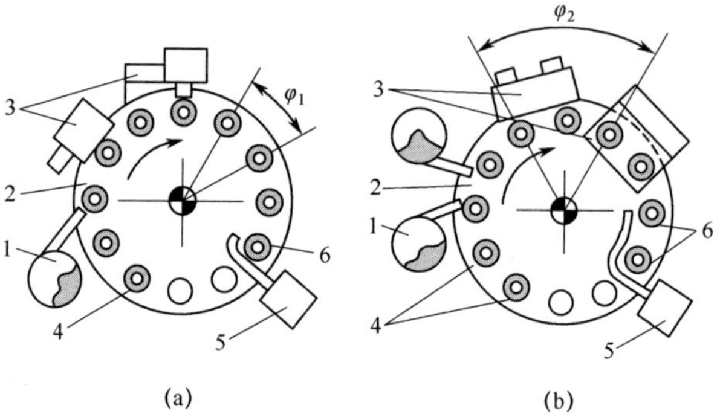

图 3-33　圆形回转台式装配机的工作原理

（a）单步机；（b）双步机。

1—上料单元；2—圆形回转台；3—连接操作单元；4—基础件上料；5—输出单元；6—完成的部件。

装配机的系统设计还涉及装配工位的串行和并行两种排列方式。并行排列意味着较高的生产效率。此外，双工位装配比单工位装配生产成本也低。因为它们的驱动部件可以共用。这一原则对于纵向传送的装配机也是适用的。

圆形回转台式装配机的选用必须考虑几何学和运动学的要求。第一步是确定分度回转盘的直径。必须综合考虑装配工位的数量、部件体积大小和回转工作台的直径等诸多项因素。回转盘外沿上为每个工位分配的距离是工件托盘允许占用的最大尺寸。按照标准在直径 1000mm 的工作台上总的工位数不得超过 24 个。

2）鼓形装配机

大多数装配操作都是垂直进行的，但当基础件的长度比较大时，这种结构就不适合了，而鼓形装配机正好适合这类装配工作，如图 3-34 所示。

鼓形装配机工件托架绕水平轴按节拍回转。基础件在回转过程中必须牢固地夹紧在架子上。

作为可分度的回转鼓不是实心的，大多数由两个回转盘组成。夹具安装在回转盘上。下方的工位一般不好使用。鼓形装配机由几个结构模块组合起来构成。连接设备可以容易地安放在滑动单元上，实现向左或向右的运动。在设计鼓形装配机的结构时，一定要注意其重力的作用情况与圆形回转台式装配机相比有很大的不同。也就是说，支撑回转鼓或盘的轴承的布置不同于圆形回转台式装配机。

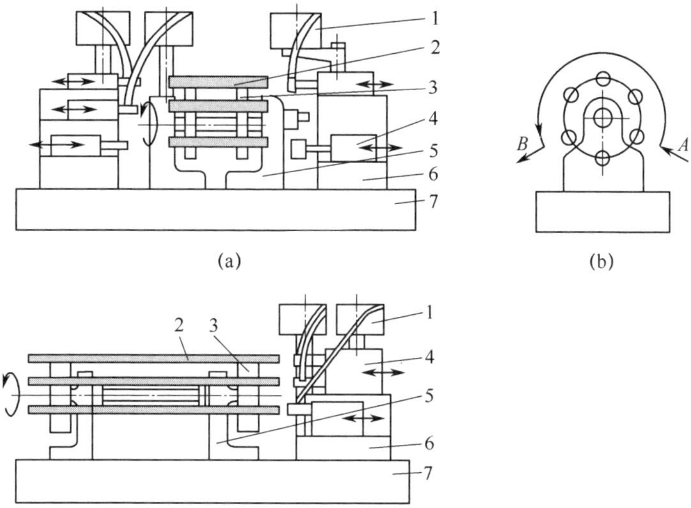

(a) (b) (c)

图 3-34 鼓形装配机

(a) 双面同时装配；(b) 基础件的运动过程；(c) 单面装配。
1—振动送料器；2—基础件；3—带有夹紧位置的盘；4—滑动单元；
5—鼓的支架及传动系统；6—滑台座；7—装配机底座。
A—基础案件上料工位；B—取下装配好的部件。

3）环台式装配机

环台式装配机从结构上来说比圆台式装配机需要更高的成本，其使用的例子不多。这种形式的装配机的特点是环内和环外都可以安排一定的工位，总的工位数就可以多一些。

环台式装配机的基础件或工件托盘在一个环形的传送链上间歇地运动。环内、环外都可以设置工位。

环外的面积也可以采用如图 3-35 所示的结构，使整台机器看起来更紧凑。这种装配机的节拍时间与圆形回转台式装配机相似。每个工作单元都有单独的驱动。因为集中的凸轮驱动对于这种装配机在空间上来看是不合适的。

在环台式装配机上基础件或工件托盘的运行有两种不同的方式：第一种是所有的基础件或工件托盘都必须同时向前移动；第二种属于一种松弛的链接，当一个工位上的操作完成以后，基础件或工件托盘才能继续往前运动。而环台表面向前的运动则是连续不断的。各个装配工位的任务必须尽可能均匀分配，以使它们的操作时间大体上一致。图 3-36 示出了按照环台原则布置的装配机，工件托盘载着基础件作环形运动。环台内部的面积可以安放几台机器人。

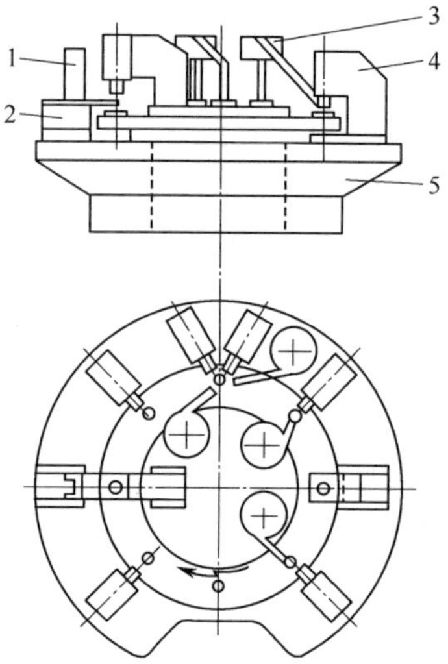

图3-35　环台式装配机

1—料仓；2—连接工位；3—振动送料器；4—压入工位；5—底座。

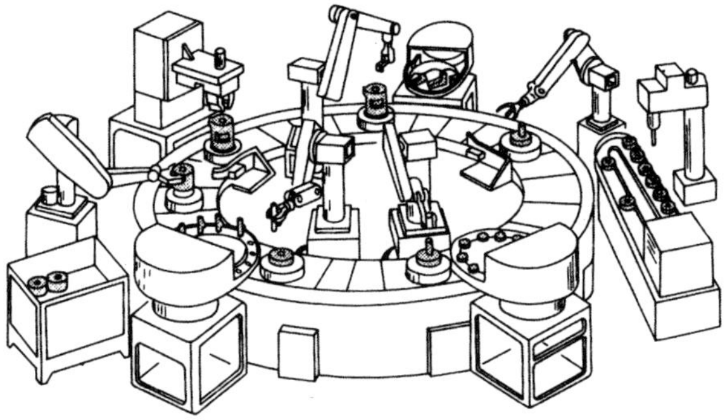

图3-36　按照环台原则布置的装配机

4）纵向节拍式装配机

圆形回转台式装配机所能利用的工位数有限。对此有两种解决办法：一种是把几台圆形回转台式装配机连在一起；另一种是改变配置的原则，把各工位按直线排列，就产生了纵向节拍式装配机。

纵向节拍式装配机是把各工位按直线排列，并通过一个连接系统连接各工位，工件流往往是从一端开始在另一端结束。

如果在装配过程中使用托盘输送，还有一个托盘返回的问题有待解决，是这种结构方式的缺点。

纵向节拍式装配机提供了一种空间上的优点，使得整理设备、准备设备、定位机构等的排列更为方便。与圆形回转台式装配机相比，车间生产面积的利用更趋于合理。如果需要，还可以纵向延长。纵向节拍式装配机可以容纳40

个工位。它的可延长性和节拍效率受移动物体质量的限制。质量越大，启动或停止时的加速度力就越大，启动和制动也就越困难。

从制造成本来说，纵向节拍式装配机比圆形回转台式装配机成本更高。但是纵向节拍式装配机的可到达性、可通过性均好，而且再增加新的工位也比较容易，有缺陷的部件也容易分离出来。

但是，由于纵向节拍式装配机较长，难以对基础件准确定位，这样就需要特殊的定位装置。要实现准确的定位，往往需要把工件或工件托盘从传送链上移动一个特定的位置。

图 3－37 示出了基础件位置的误差。只有在位置 P 才能可靠地装配。例如，在一管状基础件的侧面压入一配合件（因为这要求精确的定位）。位于节拍传送链上的基础件，由于步距误差、链误差、支撑件的磨损等，可能形成基础件位置的很大的误差。

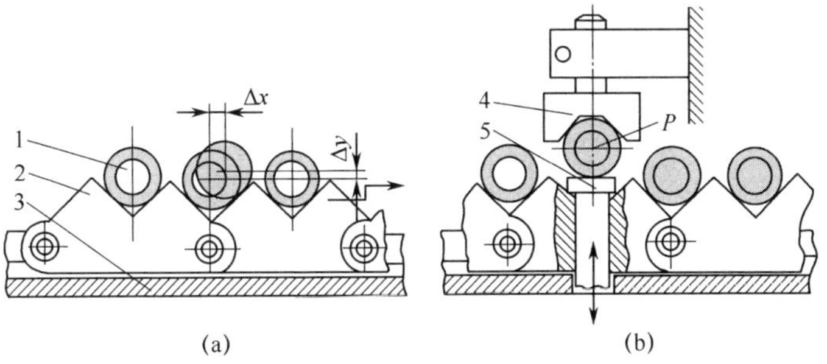

图 3－37　基础件位置的误差

（a）在传送链中连接；（b）装配工位的夹紧和定位元件。

1—基础件；2—链环节；3—链导轨；4—夹块；5—支撑块。

P—连接单元的轴心；Δx，Δy—位置误差。

纵向节拍式装配机的传送机构不一定是直线形的，有一定角度的、直角或椭圆形状的也都可以划入此类。典型的纵向节拍式装配机的运动结构方式有履带式、侧面循环式和顶面循环式。履带式装配机如图 3－38 所示。

履带式装配机用于工作台平行设置的水平的履带形传送链承载工件托盘，在传送链侧面设置连接单元的装配机。已完成装配的部件从终点返回起点也是可以实现的。

如果把履带绕水平坐标轴回转 90°，就成为如图 3－39 所示的侧面循环式装配机。

侧面循环式装配机的标准长度 L 为 1524mm、2286mm、3048mm 和 3810mm。传送链的节距为 127mm、254mm 或它们的整倍数。这种装配机由于其敞开式的工作空间，适合装配长度与直径比较大的部件。

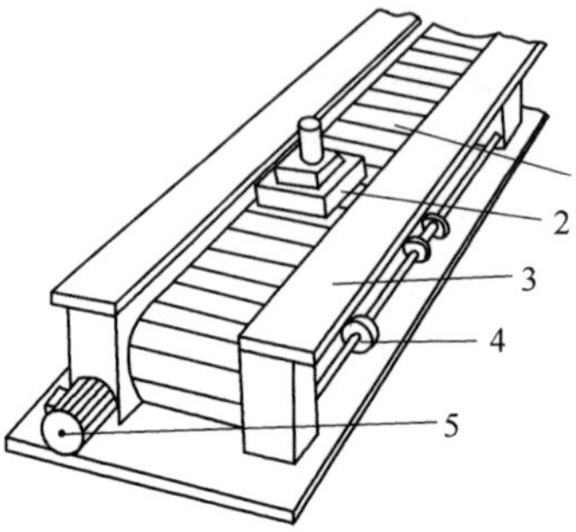

图 3－38　履带式装配机

1—钢带或履带；2—工件托盘；3—装配单元和辅助单元的安装平面；
4—装有盘形凸轮的控制轴；5—能实现间歇运动的传动系统。

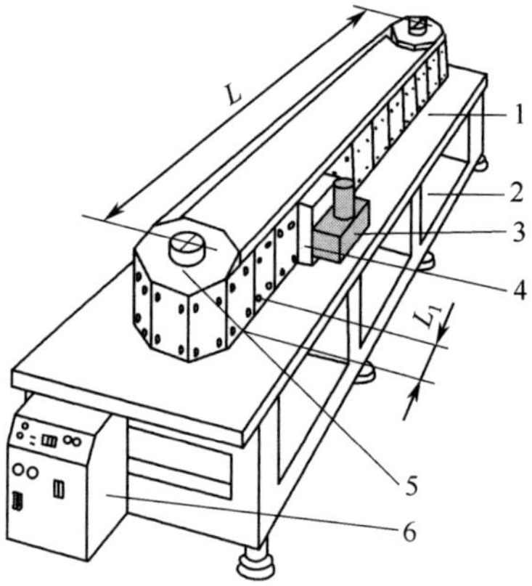

图 3－39　侧面循环式装配机

1—工作台（上设装配单元）；2—机架；3—基础件；
4—工件托盘；5—支撑盘；6—电控箱。

在侧面循环式装配机上，垂直固定在传送链上的工件托盘是绕着机架的侧面运动的，所以要装配的配合件可以从三面到达基础件。装配单元与传送链面对面地固定在工作台上。借助于附加的支架，装配单元可以从上方垂直地装配工件。

图 3－40 所示的顶面循环式装配机，其传送链是在水平面上运动的，这种结构形式适合装配中等质量的部件。对于质量为 100kg 的部件装配也能够胜任。图 3－40（a）所示的传送链是集中驱动的；图 3－40（b）所示的传送链是分散驱动的。

在顶面循环式装配机上，工件托盘与一平板形的小工作台以各自的节拍或共同的节拍在一个封闭的系统里环行。装配单元设置在一环形系统的内部。

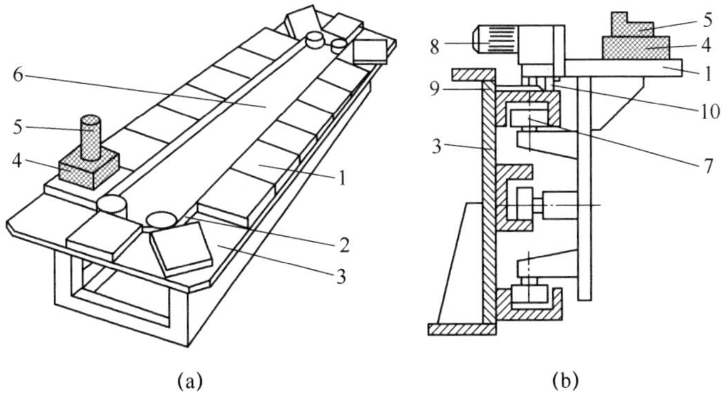

图3－40 顶面循环式装配机

（a）外观；（b）环形工作台导轨（单独驱动式）。

1—环形工作台；2—拖动工具（如链）；3—机架；4、5—配合件；6—装配单元的安置位置；7—导向滚子；8—电动机与传动机构；9—导轨；10—传递运动的摩擦辊。

5）转子式装配机

转子式装配机是专为小型简单而批量较大的部件装配而设计的。一定数量的工作转子通过传送转子连接在一起，并有专门的上料转子负责上料。基础件的质量为1～50g。每小时装配600～6000件。

转子式装配机是具有连续旋转的传输运动的装配机，所有的操作都由凸轮控制。几台工作转子连接在一起可以构成一条固定链接的装配线。

一般是每一台转子只装配一种零件，几个工位使用相同的工具同步转动。一台转子式装配机可以看作是几个平行的工位，一条转子式装配线可以看作是串联－并联的结构。图3－41是一条转子式装配线的局部。

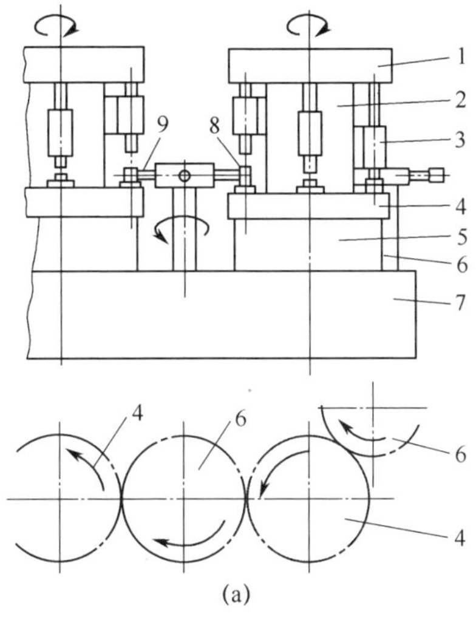

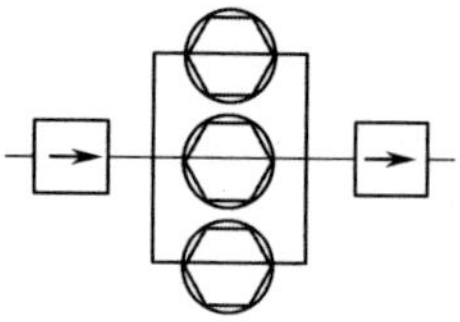

(b)

图 3-41 转子式装配机

(a) 外观；(b) 一个工位的功能计划。

1—控制凸轮的空间；2—滑台支架；3—工具滑台；4—转子工作台；

5—转子的轴承结构；6—传送转子；7—机架；8—抓钳；9—抓钳臂。

一个工作转子可以安置在装配线的任何位置。在每台转子式装配机上的工作又可以分成几个区域（图 3-42）。如图 3-42 所示：区域Ⅰ中每个工件托盘得到一个基础件和一个配合件；区域Ⅱ中装配机执行一种轴向压缩的操作（工作域）；区域Ⅲ中装配好的部件被送出，或由传送转子送到下一个工作转子；区域Ⅳ未使用，有时用来作为检查清洗工件托盘的工位。

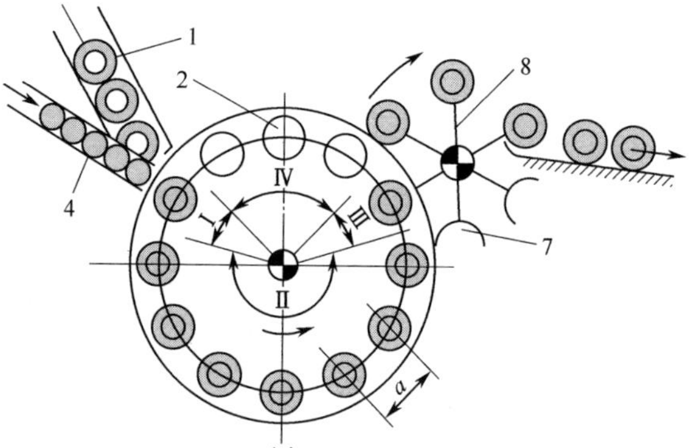

(a)

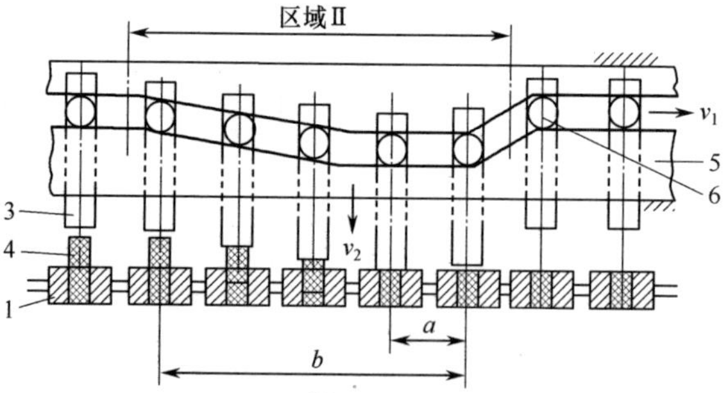

(b)

图 3-42 转子式装配机的结构原理

(a) 转子俯视图；(b) 连接工具的凸轮控制轨迹展开图。

a—两个配合件之间的距离；*b*—连接操作的路径；1—基础件；2—基础件接受器；3—压头；

4—配合件；5—固定不动的凸轮；6—滚子；7—抓钳；8—传送转子。

转子式装配机存在问题归纳为三个方面，这些问题必须通过合适的结构来解决：

（1）被装配对象的速度突变。

（2）工件从工作转子到传送转子，传送时间很短，交接位置必须精确地重合。

（3）如果工件流出现干扰，整个装配过程就会发生中断。

6）纵向移动式装配机

在纵向移动式装配机上，装配工作在连续不断的移动中执行。如同在转子式装配机上一样，没有间歇时间，没有节拍，也就是没有因启动和停止引起的加速度力。装配工位的同步移动可以通过平行同步移动的链或装配工位上的插销来实现。完成装配以后，插销缩回，装配单元从 B 点返回，如图 3-43 所示。

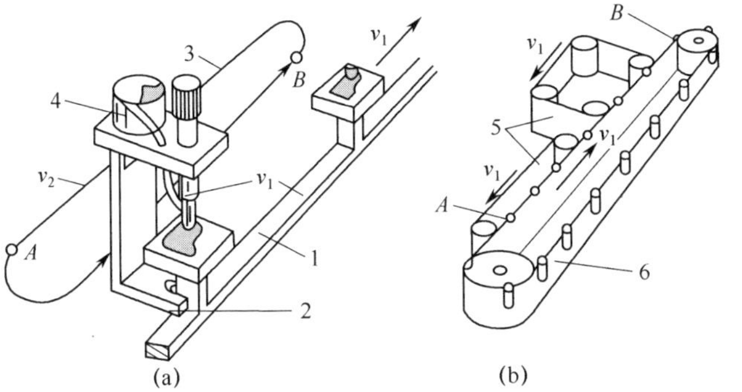

图 3-43　使用连续纵向移动系统的装配机的工作原理

（a）与工件托盘同步移动的装配工位（装配单元）；（b）链式运动系统。

A—装配工作开始前；B—装配工作结束；1—传送设备；2—带有插销的装配单元；

3—装配单元的返回轨道；4—上料设备；5—上面装备连接工具的链；6—传送带。

4. 异步传送多工位装配机

固定节拍传送的装配机的缺点是：当在一个工位上发生故障时，将引起所有工位的停顿。这对于生产效率是敏感的问题，这个问题可以通过异步传送得到解决。

异步传送的装配机在工作时不发生工件托盘的强制传送。每一个装配工位前面都有一个等待位置（缓冲区）。这样就产生一种松弛的链接。

每一个装配工位只控制距它最近的工件托盘的进出。传送介质（传送带）必须在位于其上的工件托盘连续施加推力。传送带的结构可以是敞开的，也可以是封闭的。如果是敞开式的，还必须考虑工件返回的问题。

对于柔性装配设备有另外一种传送系统——外部传送链，即工件托盘并不是从主动传送链直接到达装配工位，而是先到分支传送链，再到装配工位。这种耦合方式称为“旁路”。图 3-44 为独立于强制节拍的装配间。采用这种结构的主要目的是为了提供生产效率，可以同时在几个工位平行地进行相同的装配工序，当一个工位发生故障时不会引起整个装配线的停顿。

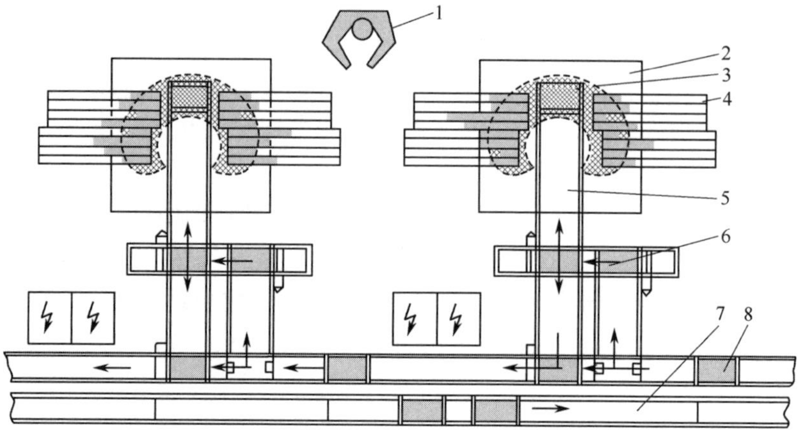

图 3－44　独立于强制节拍的装配间（Bosch 公司）

1—装配工人；2—装配工位；3——台 SCARA 机器人的工作空间；
4—配合件料仓；5—传送系统；6—横向传送段；7—返回通道；8—工件托盘或基础件。

图 3－45 是采用椭圆形通道传送工件托盘异步传递的装配系统。全部装配工作由 4 台机器人完成。另外一台专用设备用来检出没有真正完成装配的部件放入一个专门的箱子里等待返修，把成品放上传送带输出。

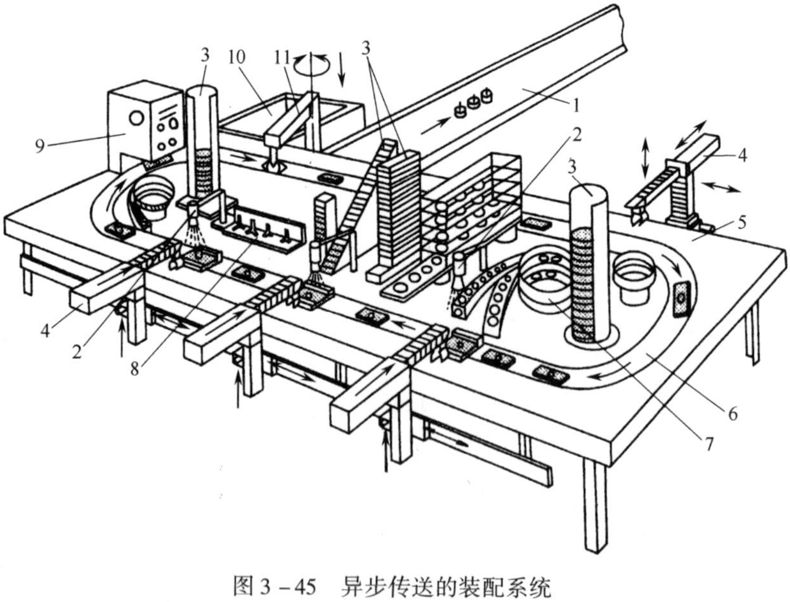

图 3－45　异步传送的装配系统

1—装成部件的送出带；2—灯光系统；3—配合件料仓；4—装配机器人；5—工作台；
6—异步传送系统；7—振动送料器；8—抓钳和装配工具的仓库；9—检测站；
10—需返修的部件的收集箱；11—用来分类与输出的设备。

3.4.2 装配机结构形式的选择

自动化手段的选择一直是多目标优化问题，必须兼顾各项目标找出一个妥协的方案，即必须把各个参数和影响因素综合起来考虑。图3－46列出了几个重要的影响因素。不存在一种专为特定的装配过程设计的结构形式，经常是采用各种不同的结构形式达到相似的结果。

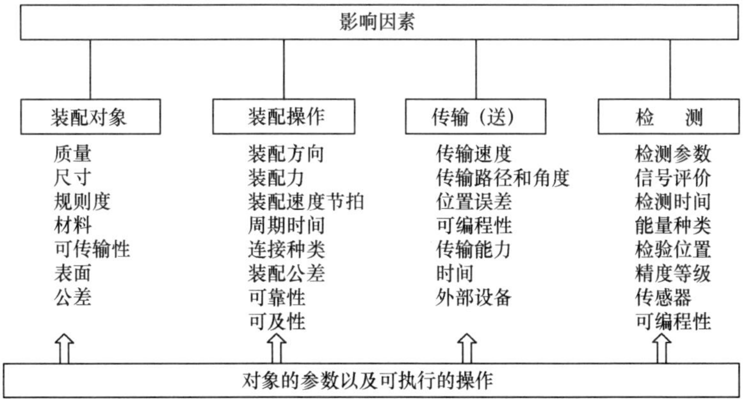

图3－46　装配设备的结构选择

不同基本结构的装配设备的应用范围首先考虑单位时间产量、产品的生产周期和装配范围。产品的预测越不确定，就需要越多的柔性。一种装配设备的可改装性越好，适应新产品的改装就越容易，改装成本也就越低。它有更多的零件可以继续使用，如图3－47所示。

圆形回转台式装配机的直径直接限制装配工位的数目。如果装配工位多于16个，这种结构的装配机是不适用的。另外，需要装配的产品越大，圆周传输就越困难。

通过大量的试验获得的图表为科学的决策提供了有用信息。图3－48和图3－49表示出各种不同的依赖关系，总是以一个典型的结构形式为对象。为分析其可行性，对各种方案还要进行经济性估价。

传输方式的选择可以根据要求的效率，所连接的工位数以及其可行性来决定。对同步传送（节拍式装配机），随着装配工位数量的增加，出现利用率损失。这是因为一个工位上的故障，将会引起整机停顿概率的增加，如图3－50所示。与此不同，使用异步传送系统的装配机的利用率就比前者要高得多，因为其缓冲环节可以缓解这方面的问题。但当某个工位长时间的停顿超过了缓冲环节的存储能力，就会引起整个装配设备的停顿。图3－50所示的曲线指出，通常最高只有92%的利用率，但是异步系统使用并不普遍。因为当装配工时很少的情况下需要很大的缓冲仓，在占用空间和技术方面都需要比较多的资金。方案的选择最终还是要考虑高的经济效益。

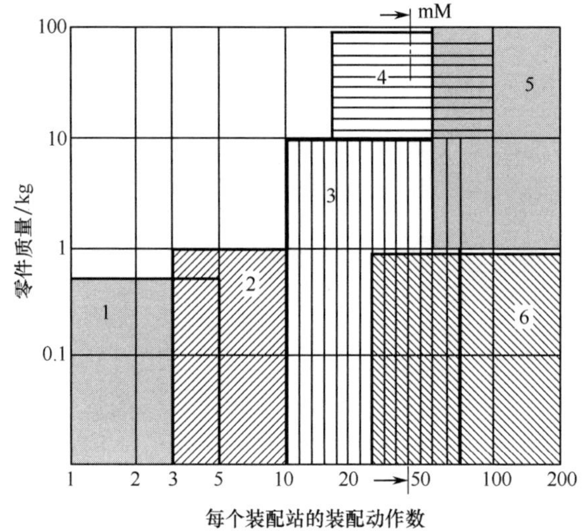

图 3-47　典型装配设备的适用范围

1—凸轮控制的装配机；2—气动装配机；3—组合式柔性自动化装配设备；4—部分自动的装配线；5—用于大件装配的可编程装配系统；6—用于小件装配的可编程装配系统；mM 线—此界限以左一般采用手工装配。

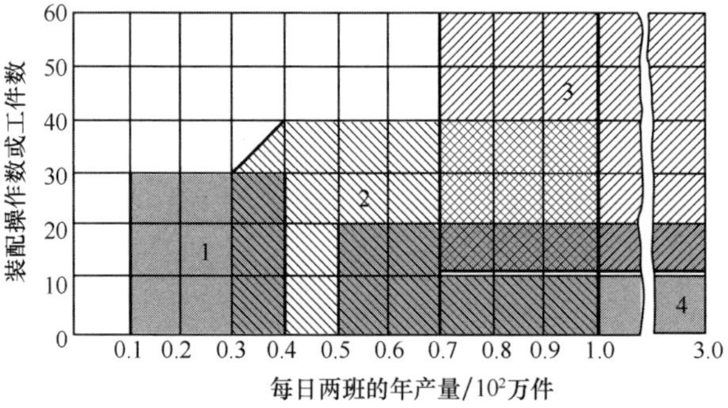

图 3-48　系统方案的初步选定

1—柔性装配间；2—柔性、松弛链接的装配系统；3—松弛链接的装配线；4—专用装配机。

3.4.3　装配设备

1. 装配设备分类

装配设备是用来装配一种产品或不同产品以及产品变种的设备。如果要装配的是复杂的产品，就需要若干台装配设备协同工作。

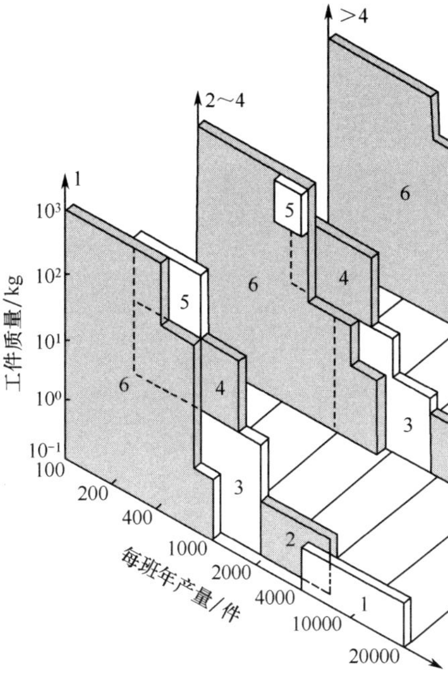

图 3－49　自动化装配系统的应用范围

1—凸轮控制的自动化装配机；2—气动自动化装配机；3—柔性的组合装配系统；4—自动化装配线；5—自动化的终装配系统；6—装配机器人。

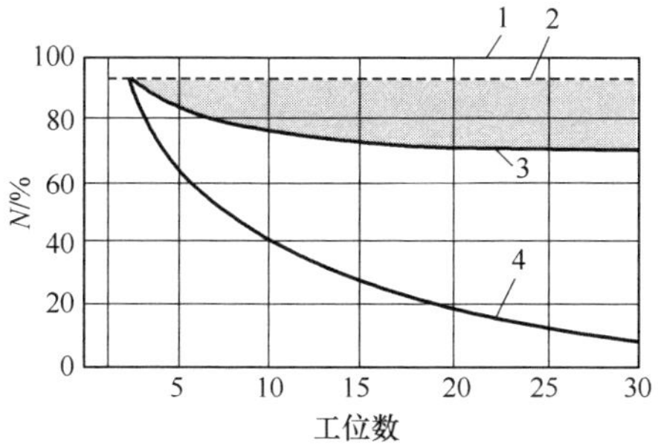

图 3－50　装配设备的利用率

1—装配机的理论利用率；2—在缓冲仓无限大的条件下装配机的利用率；3—适用异步传送系统的装配机的利用率；4—适用同步传送系统的装配机的利用率。

被装配的对象可能是喷油嘴、白炽灯、录像机，也可能是包括电动机、传动箱、离合器等的机动车辆的成套设备。产品的变种对装配设备提出了柔性化要求。因为产品的变更越来越频繁，现代化的装配设备都要具有一定柔性。企业希望装配设备不经过大的改装就能适应新产品的装配。

装配设备可以大体分为：装配工位（手工装配、自动装配、柔性装配）、装配车间、装配中心和装配系统。

全世界第一台装配设备1911年诞生于福特公司，它的出现大大提高了劳动生产率、促进了操作工人的技术专业化。

在装配设备中，传送系统一直发挥着重要作用。在今天的自动化装配设备中传送系统的投资仍然占总投资的50%。图3-51所示的装配系统包含装配工位、装配间、零件储仓、配料场合传送系统。

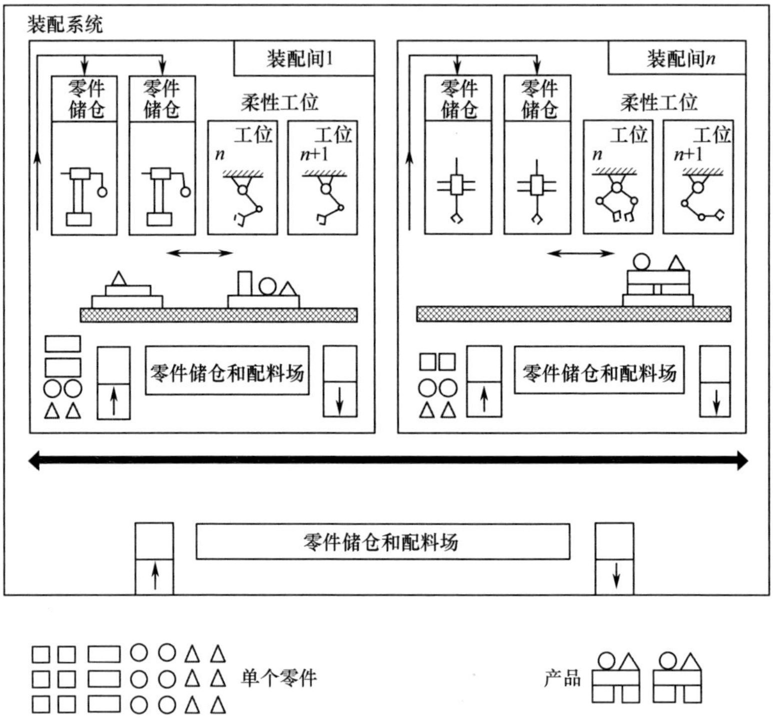

图3-51　柔性装配系统的布局

2. 装配工位

装配工位是装配设备的最小单位，是为完成一个装配操作而设计的。自动化的装配工位一般作为大的系列装配的一个环节。程序是事先设定的。它的生产效率很高，但当产品变化时其柔性较小。

柔性装配工位以装配机器人为主体，根据装配过程的需要，有些还设有抓钳的或装配工具的更换系统以及外部设备。可自由编程的机器人的控制系统能同时控制外设中的夹具。图3-52示出了一个装配工位。

对于节拍式装配系统来说，当选择一种方案时，节拍时间是非常重要的考虑因素；而对于一个柔性装配工位来说，并没有一个事先规定的节拍时间。这是因为各种传感器信息的反应时间是有区别的。例如，当两个齿轮装配在一起时：如果一个齿轮的齿正对另一齿轮的齿槽，就不需要附加时间可以直接进行装配；如果一个齿轮的齿正对另一齿轮齿，就必须先让一个齿轮转动一个小角度才能进行装配。在使用传感器的情况下，循环周期的调整要更容易些。当预先确定节拍时间时，要把节拍时间元素分解开来考虑，以使得所有的影响因素都变得明显而且可以估算。影响节拍时间的因素如下：

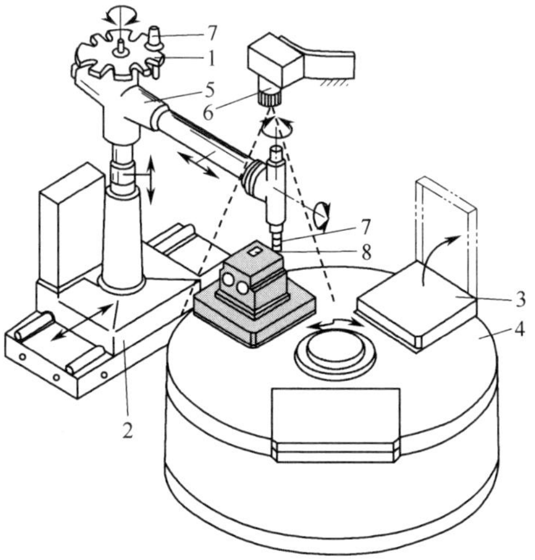

图 3-52 一个装配工位

1—工具库；2—行走单元；3—可翻转式工件托盘；4—圆形回转工作台；5—装配机器人；6—图形识别摄像机；7—连接工具；8—编码标记。

（1）抓紧/放开：抓取时间是抓紧路径和程序的函数。

（2）抓钳更换：所需要的时间取决于更换和锁紧的原理、装配机器人的动力学特性、抓钳库的起动特性。

（3）连接：连接时间是连接运动的速度和配合间隙的函数。

（4）运动：配合件从备料点到连接点所需的时间、距离、速度、允许的位置误差（装配机器人的动态特性）以及配合件数量的函数。

（5）反应时间：传感器系统的反应时间，尤其是费时较多的图形识别过程。

（6）检查、控制时间：例如，螺钉开始拧入之前检查螺钉质量是否完好，方向、位置是否正确。

（7）等待时间：主要是等待基础件到来的时间。

使用装配机器人的柔性装配的每个装配操作的平均节拍时间为 10～20s。

装配工位应该加入一个大的系统，一种通常的应用模式——旁路系统模式如图 3-53 所示。这是一种相对独立的模式。在这个运输段中，工件托盘经过旁路送至装配工位。

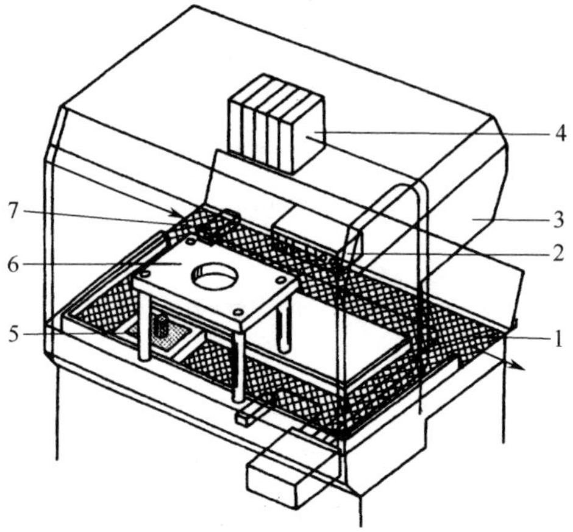

图 3－53　旁路系统模式

1—传送区段；2—显示及操作盘；3—外罩；4—分散控制；5—工件托盘；6—装配单元的安装位置；7—存在监测传感器。

这种模式可以脱离装配设备的主系统单独编程，测试程序然后与主系统连接。这种模式本身构成一个子系统。这种子系统通过内部的工作流系统可以构成一个独立的装配间。

3. 装配间

装配间是一个独立的柔性自动化装配工位。它带有自己的搬运系统、零件准备系统和监控系统作为它的物流环节和控制单元。装配间适合中批量生产的装配工件。一般来说，一个装配间的中心是一台装配机器人。此外，要有夹具，夹具的位置一般是固定的，以保证整个部件（或一个单元）在一个固定的位置完成全部装配。在这个工作空间里准备好所需要装配的零件，机器人使用一只机械手或可更换的机械手以及可更换的装配工具顺序地抓取和安装所有的零件。

也有几台机器人共同工作的装配间。在这种情况下，几台机器人的工作空间可能相交，因而发生干扰或碰撞。一种较好的方法是使用装有若干个抓钳的机械手为各个工位配给零件，图 3－54 所示。

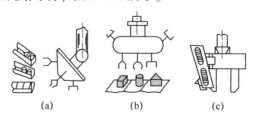

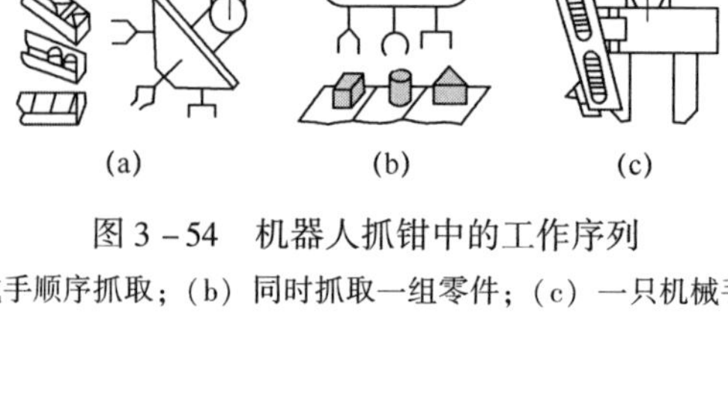

图 3－54　机器人抓钳中的工作序列

（a）用转塔式机械手顺序抓取；（b）同时抓取一组零件；（c）一只机械手与料仓顺序抓取。

在更换基础件的时间内，机械手同时抓取配合件。在装配间里还可以安置黏结、加热、压力等工作单元。图 3－55 中列出了机器人装配间中排列的几种可能性。选用哪种方案，要根据产品的类型、装配工艺过程、工作空间和节拍时间的要求来具体考虑。

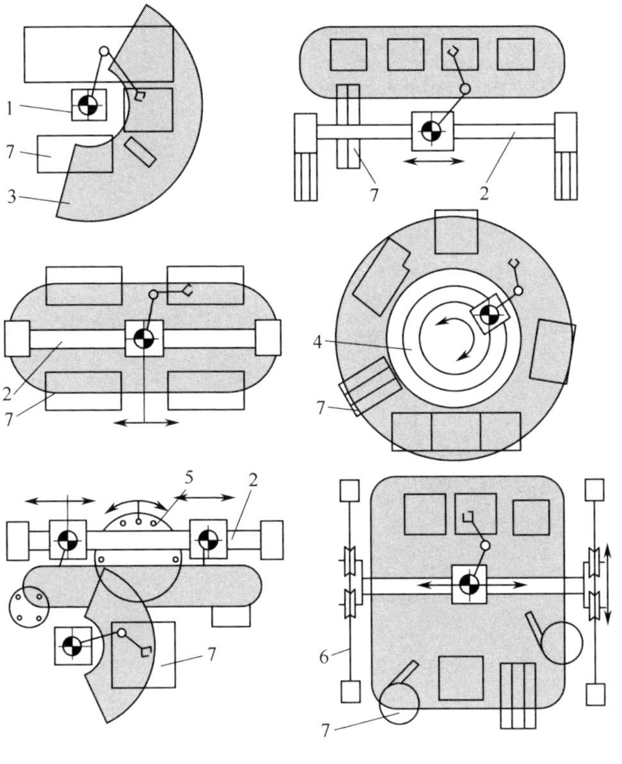

图 3－55 装配机器人在装配间中排列的几种可能性

1—固定位置装配安装的机器人；2—可以让机器人直线运动的门式框架；
3—机器人的工作空间；4—机器人运动的轨道；5—NC 工作站；
6—可以让机器人平面运动的框架；7—零件准备设备。

作为装配间的一个典型例子，图 3－56 示出了 Sony 公司的 SMART。这个装配间的特色在于它的两部分供料系统，即配合件的备料工段和工件托盘的输送工段。

配合件是装在托盘里向前输送的，所以必须还有一个托盘的返回通道。配合件的连接时间为 10～35s。这套装配间的突出优点是装有一只转塔式机械手，可以一次顺序抓取若干个工件。

现代化的设计方案也往往是“新”与“旧”结合的产物，例如，一台装配机器人与一座圆形回转工作台相结合（图 3－57）。装配机器人位于圆形回转工作台的正中，担负几个工位的连接操作。还有一种与之相似的结构变种，其工作台是NC控制的，可以正向或反向回转，按产品的批量大小，装配间可以有不同的结构方案，工作台既可以回转一周完成装配，也可以回转两周完成装配。

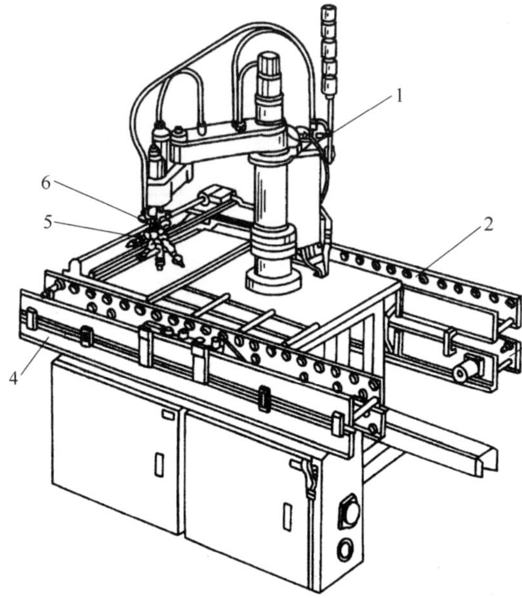

图3-56　装配间的SMART（Sony公司）

1—装配机器人；2—配合件的备料工段；3—配合件托盘的返回工段；4—工件托盘（上有基础件）的输送段；5—转塔机械手；6—转塔的回转机构。

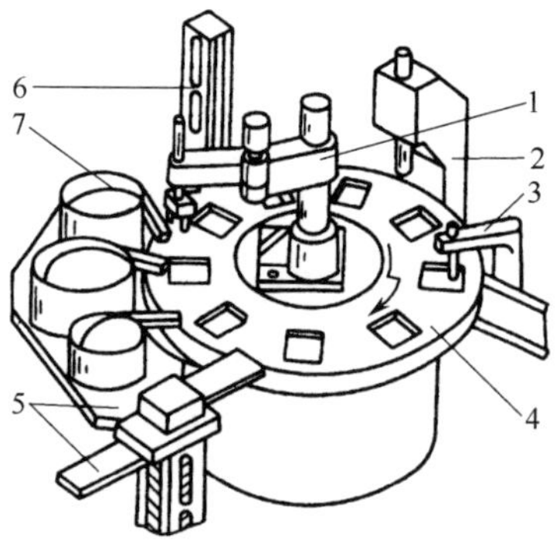

图3-57　在一座圆形回转工作台基础件上构成的柔性装配间

1—SCARA机器人；2—压入单元；3—输出单元；4—圆形回转工作台；5—备料单元（按产品的要求装备，可以容易地更换）；6—开关控制的料仓；7—振动供料器。

这样的工作方式可以限制抓钳更换和连接工具更换的频繁性。如果批量较大，几路并行的装配方式是更好的。在确定装配间的工作时间时，必须首先计算搬送过程的时间。

各个公司都提供了详细数据，那么在设备选用的计划阶段就可以根据假定选用的搬送设备计算出送料时间，更换抓钳和连接工具的时间等。

4. 装配中心

装配间和外部的备料库（按产品搭配好的零件，放在托盘上）、辅助设备以及装配工具结合在一起统称为装配中心。储仓往往位于装配机器人的作用范围之外（图3－58），作为一个独立的和自动化的高架仓库、储仓的物流及信息流的管理由一台计算机承担，也可以若干个装配间与一座自动化储仓相连接，组成一套柔性装配系统。

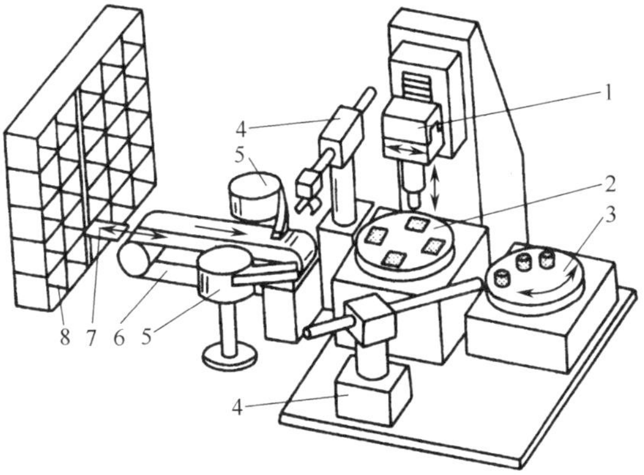

图3－58 装配中心

1—CNC压力单元；2—圆形回转工作台；3—NC回转台；4—装配机器人；
5—振动供料器；6—传送带（双路）；7—仓储单元；8—储仓。

5. 装配系统

装配系统是各种装配设备连接在一起的总体，如图3－59所示。装配系统包括物流和信息流，有装配机器人的介入，除自动装配工位外，还有手工装配工位，装配系统中的设备排列经常是线形的。特别是，当产品结构很复杂时还不能没有手工装配工位。这种手工与自动混合的系统称为混合装配系统。在这种系统中，应该注意手工工位和自动化工位之间应该有较大的中间缓冲储仓。

图3－60为电动机的装配系统，用来完成电动机的自动化装配。

柔性装配系统的设计方案是与丰富的生产经验以及专业化的机械制造技术相结合的。首先必须选择一系列装配要求相似的产品，以便装配系统经过调整或简单的改装就能适应新产品的装配工作。如果一套装配系统不能完成一系列产品的全部装配工作，则应该找出它们相似的共同部分。

装配技术方面的相似性表现在以下几个方面：

（1）装配过程的种类和顺序。

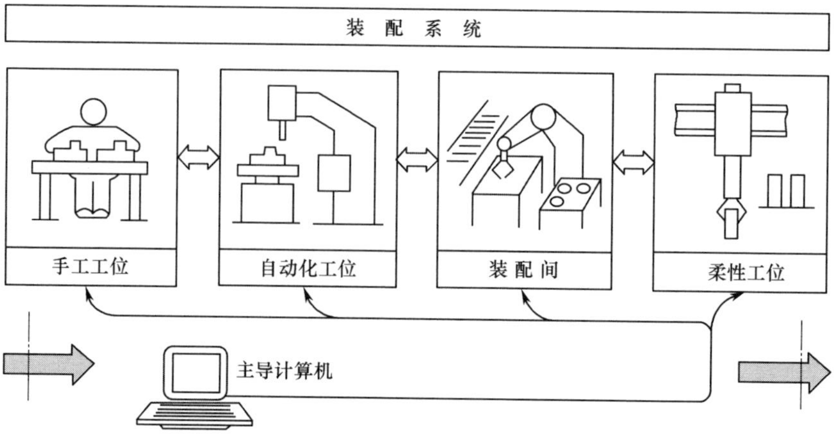

图3－59　装配系统的组成部分

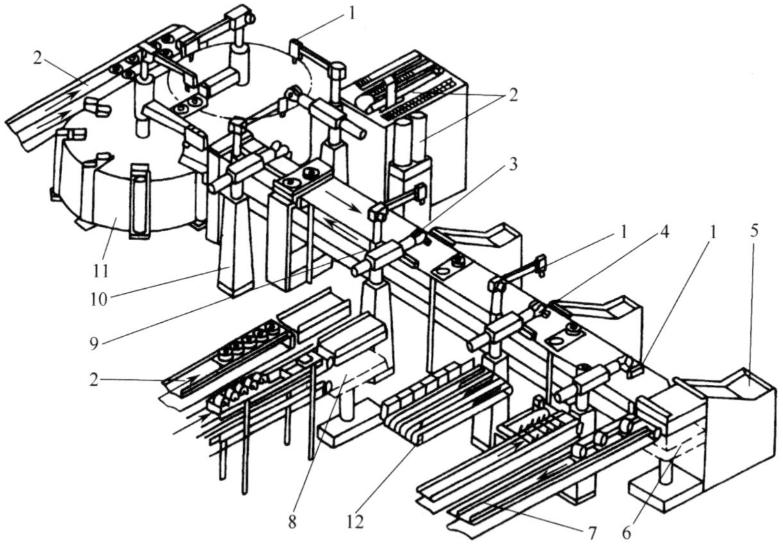

图3－60　电动机的装配系统

1—可视系统；2—供料系统；3—装配机器人，其上装备传感器引导的机械手；4—装备扭矩传感器的机械手；5—控制系统；6—用于基础件托盘返回的下降机构；7—产品输出的传送带；8—用于供料托盘返回的下降机构；9—基础件托盘返回传送带；10—装配机器人；11—中间缓冲储仓；12—可编程的送料设备。

（2）连接的数量和位置。

（3）零件的仓储要求和供料要求。

（4）大小和质量。

尽管有一定的柔性，装配系统的技术方案还必须与产量相适应。当然，装配工艺性好的设计是根本的前提条件。

装配系统的所有工位被连接成若干个装配工段，而且每个部分都应该能适应产品变种的要求。工艺方案的设计可以通过以下两种途径来实现：

（1）不同的产品变种都通过所有的装配工位。所有的装配工位都具有适应各种产品变种的柔性。

（2）某些装配工位是为特定的产品而设定的。

另外，一个重要的问题是一套大的自动化装配系统如何启动。有两种启动方式：①全系统启动，分为半自动启动（如复杂的装配工位的试启动）和全自动启动（如整个圆形回转台式装备设备各部分同时启动）。②部分设备启动，一个工段接着一个工段启动，最后一条装配线全线启动。

3.5 火工品自动装配生产线典型结构

本节以引信中的典型火工品雷管为例，介绍典型火工品自动装配生产线的典型结构。

3.5.1 雷管自动装配生产线

1. 总体结构及工艺过程

雷管为群模生产，按每模 40 发设计。雷管的传送导轨为山形导轨和平台导轨结合，采用汽缸同步传送。雷管的装配过程经过装管壳、缺管检测、管壳扩孔、装药、压药、药高检测、浮药吸附、装起爆药、压合、抽底板、废品剔除、退模、清洗、回模等工序。其中，缺管检测、装药、压药、药高检测、浮药吸附、压合、废品剔除等工序为关键工序。

2. 生产过程原理

1）缺管检测

装配系统经过第一道工序自动装管壳后，由于装管机不能保证 100% 的装管率，一旦漏装而不采取补救措施就无法进行后继的装药和压药等工序。缺管检测工序首先要检测每一雷管模具的 40 个孔内是否有漏装现象：若有，则进行人工补管操作，然后将模具送到下一个工位。

缺管检测一般有圆盘式缺管检测和直线式缺管检测两种方式。

（1）圆盘式缺管检测。

由于缺管检测工位后面的装、压药工序都是危险工序，为了使补缺工序的操作人员与其隔离，检测工序可采用圆盘式结构。在圆盘上有四个工位，分别为进模检测工位、人工补缺工位、出模上线工位和预备工位，如图 3－61 所示。圆盘为间歇运动，每次转位90°。为了使转盘转过90°后，生产线上的模具能准确地进入转盘上的山形导轨。同时简化转盘上的定位结构，转盘的回转定位可以采用弹簧销结构，而在转盘上的山形的山形导轨入口处增加锥度，以便传送线上的模具能顺利地进入转盘上的导向装置。

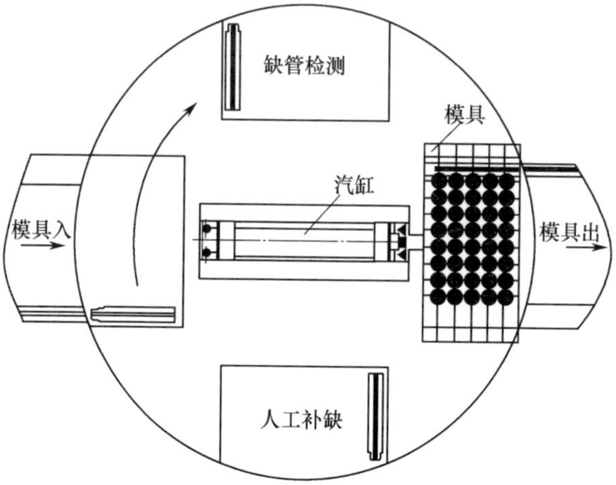

图3-61　圆盘检测

若生产线的节拍要求为8s，则每8s必须有一个无缺管模具从转盘上出模上线。当生产线进入稳定状态后，转盘的进模和出模同时进行，补缺的操作工人有比较充足的8s的操作时间。

转盘式缺管检测结构如图3-62所示。转盘上的汽缸1固定在底座的立柱上，与转盘分离，负责将检测后的模具推出转盘，送到传送线的下一个工位。转盘的转动由双汽缸2通过棘爪带动棘轮实现。

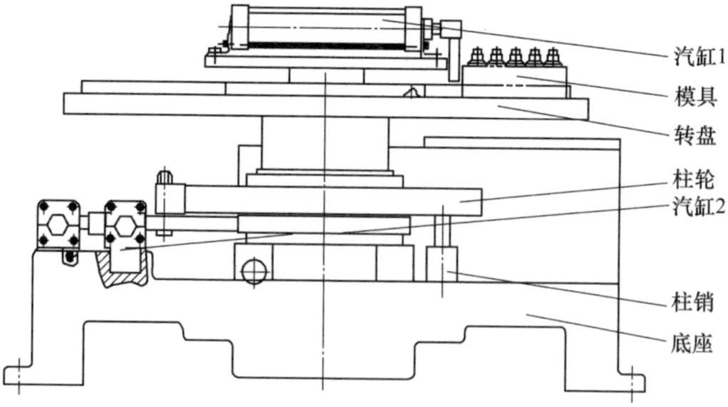

图3-62　转盘式缺管检测结构

（2）直线式缺管检测。

转盘式缺管检测结构可以确保100%的装管率，但转盘占地面积较大，因此可以采用直线式缺管检测，如图3－63所示。直线式缺管检测是在缺管检测工位后面增加一个人工补缺工位，然后再进入装药工位。

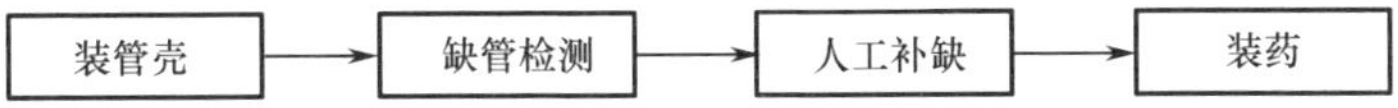

图3－63　直线式缺管检测框图

直线式缺管检测结构如图3－64所示，模具经同步传送汽缸送到检测工位后，前进方向由预定位汽缸定位，然后升降汽缸将模具托起至传感器的检测距离之内，由移动汽缸带动装有传感器的支架在移动过程中进行检测，由计算机进行记忆。

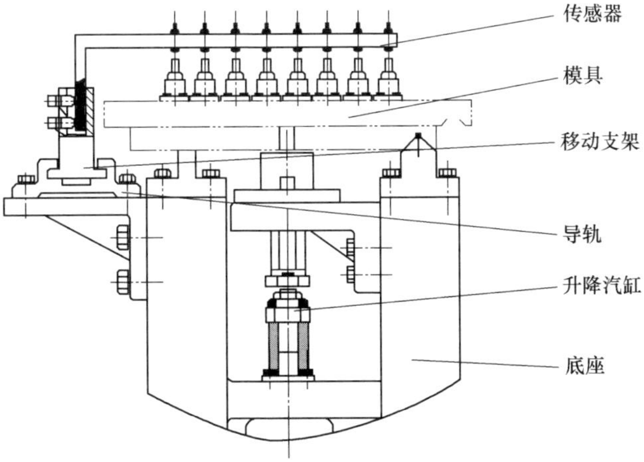

图3－64　直线式缺管检测结构

这种方式结构简单，设备占地面积小；但由于模具经过人工补缺后直接送到装药工位不再经过检测，一旦出现漏补现象会对后继工序造成影响。

2）分药

自动分药、自动送药是生产线的四个装药工位要求的四条支线，这些工序药量大、危险性大，因此要求防爆性好，尽量减少人工参与。自动分药、送药工序如图3－65所示。分药小室内有可自由转位的分药机构，分药小室的左门为人工上药专用门，右门为送药机械手取药专用门。机械手在分药小室和装药工位之间运动。

分药小室用来储备一定的药量，以使生产线能连续工作。在生产过程中，由送药机械手将分药小室取出送给生产线上装药工位的药斗，而分药小室的药盒则由人定期送入。因此：分药小室所存药量不宜过多，过多会超出药筒的防爆能力，同时增加药筒的尺寸；也不易过少，过少会使工人手工上药频度过快，增加不安全因素。

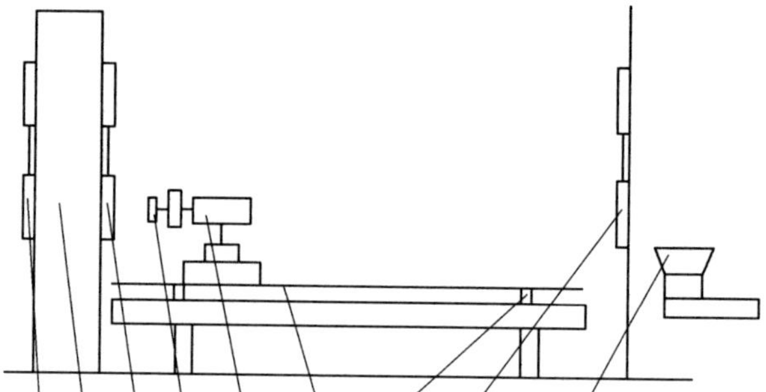

图 3-65　自动分药、送药工序

（1）自动分药机原理。

分药方法可采用三种形式：

第一种机构的设计思路是在分药机构内设置一个大漏斗，送药机械手取药时，漏斗下端端盖打开，定时漏药后再闭合。这种方式结构简单，但由于有膨胀现象，定时漏药药量不易控制。

第二种机构的设计思路是在分药小室内设置可转位的圆盘机构，圆盘的圆周均布若干个可自由翻转 180°的药盒，送药机械手的手爪上固连一个药盒，每次取药时，分药小室的右门打开，机械手的手臂伸至分药机构药盒的下方，然后药盒翻转 180°，将药倒入机械手的药盒中，在机械手的手臂退出的过程中，转盘转过一个药盒的位置。人工上药时，可在机械手上药的间歇期，通过转盘的自动间歇转动，将事先分好的药一一倒入药盒中。这种方式简化了机械手的结构，但由于分药机构的每一个药盒都要有翻转功能，因此分药机构比较复杂。

第三种机构的设计思路与第二种类似，只是分药机构的药盒是独立可取的。这样，简化了分药机构的结构，只是送药机械手多了一个抓取动作。

（2）可转位分药机原理。

前面提到的第二种和第三种方式，都需要转盘能够间歇转动。由于药筒内为高危险区，不能使用 24V 以上的电信号，也尽量不用液压，而只能使用启动机构。实现分药机的间歇回转运动有多种方式，这里介绍一种棘轮、棘爪机构，如图 3-66 所示。采用汽缸推动棘爪往复运动，带动棘轮旋转。基于强度问题和棘轮所在的空间，设计时，可以考虑让棘爪往复运动或摆动两次，转盘转过一个药盒位置。

为防止灰尘和药粒进入机构内部产生不安全因素，在整个结构的上表面设计一个防尘盖，用螺钉固定在上盖上，螺钉表面再加一层密封。在机构的侧面将一个环形防尘罩固定在底座侧面，材料为聚氯乙烯。维修调整时可以方便地拆卸。

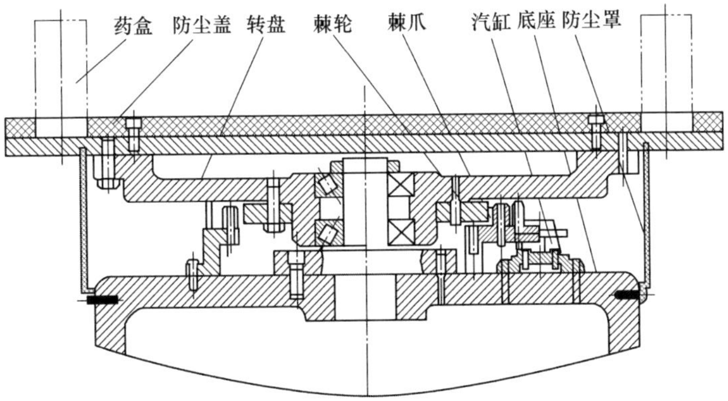

图3－66 分药机构结构

为了节约材料且方便工人维修，底座设计成图3－67所示的形式。安装时，底座倾斜一定的角度，目的是便于工人进入药筒内安装、调试和维修。分药机构的所用动力均采用汽缸驱动，因为该场所为易燃易爆危险区，气源相对安全些。

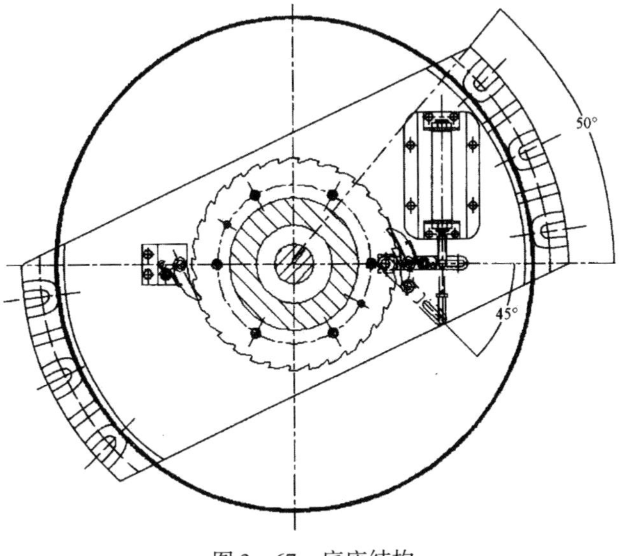

图3－67 底座结构

3）药筒设计

药筒采用厚钢板制成，钢板厚度应根据炸药的爆炸强度而定。药筒有三个门，左、右两个门分别用于工人手动上药和机械手上药，均为启动控制，前侧门为工人安装、调试、维修的出入门，药筒的上方为泄爆口，如图3－68所示。

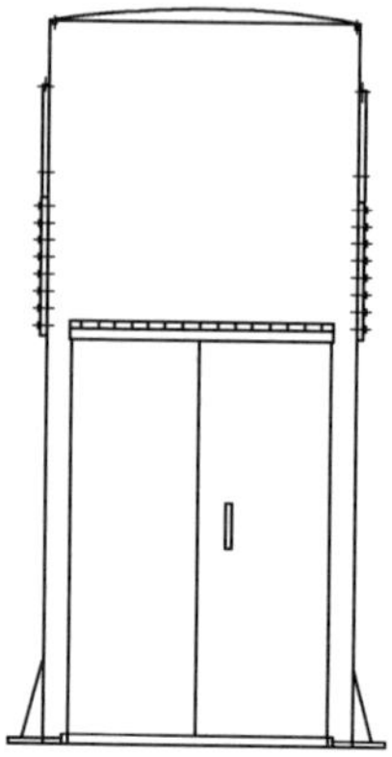

图 3－68　药筒结构

生产线工作时，分药小室的前门为紧锁状态，结构如图 3－69 所示。前门可以根据药筒的形状设计成弧状结构，底部装有滚动轴承。大门在平时处于紧锁状态，只是在偶尔维修时才打开。其紧锁机构采用齿轮、齿条机构，并带有自锁装置。齿轮、齿条机构安装在一个箱体里，箱体可以焊接在药筒上，在轴的端部开有一个小孔，安装带有手柄球的手柄杆，手柄杆紧贴药筒，平时状态自行卡死。当需要开门时，向上提拉手柄杆，使齿轮转动，带动齿条上升或下降，以控制门的夹紧与松开。靠手动机械锁紧，安全可靠。打开时，前门可沿滑道左右移动。

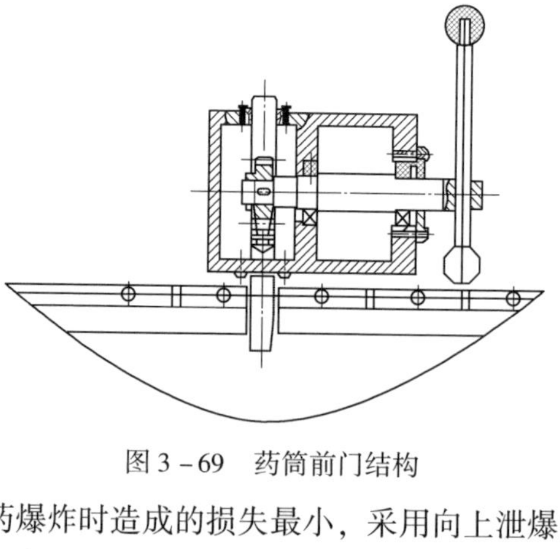

图 3－69　药筒前门结构

为使药筒内炸药爆炸时造成的损失最小，采用向上泄爆的方式。顶部可以安装一个塑料盖：一方面可以阻挡灰尘进入；另一方面，塑料强度远小于厚钢板，一旦发生爆炸，顶部的塑料盖最先遭到破坏，使爆炸引起的冲击波方向向上，避免使机构和药筒本身受到更大的破坏。

4）送药

药盒传送机构负责将药筒内盛满药的药盒取出送到装药工位，并将药盒中的药倒入装药机的盛药斗中。实现这些功能，最好的方法是采用机械手。因此，要求送药机械手具有抓取功能、手腕翻转功能、手部升降功能、手臂伸缩功能、机身回转功能以及行走功能等。另外，由于机械手的主要抓取物为药盒，为安全起见，必须对机械手的行走通道进行安全防护设计。

（1）送药机械手原理。

机械手的运动简图如图 3－70 所示。它具有手腕回转、手部升降、手臂伸缩、机身回转和行走 5 个自由度。其动作原理简图如图 3－71 所示。

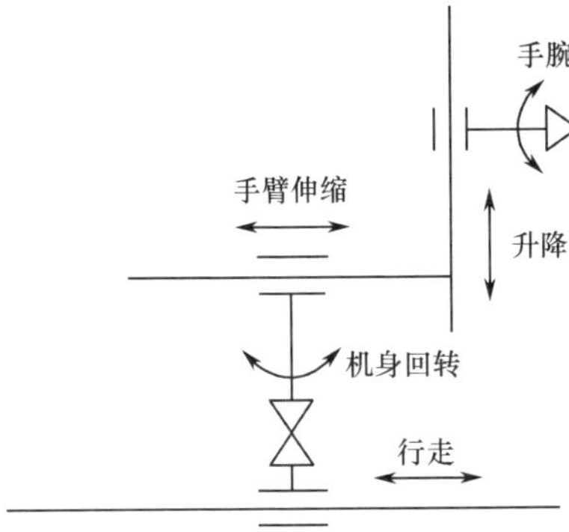

图 3－70 机械手运动

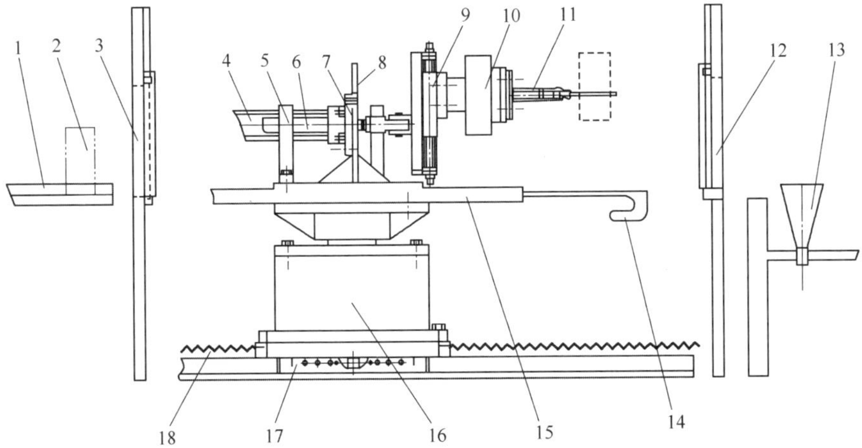

图 3－71 送药机械手动作原理

1—转盘；2—药盒；3—药筒右门；4—伸缩汽缸；5—支撑导套；6—导向柱；7—法兰盘；8—支撑板；9—升降汽缸；10—手腕；11—手爪；12—装药工序安全门；13—装药机药斗；14—抽匣；15—托板；16—180°旋转体；17—无杆汽缸；18—保护罩。

药盒均匀分布在转盘上，180°旋转体固定在无杆汽缸上，无杆汽缸用防护套保护，托板安装在 180°旋转体上，伸缩缸用支撑板固定在托板上，升降汽缸借助于两导向柱与伸缩汽缸相连，两导向柱位于支撑导套内，支撑套安装在托板上，手腕部分位于升降汽缸的右侧，借助于法兰连接，手部固定在手腕右侧。上药过程：无杆汽缸带动机械手左移，当到达药盒处时，药筒右门打开，伸缩汽汽缸动作，手部下降，抓住药盒，手部抬起，伸缩汽缸缩回，药筒右门关闭，180°回转体回转180°，右移到装药时停止，装药工序安全门打开，伸缩汽缸动作，手部伸出到装药机药斗上方，手腕动作，翻转倒药，手部缩回，装药工位安全门关闭，其左移到药筒门前停止，待命。

由于采用了上述结构，该机构具有的优点：采用机械手执行整个的小份上药过程，实行无人操作，提高安全性和生产率，因此整个过程安全、高效。

送药机械手的结构如图3－72所示，它有以下功能：

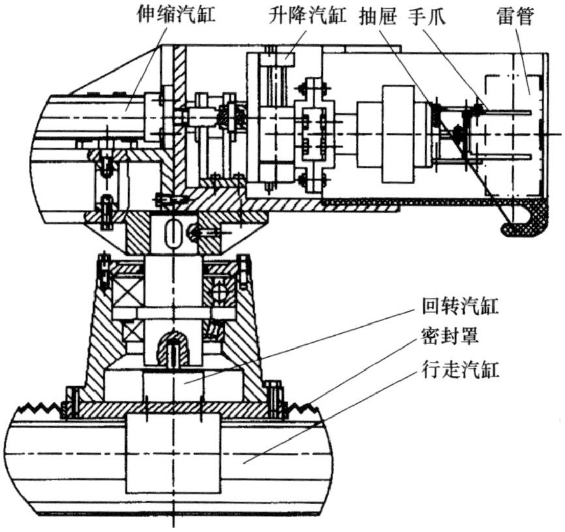

图3－72　机械手结构

① 抓取功能。由气动手指带动手爪运动实现手爪的开合。这种结构虽然气动手指的开合角度不大，但通过手爪的机械方法，可以使手爪的开合角度足够大。同时，由于气动手指为双汽缸，通过三位五通阀的中封特性，以保证抓取可靠。

② 手腕翻转。由于负载较小，手腕翻转采用具有前端法兰的180°薄壁回转汽缸带动，并通过前端法兰与气动手指相连接，传递扭矩。这种方式结构简单，动作可靠。

③ 手部升降。机械手要将药盘上的药盒取出，而药盘沉孔深度为30mm，因此手部要有升降功能。在这里采用滑动装置汽缸（双杆），一方面可承受较大翻转力矩，另一方面具有导向功能。汽缸的行程为50mm。

④ 手部伸缩功能。手臂的伸缩行程较长，且有横向负载，因此配以导向

轴、伸缩汽缸行程400mm。汽缸采用端面安装，中后部位增加辅助支撑。手臂的伸缩采用标准汽缸。

⑤ 机身回转功能。机械手在药筒取药后，要回转180°再向装药工位移动，回转主轴通过支架支撑手臂并传递扭矩。由于轴向载荷较大，采用圆锥滚子轴承。机身回转采用转缸带动。为了消除旋转扭矩，在180°回转角的两端各加一个装有液压缓冲器的死挡铁。

⑥ 行走功能。由于工作环境的限制，行走功能也应由气动完成，而且行走功能距离较长。若用普通有杆汽缸（行程为L），则沿行程方向的实际占有安装空间为2.2L；若用无杆汽缸，则安装空间仅为1.2L，且行程与缸径比可达50～200，行程较长，还能避免由于活塞杆及杆密封圈的损伤而带来的故障，同时活塞两侧受压面积相等，具有相同的推力。这里采用磁性耦合式无杆汽缸，靠磁性保持带动机身和活塞组件同步运动。由于机械手有一定的偏转力矩，为防止引起翻转，机身在直线导轨副上移动。

⑦ 防浮药功能。为防止药粒落到通道内，在手部设计一个可抽拉的非金属匣子。每隔一定时间，可将匣子抽出，倒出沉积的药粒。同时，由于机械手倒药后，要对空药盒进行吸浮药操作，这种设计也使得吸浮的空间相对缩小。匣子的前面为固定密封装置，以防止手臂落入浮尘及药粒。

（2）机械手输送通道设计。

根据机械手的动作过程可以把输送通道设计为如图3－73所示的形式，左右两端因为与药筒和装药机相连，它们本身带有防爆门，所以输送通道不需要安装防爆门。在机械手把药盒中的药倒出之后，还需要把空药盒送出，拟把送药盒的门放于中间处，当机械手旋转到中间时，停止旋转，在此吸附，然后直接把药盒送出。

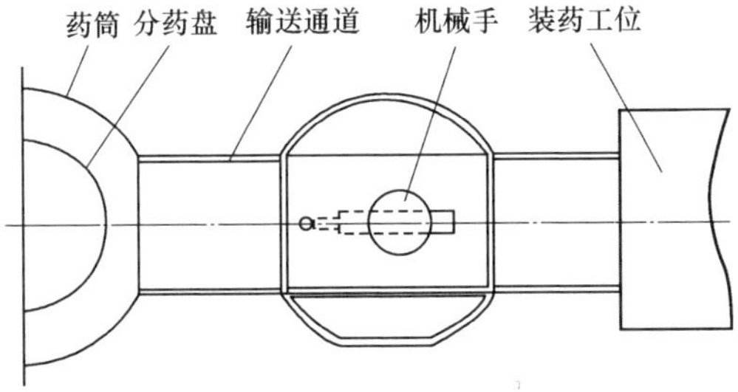

图3－73　机械手输送通道俯视图

考虑到该通道是向上泄爆，通道上面只装防尘罩，而且由于有吸附机构，防尘罩的打开部分要尽量避开这一部分，吸附机构安装于送空药盒的自动门处，所以设计防尘罩，需要时可打开中间的可动部分。平时需要密封夹紧，在可动部分与不可动部分之间的密封可加一橡胶密封条。为了便于打开防尘罩，可将其设计成翻转式。

该通道送空药盒处的结构本应该根据药盒尺寸设计，但考虑到抽匣过一段时间需拿出进行清理，所以此门是根据抽匣尺寸进行设计的，抽匣从此门取出。吸附机构在中间回转区域的上方，吸附管在输送通道内是固定的，当机械手转到吸附位置时，吸附管正好罩在上方进行吸附。

空药盒外送机构采用截面为半圆形的铝制通道，机械手把药盒放下后掉入该通道，药盒顺着该通道进入收集箱，收集箱放于机械手输送通道下面，过一段时间就换收集箱。

5）自动装药

雷管自动装配系统为群模生产，即一个模具中可装多发雷管（一般为 40 发或 50 发）。整个装配过程共有 20 多道工序，包括装药、压药、测药高及废品剔除等。压药工序多采用定压方法，这样，通过测量药面高度就可以得到装药量的多少。药高的检测结果也是剔除废品的主要依据。由此可以看出，装药机的装药精度会直接影响系统的废品率，同时装药工序也是非常危险的工序。雷管模具的设计采用了单模隔爆和群模防殉爆结构，因此结构尺寸相对大些，而考虑安全因素，装药工位的装药量要有一定的限制，这给装药器的设计带来了困难。

（1）自动装药机的组成及工作过程。

自动装药机由装药器、模具传输及支撑机构、模具升降机构和粗定位机构等组成。装药机结构如图 3－74 所示。装药时，模具由传输机构推入装药工位，并由粗定位机构实现粗定位，然后托起汽缸升起将模具托至下板地面，由下板上的定位销和定位器与模具上的定位孔配合，实现模具在下板上精确定位。然后，由装药器进行定量装药。其核心部件由装药器和盛药耙药器等组成。

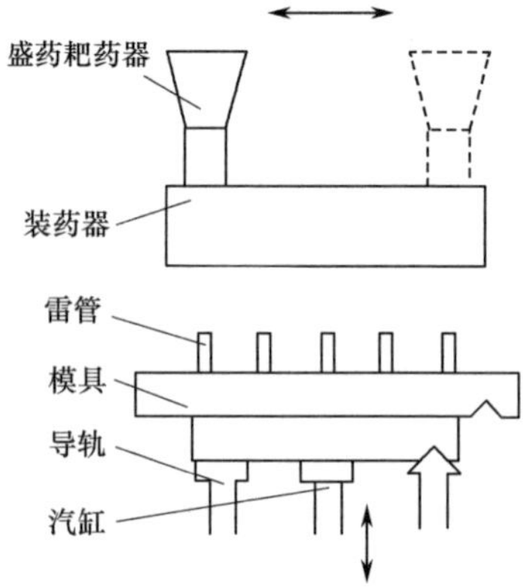

图 3－74　装药机结构

（2）典型装药机结构。

装药机的核心部件是装药器，主要由定量板、下板、存药盘（上板）、盛药耙药器和激振器组成，如图 3－75 所示。

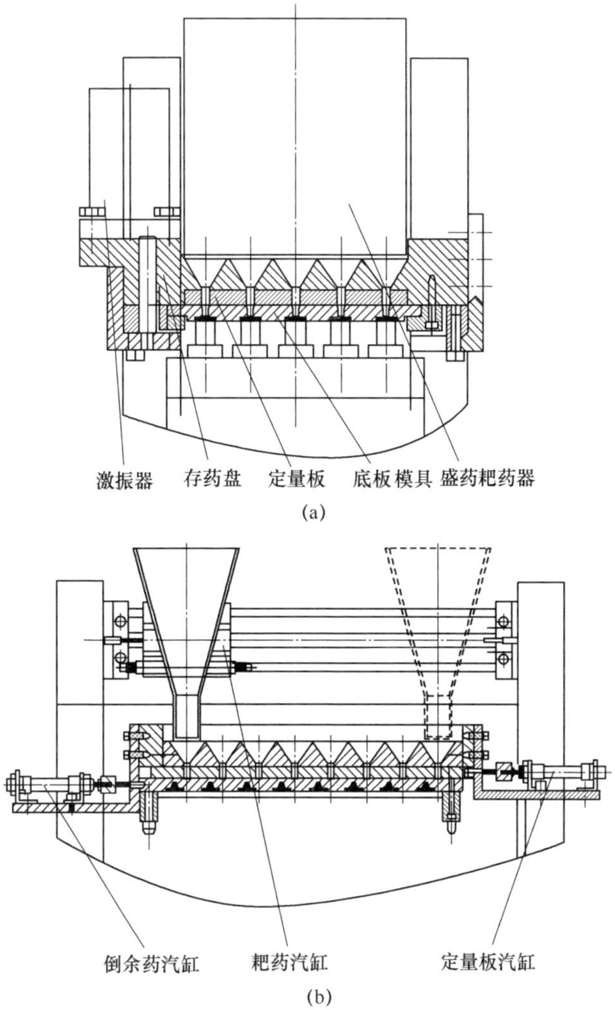

图 3－75　装药器结构图

（a）主视图；（b）侧视图。

自动装药时，模具由传送机构推入装药工位，并由粗定位机构实现粗定位，然后托起汽缸升起将模具托至下板底面，由下板上的定位销和定位块与模具上的定位孔对中，实现模具在下板上精确定位。定量板在汽缸推动下移动一定距离，使定量板装药孔与下板漏药孔对齐，将定量板孔中的药装入雷管壳中，然后定量板复位，托起汽缸回原位，已装完药的模具由传输机构推至下一工位。为保证安装、调试方便，装药器用支撑条在总安装板上定位，调试时首先在机外调整好装药器在总安装板上的相对位置，然后将装药器取下，用定位销钉使支撑条在总安装板定位，安装时首先调整安装板在装药机内的位置，调整固定好安装板后再装药器。

机械手在向装药器倒药时会出现膨药现象，为解决这一问题，在装药器上安装一个气动激振器，每次倒药后，可启动气动激振器，使其低频振动，以消除膨药现象。

耙药汽缸采用无杆汽缸，以节省空间。每次在送药机械手将药盒中的药倒入装药器后，盛药耙药器都将在无杆汽缸的带动下往复运动一次，将盛药器中的药耙平，以使各个锥形药斗中药量均匀。由于盛药耙药器与装药器表面有一定间隙，这样就避免了由于两者之间的直接摩擦而产生火花，造成危险。

在生产线停止工作后，应将装药器内多余的药倒出。该结构设计了一个倒余药汽缸，汽缸动作时，使得装药器孔、定量板上下板孔同时对中，同时激振器振动，将药斗内多余的药全部漏出。

为保证安装、调试飞方便，装药器用支撑条在总安装板上定位，调试时首先在机外调整后装药器，使其处于总安装板的相对位置，然后将装药器取下，用定位销钉使支撑条在总安装板上定位，安装时首先调整安装板在装药机内的位置，调整固定好安装板后再安装装药器。

6）自动压药

雷管的主要装配过程包括装药、压药、测药高等。由于雷管的需求量大，在装配过程中均采用群模的结构形式，一般为每模 40 发或 50 发。

雷管的压药多采用定压式压药，使药面的密度均匀一致，这样通过测量药面的高度，即可检测出不合格品。

目前，国内各生产厂家雷管的装配均为手工和半自动状态，重锤式压药机构如图 3 –76 所示。

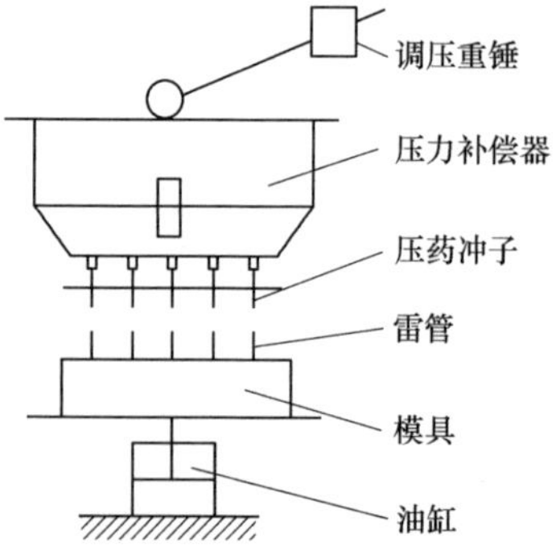

图 3 –76　重锤式压药机结构

重锤式压药机构由压力机、压药冲子、压力补偿器和调压重锤等组成。通过油脂补偿器保证各个压药冲子的压力均匀一致，由重锤调整压力。这种机构虽然可以满足产品对压药工序的基本要求，但是由于压药压力是通过定期测量标准铜柱受压后的变形尺寸获得的，同时，通过人工调整重锤的位置来改变压力的方式费事又费力，也限制了雷管装配过程向自动化方向发展的进程。

典型的压药机为上端补偿，上、下两端压药的结构形式。该结构如图3－77所示，由上/下油缸、支撑立柱、导冲板、导向套等组成。其中，补偿器上盖的两侧安装在支撑立柱上，油缸通过螺钉安装在补偿器上盖上方，补偿器上盖通过螺钉与其下方补偿器箱体连接，柱塞直接安装在补偿器箱体内。

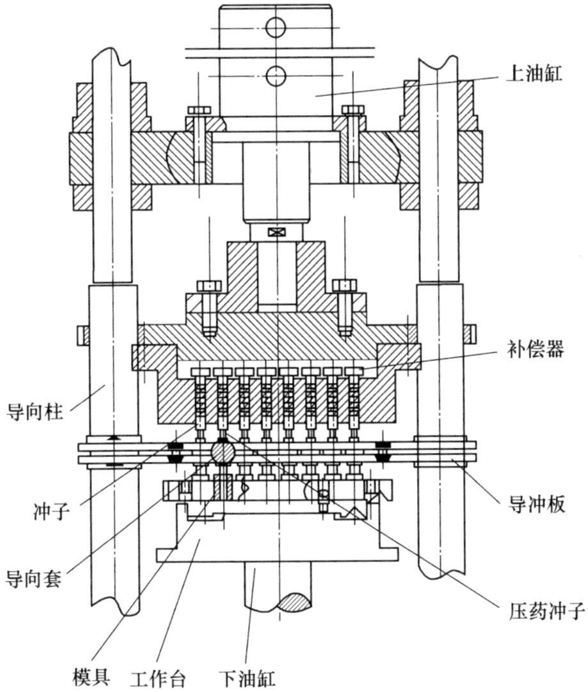

图3－77 上端补偿，上、下两端压药的压药机结构

压药时，下油缸通过工作台带动模具上升至雷管口部与导向套对中定位后停止，然后上油缸通过补偿器上盖带动补偿器箱体及其压药冲子沿支撑立柱向下运动，使柱塞接触负载，并对负载施加压力，补偿器箱体内充有一定压力的液压油，当此压力大于补偿器箱体的背压时，每个柱塞根据各自的负载向上运动不同的位移量，压缩液压油，使补偿器箱体内的压力升高，同时根据压力传递原理，各个柱塞受到均匀一致的压力，当达到规定的压力时，油缸停止运动，保压2s后，返回原位，同时柱塞由于卸载在补偿器箱体内压力的作用下复位。

要使上述机构正常运行，需要解决两项关键技术：一是多环节定位技术；二是补偿器的密封问题。

目前，在火工品生产的压药装置中，通常采用一面两销定位方式来保证压药精度，但是由于一面两销的定位不能保证冲子和雷管壳的同心度，导致压药的效率低，质量差及安全性差，易发生殉爆现象。

针对上述缺点，提供一种使冲子和雷管壳同心度较高的定位机构，如图 3－78所示。该机构的核心部件是导冲板和导向套，导冲板与补偿器和工作台一样在压药机的四个支撑立柱上定位，导冲板内含 40 个导向套，这样就基本上保证了 40 个压药冲子、导向套和雷管的同心度。但是，由于 40 个雷管相对位置固定，若使 40 个冲子也是刚性连接，那么只要出现微小的加工或安装误差，使得个别冲子与雷管位置不准，就会出现冲子挤压摩擦雷管壳壁的现象，这种情况很容易发生爆炸。为了解决这个问题，可以将压药冲子与补偿器柱塞进行柔性连接，同时，导向套与导冲板也为柔性连接，再在导向套的下端口部增加易于导入的锥孔。工作时，压药冲子始终含在导向套中。这样，就可以使压药冲子和导向套一起根据各自雷管的方位进行微小的调节，有利于雷管口部与导向套以及压药冲子的定位。这种结构也降低了对加工精度和安装精度的要求。

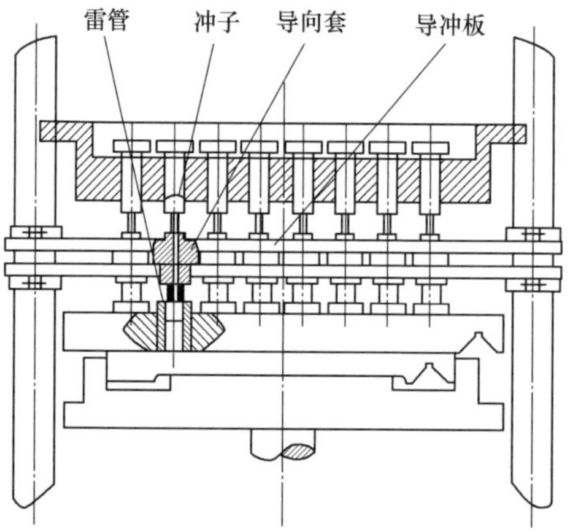

图 3－78　多环节定位原理

上端补偿压药结构由于补偿器在上方，一旦漏油就会污染产品，直接影响产品质量，因此该压药结构的另一个关键是解决密封问题。补偿器体在上油缸柱塞的带动下沿导向柱上下运动，40 个柱塞在压药时随药面的高低进行微量补偿，因此，该结构的主要漏油点是补偿器体和上盖连接处及 40 个柱塞与补偿器箱体孔之间。而解决漏油的关键问题是补偿器柱塞的密封性要好。

7）压合

压合是雷管装配总线的一道关键工序，它将几经装压药的雷管壳与装有绸垫的加强帽压合在一起；同时，将散装状态的起爆药压实，终成雷管产品。

压合工艺应保证两个半成品和压合冲子同心，压合过程不得产生“黏管”与“镶牙”，又因起爆药的感度很大，一旦引爆炸药会造成事故，因此，压合工序是整条装配线最关键、最危险的工序。压合时，施压速度、稳压时间、工艺装备等因素对产品质量和安全性有重大影响，实现该工序的装配自动化，必须在充分进行工艺试验的基础上再定型生产。

（1）加强帽的收集与检测。

要想将加强帽压入雷管壳中，必须将雷管壳加强帽按一定方向收集起来，装入与雷管模具等尺寸、等间距的收集模中，再压入相应的转载模中，然后进行加强帽的缺帽检测，最后在压合工位将加强帽压入雷管壳中。

加强帽的收集机结构如图3－79所示。电动机经过皮带轮变速后，带动收集机的传动轴转动。由于传动轴是偏心的，在转动时带动收集机模框，使其通过棍子在小轴上作水平往复振动。从漏斗下来的加强帽落到收集模上，并随同收集模与收集机模框作往复振动。加强帽底部有一圆弧，底面朝下不稳定，所以经过振动后，大多数加强帽底面朝上，这样，落在孔中的加强帽就罩在收集模的顶冲上。收集机的模框内可同时放置多个收集模，由汽缸将这些收集模推入收集机模框中，振动结束后，再由汽缸将收集模推出收集机模框。推出过程中，没有罩到收集模顶冲上的多余加强帽就被拨刷拨回到收集机模框内的其他收集模上。

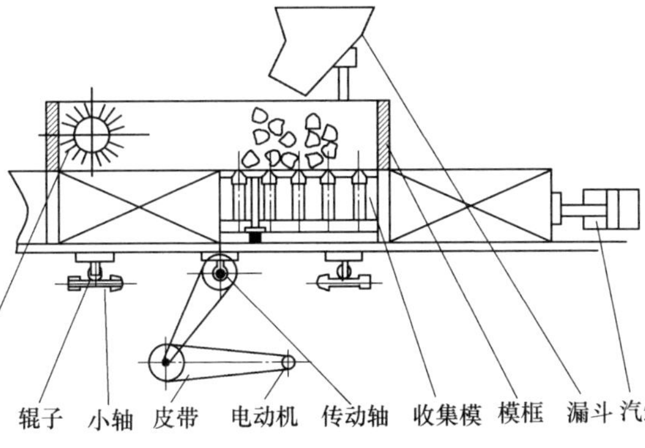

图3－79 加强帽收集机结构

加强帽收集模结构如图3－80所示，它由底板、收集板、支柱、压缩弹簧和顶冲等组成。底板通过四个螺钉与中板固定，收集板通过四个支柱与中板连接，顶冲装在中板内，上端与收集板孔有一定间隙，以便容纳加强帽。加强帽收集完毕后，可以在下一个工位将转载模通过定位机构对中，放到收集模的正上方，然后通过转载模向下施力，这样，收集板通过支柱压缩压缩弹簧，使顶冲将加强帽顶入转载模中。

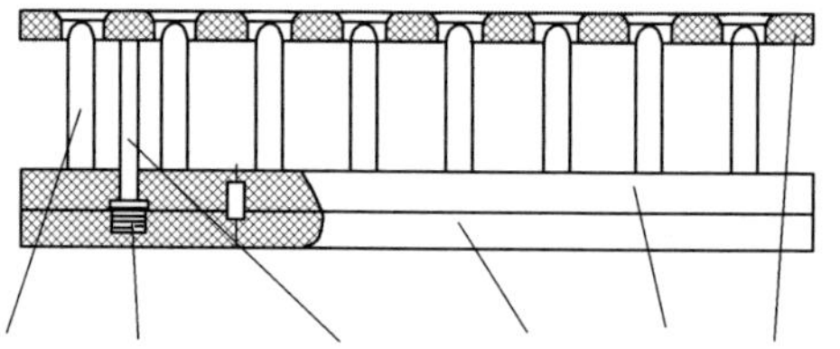

图 3－80　加强帽收集模结构

转载模结构如图 3－81 所示，它通过上、下两层将 40 个装在加强帽的模套夹在中间。每个模套在各自的孔中都具有一定的活动余量，以便在压合工位能将冲子导入。模套的内孔直径要略小于加强帽的外径，在每个模套孔内都镶有一个橡胶圈，这样，在加强帽被顶入转载模时，就含在橡胶圈中。

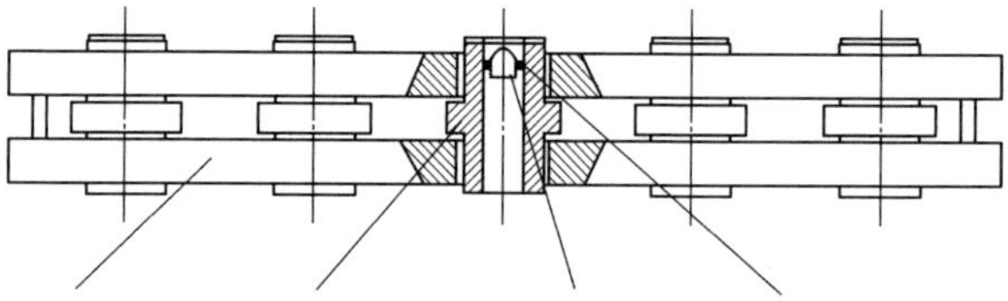

图 3－81　转载模结构

加强帽的缺帽检测可以采用雷管缺管检测的原理和结构，详见缺管检测。

（2）加强帽与雷管压合。

压合工位的俯视图如图 3－82 所示，装有加强帽的转载模分支传送线与雷管模具的主传送线垂直并立体交叉，转载模在上，雷管模具在下，每一个传送下都设有预定位挡板。工位的四个方向都有防爆门。压合的原理如图 3－83 所示。冲子顶部与压药工位一样仍然为活动连接。

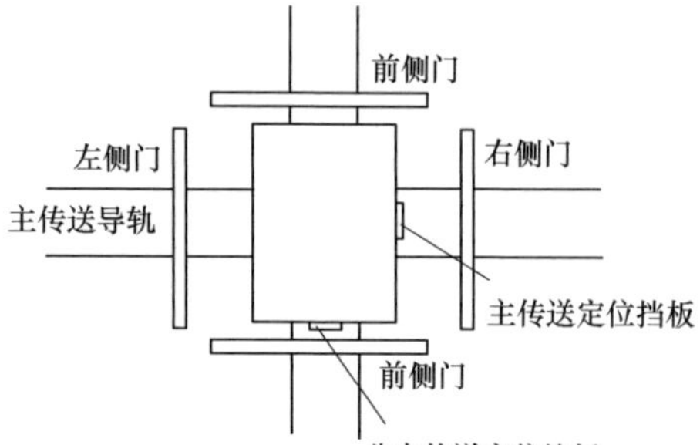

图 3－82　压合工位俯视图

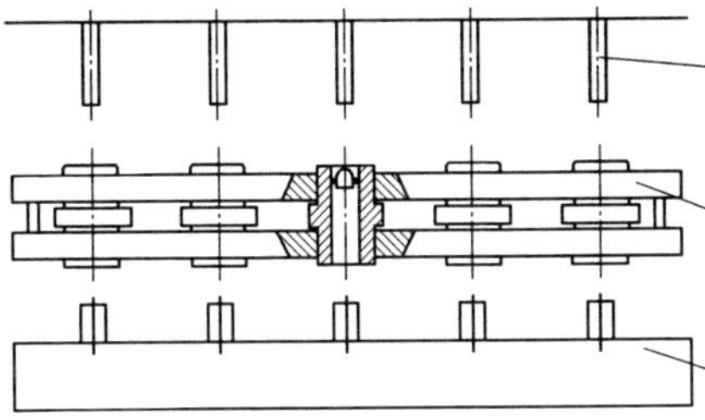

图 3－83 压合原理

压合过程：左侧门与前侧门同时打开，雷管模具与加强帽的转载模同时送入并完成预定位，然后关闭两门，主定位抬起，使得雷管口部与转载模模套的孔底对中，上油缸带动冲子下降进入转载模模套中，将加强帽压入雷管中。达到预定压力后，停留 2s 后返回。

8）测药高

药面高度检测是雷管合格与否的判别依据。在雷管自动装配系统中，应能自动检测药面高度，再由计算机自动记忆废品所在的位置，然后在后继的剔除工序将废品剔除。

该工序设计有两个重点：一是检测传感器的选用；二是检测的结构设计。下面就从以上两个方面进行研究和探讨。

在雷管群模（如每模 40 发雷管）系统中，要求对 5 行 8 列的雷管一次性进行检测，而且受生产线节拍的影响，每一工序的工作时间按 15000 发/h 的生产能力计算为 8s，除去传送与定位时间，真正的检测时间只有 4s。在这样短的时间内需要对 40 发雷管检测完毕，需要使用一种快速、可靠的检测方法。

一种方法是选用 40 个接触式位移传感器一次性检测，其结构如图 3－84所示。

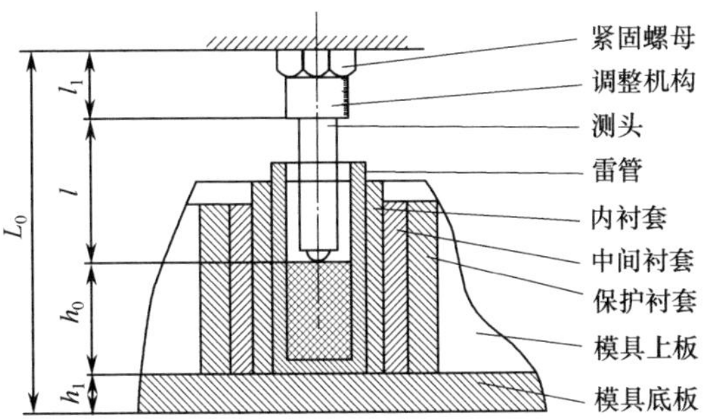

图 3－84 测药高结构

传感器固连于测杆上，测量时，主定位汽缸沿导向杆向上运动，将模具托起，使得与测杆相连的传感器进入雷管内部。这种方法迅速、准确；但必须按照

5 行 8 列共 40 个传感器，这个安装调整带来了很大麻烦，也使成本大大增加。

另一种方法是采用非接触的激光测量传感器，其检测距离为 45 ~ 60mm。为了降低成本，只采用 5 个传感器，在运动中扫描并采集信号，实现对 40 发雷管药面高度的检测，如图 3 - 85 所示。传感器和检测柱安装在移动框架上，由垂直汽缸带动上下移动，传感器和检测柱之间的距离在可检测范围内。每一个检测柱都可以上下移动。测量前，进行标定；测量时，垂直汽缸带动测量柱向下运动，测量柱的下部伸进雷管内部，依照药面高度的不同，测量柱的高低位置不同，便可以通过传感器检测出药面高度。

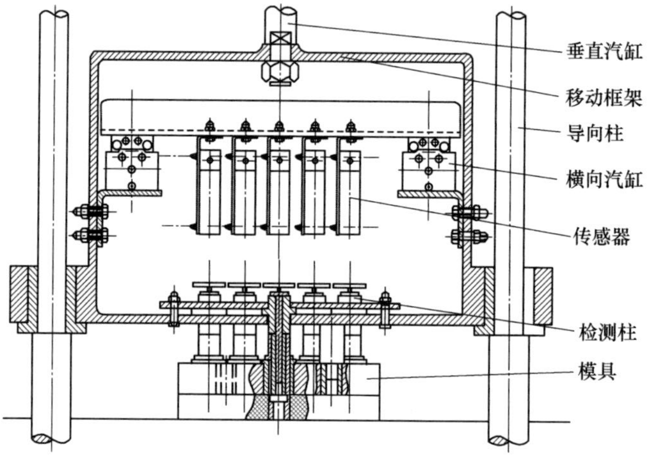

图 3 - 85　测药高结构（一）

传感器的横向运动采用无杆汽缸带动，如图 3 - 86 所示，这样既可以使整个结构紧凑，又可以满足行程要求。

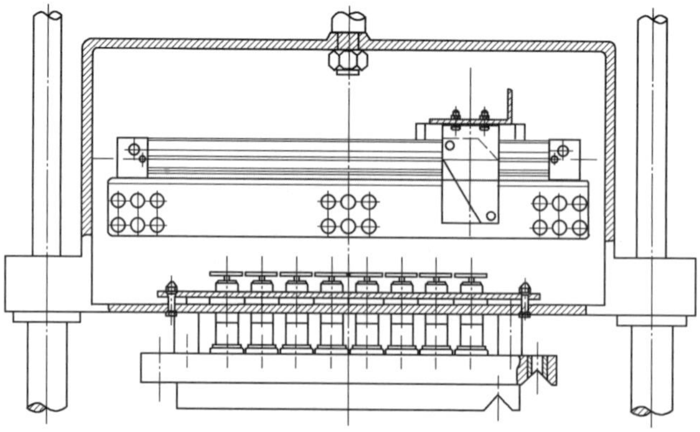

图 3 - 86　测药高结构（二）

药高测量机构下降时，测杆的下端会顶在已经压紧的药面上，这样，测杆整体被药面顶起，弹簧被压缩。弹簧的作用是保证测杆能可靠地接触药面，使测量准确。

9）吸浮药

（1）吸浮药原理及方法。

工程中常用的吸附原理为真空吸附，真空吸附又包括物理吸附、化学吸附和真空射流吸附。

物理吸附又称为分子筛吸附，它是在泵体内填分子筛吸附剂，在液氮温度下吸附气体而获得真空的设备。它吸附的主要对象是气体分子，不适于吸附火药。

化学吸附是利用碰撞使气体电离，其作用是化学键力，吸附剂与被吸附物间发生电子转移作用，即氧化还原反应。这种吸附原理需要分子之间产生相互碰撞，而火药在碰撞后极易发生爆炸，因此，该原理也不适于吸附火药。

真空射流吸附是泵体通过喷嘴的高速射流来抽出空气中的气体，以获得真空的设备。

常用的有油扩散喷射泵、油增压泵、水蒸气喷射泵、水喷射泵和空气喷射泵等。

油扩散喷射泵中的油介质中除工作介质外，还有汞。汞蒸气通过前级真空泵排到周围环境中对人体有害，一般很少采用。油增压泵也与油扩散泵有相似的特点。

水蒸气喷射泵以水蒸气为工作介质。其优点是可直接向大气中排放，无污染，启动快，占地面积小，工作压力范围宽，抽气量大，能抽除含有灰尘、腐蚀性和易燃、易爆气体；缺点是土建投资高，安装高度 10m 以上，冷却水耗量大。因此，这种结构也不宜作为首选。

空气喷射泵是利用压缩空气或常压空气为工作介质，靠气流在喷嘴出口处产生低压来抽吸空气或其他气体，然后将其压缩排出。这种方法结构简单，投资小，工作介质无污染，而且取之不尽。本书就是采用这种方法对落在模具上的浮药进行吸附的。吸附原理如图 3－87 所示，当压缩空气刚进入时，由于喷嘴的开始一段是逐渐收缩的，使气流速度逐渐增加。当管路截面收缩到最小处时，气体流速达到临界速度（某一特定速度值），然后喷嘴管路的截面逐渐增加，使与橡胶皮碗相连的吸气口处，造成很高的气流速度而形成负压。吸盘直径大，负压作用面积也大，其吸力就大。这种原理也叫作气流负压吸附原理。

吸附后的浮药采用水浴方式排出，具体原理：含尘气体强力通过一定水层，随冲起水花或泡沫与水充分接触，粉尘被水吸收后随污水排走，被洗净的气体经除雾器（或挡水板）除掉水滴后排出。

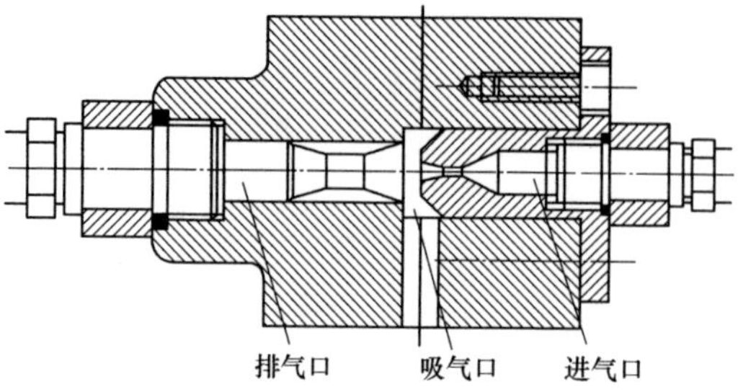

图 3－87　吸附原理

（2）吸附浮药设备典型结构。

吸附浮药设备的关键部件是吸附罩，应该合理地确定吸附罩上抽风口的位置、吸附罩的结构形式和罩口的风速。吸附罩上抽风口的位置和吸附罩的结构形式合理，能够减少气体含尘的浓度，保证吸附罩内的负压均匀，并且保证在粉尘溢出罩外的条件下使吸附罩的抽风口尺寸最小。

吸附罩上抽风口的位置要求如下：

① 防止大量物料吸走，吸附罩的抽风口不应正对产尘点并且离开一定距离。本书所讨论的雷管自动装配系统中，吸附工序之前，药面已被压实，因此可以将罩口离得近些。

② 对形状特殊或大型的吸附罩，为保证负压均匀，降低罩口风速，在吸附罩上可以设两个或三个以上的抽风罩。

为了使吸附罩断面上风速均匀，吸附罩应该做成圆形、方形或矩形，在雷管自动装配系统中，模具结构为矩形，因此采用矩形吸附罩。其结构简图如图 3－88 所示。吸附过程：由传送汽缸将模具送到该工位，主定位抬起到一定位置，接通气路开始吸浮，浮药经吸管进入浮药处理器集中处理 1s 后，气路断开，吸药过程结束，主定位脱开，传送汽缸送模。

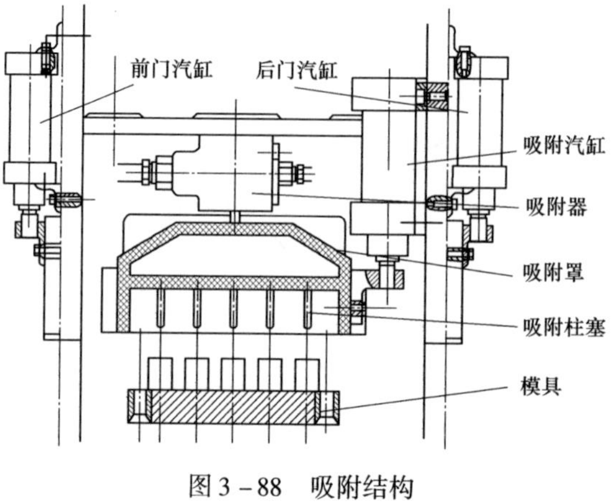

图 3－88　吸附结构

10）剔除

应用于雷管的自动装配与检测生产系统涉及排管、扩孔、多次压装药、吸浮药、测药高以及剔除与退模等20多道工序。其中，关键工序之一是如何将废品自动剔除。

（1）剔除原理。

雷管群模自动装配与检测生产系统按每模40发，可设计为5行8列排列。若采用定压压药，则废品的判别依据是检测药面高度，通过计算机进行记忆，最后在剔除工位自动将废品剔除。整个生产系统的设计节拍为8s。考虑到单模隔爆和群模防殉爆问题，设计雷管模具时，在雷管孔内增加了两层防护衬套，这样，雷管在模具上的纵向和横向间距为35mm，雷管直径为7.1mm。

整个生产系统采用同步气动传送，工位的定位方式为挡板的预定位和一面两销的主定位。在8s的生产节拍内，传送和定位大约3s，留给剔除的时间为5s。因此，要求自动剔除机构能在5s内剔除所有的废品。另外，若废品大于4个，则要求报警，重新调整装药工位。

（2）典型方案。

根据生产系统对剔除机构的要求，有如下四种典型方案：

① 40个单动汽缸同时剔除不合格品。这种方案要求安装40个单动汽缸。虽然可一次剔除所有不合格品，但雷管间距仅为35mm，给汽缸的选用、安装和调整带来很大困难，因此，该方案在事实上有很大困难。

② 单动汽缸分两次剔除不合格品。鉴于方案①的缺点，此方案采用减少汽缸数量，增加汽缸移动次数的方法，分两次剔除不合格品，其结构简图如图3－89所示。

图中涂黑部分为安装汽缸位置，共使用22个单动汽缸。工作时，首先将涂黑位置的废品剔除；然后，汽缸连接板整体向右移动35mm，再将不涂黑的不合格品剔除。

③ 矩阵拉板式剔除机构。此方案机构如图3－90所示。剔除前，先由一个汽缸带动40个冲子一次将雷管从模具中冲出到图示机构的40个孔中，再由该机构剔除废品。

该机构由基板、8个纵向拉条和5个横向拉条组成。每个纵向拉条具有8个通孔，用于存放冲下的雷管，横向拉条为锯齿形结构。双方向拉条分别由13个内藏形针式汽缸带动。这是一种单动弹簧压回的微型汽缸，优点是体积小、动作迅速、行程误差小。

当模具中i行j列雷管为废品时，控制系统根据计算机的记忆数据发出指令，控制相应的i行j列汽缸动作，带动双向拉条在导槽中移动，使相应坐标点的雷管靠自重漏下。因此，该机构可实现“纵动横不动，雷管不下落；横动纵不动，雷管不下落；纵横同时动，废品被剔除”。

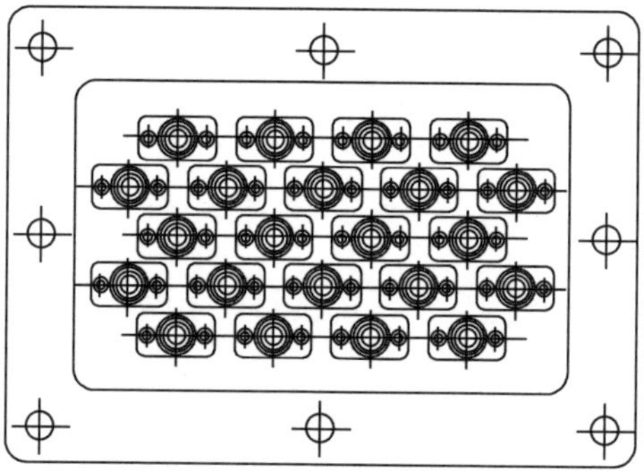

(a)

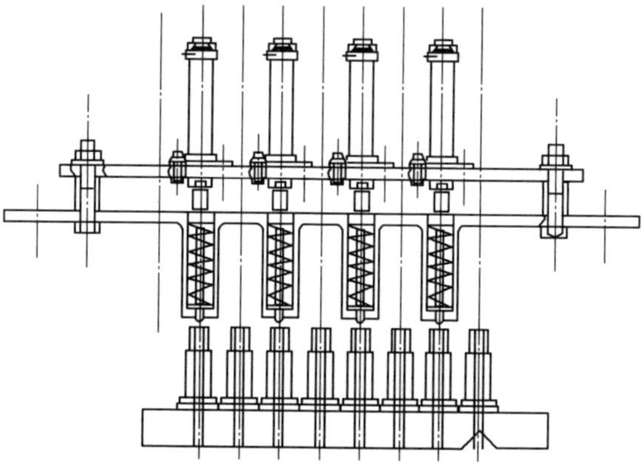

(b)

图 3－89　方案（2）结构

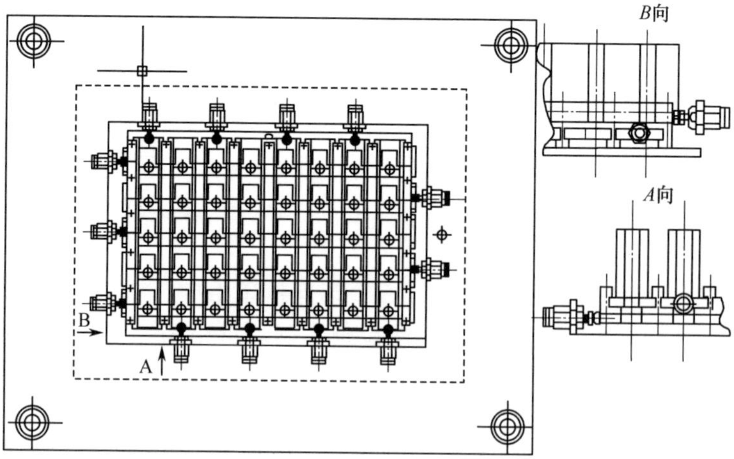

图 3－90　方案（3）结构

当采用此种机构剔除废品时，耗时最长的情况：所有废品都分布在不同行、不同列，而且废品数为极限值 4 个，此时，相应的纵横汽缸要动作 4 次才能保证所有废品全部漏下。由于所选汽缸行程小，动作迅速，在5s内完全可以动作4次，满足设计要求。

④ 小门式剔除机构。此方案的基本思想：一个汽缸带动40个冲子将雷管冲到接盒的40个孔内，接盒下面分别安装由电磁铁控制的40个小门，控制系统根据计算机指令控制不合格品对应的电磁铁动作，使相应的雷管靠自重落下。方案（4）结构如图3－91所示。

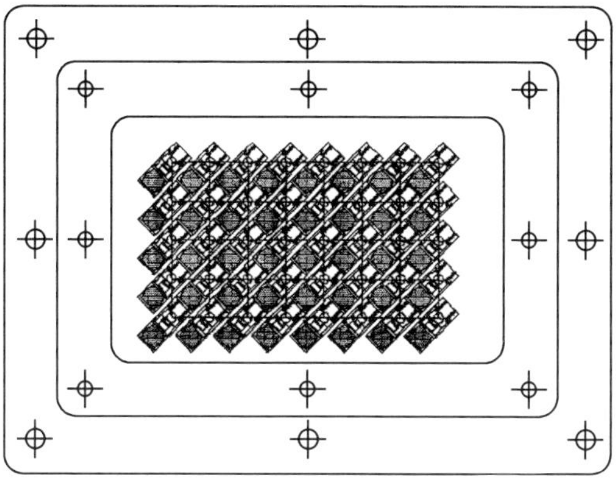

图3－91 方案（4）结构

为了充分利用安装空间，电磁铁在底板上的安装位置为倾斜45°，这样有利于选择较大吸力的电磁铁，以满足使用要求。为了缩短小门的行程，适应空间狭小的特点，小门的一侧为半圆形结构。在电磁铁断电时，小门的圆弧部分保证雷管不会从孔中漏下，只有当电磁铁得电，衔铁动作，使小门移动圆弧半径的位移量时，才能靠自重使雷管漏下。这种设计方法，使小门的移动距离减小了1/2。

从以上列举的四种方案可以看出，方案①和方案④ 所需的剔除时间最短，但由于方案①的40个单动汽缸安装调整十分困难，几乎无法在实际过程中应用。方案④ 中电磁铁的安装较方案①方便些，虽然雷管为危险品，电磁铁的火花可能会导致出现安全问题。解决问题的方法：一是雷管在剔除前的吸浮工位能彻底吸净浮药；二是选用本安型电磁铁。方案② 和方案③均为多次动作才能剔除废品，所需时间稍长一些，但机构简单。尤其是方案③的矩阵拉板式结构，设计精巧，只要剔除时间满足节拍要求，此方案应为首选。

3. 典型布局

雷管装配具有一定的危险性，生产工艺宜采用先进技术，减少操作人员或达到无人操作，实现人机隔离操作，提高生产的本质安全度。生产线的选型应满足生产环境场所要求，布局应满足相关安全规范的要求。图3－92和图3－93为某雷管自动装配线，装药、压药等工序均设置在防爆间室内，实现人机隔离操作。

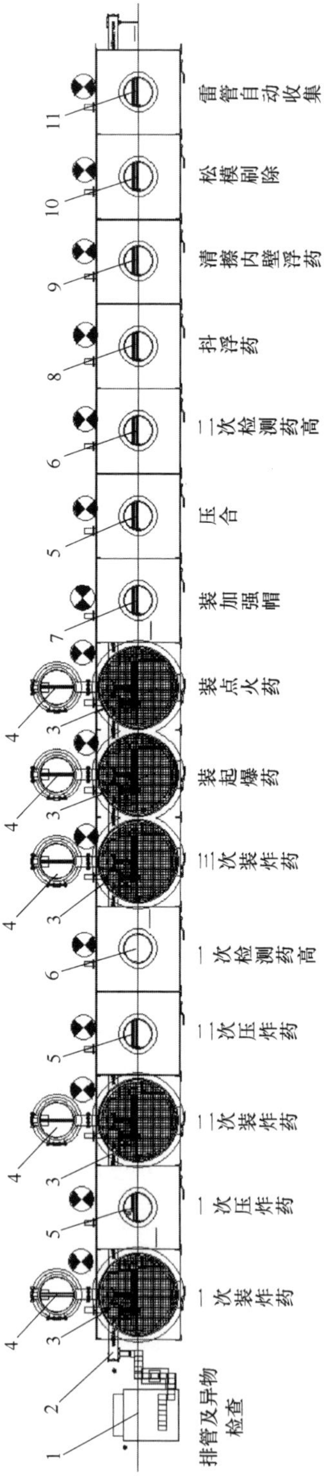

图3-92 某雷管自动装配线

1—全自动排管系统；2—自动传输装置；3—自动装药机；4—自动加药装置；5—压药机；6—自动药高检测机；7—自动引帽检查机；8—抖浮药机；9—内壁清擦机；10—废品自动剔除机；11—自动装盒机。

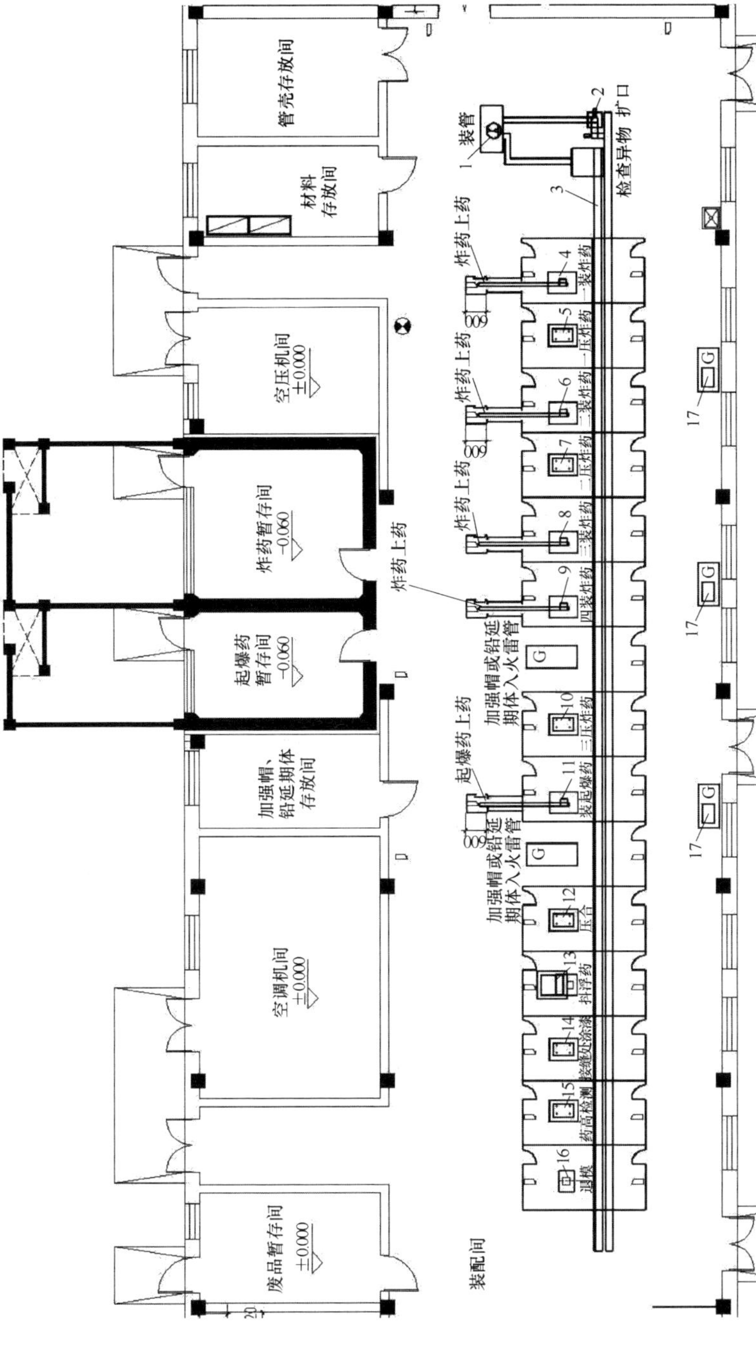

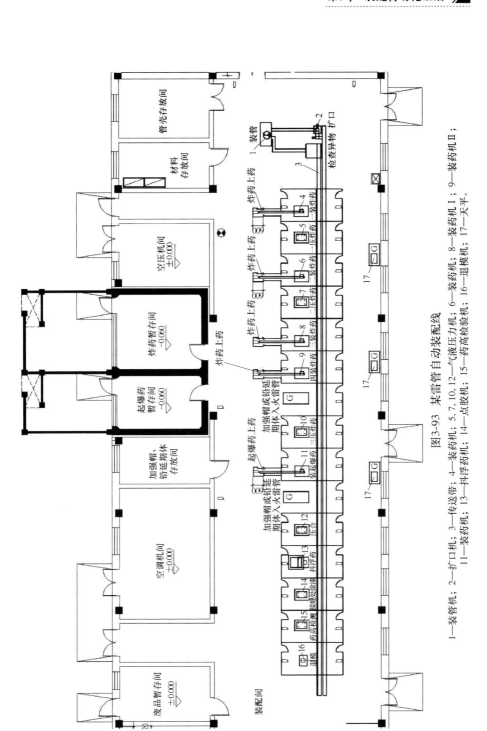

图3-93 某雷管自动装配线

1—装管机；2—扩口机；3—传送带；4—装药机；5，7，10，12—气液压力机；6—装药机；8—装药机Ⅰ；9—装药机Ⅱ；11—装药机；13—抖浮药机；14—点胶机；15—药高检验机；16—退模机；17—天平。

3.5.2 导爆管自动装配生产线

1. 生产线构成

导爆管自动生产线主要由步进式回转定位机构、装药装置、压药装置、冲装垫片装置、分模及合模装置、收口及压平装置、分支直线传送装置、控制系统、辅助系统等部分组成。

2. 群模模具及其装配的工艺过程

为了获得一定密度、强度和形状的药柱，根据导爆管生产要求确定的药剂种类——聚黑-6，以及导爆管壳的尺寸和形状进行模具设计。单模制造简单，使用方便；但其生产效率极其低下，不能满足批量化生产。群模的显著优点是生产效率高，适用于大批量生产，要求互换性好，所以采用群模。导爆管是每模6发，装配导爆管要经过装药、压药、冲装垫片等工序，为了使导爆管在各个工位能准确定位和便于装药、压药，将上模6个孔与6个套相配合，再将导爆管放在套中，套总长度为20mm，而上模的厚度稍小于套的高度，取17mm。为了便于套装配时的定位，将套做成阶梯形状；考虑到退模和其他工位操作的导向，需要将套的上端加工出倒角。

主传送为步进式回转定位机构，因此群模模具设计成上模为圆盘式、下模为正六边形的结构形式，利于回转过程中的传送和定位，如图3-94所示。上、下板之间采用销定位。上模板两侧凸缘便于上、下板分模。上模板的6个孔内装有套，导爆管置于套中，便于各工位工作时的定位。

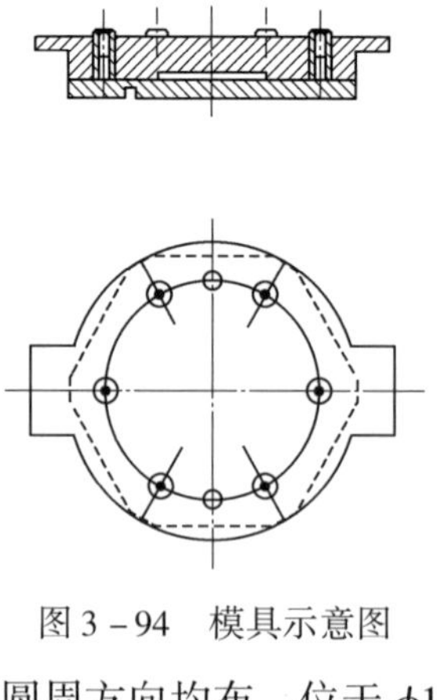

图3-94 模具示意图

上模板的6个孔沿上模圆周方向均布，位于ϕ100mm的圆周上。在退模工位上，用汽缸把上模升高，因此在上模周边加上两个耳，为了减轻上模的重量，上模的材料选择尼龙1010。转盘带动下模转动，下模与上模之间靠两个销钉连接，销钉的另一个用途是在上模与转动接模合模时的定位。下模只是在导爆管装药、压药过程中提供一个支撑面，其上只有两个与上模连接的销孔。下模的高度根据转盘和所需动作要求确定。为方便合模、退模以及定位，把下模做成正六边形。退模时把转接模移动到下模的位置，而把下模移开，这里在下模上焊接一个外伸的钩耳，用一个拉杆把下模移开。

在装药、压药等工位，导爆管装在上模的套里，上模和下模组合在一起，而在分模、合模、退模等工序，要把导爆管从上模推到转接模里，以进行收口、压平等工序。由于本机构采用的是转盘回转主运动和转接模直线运动相结合的方案，就要考虑转接模的转向问题，下模板采用正六边形的结构，可以解决直线运动和回转运动的结合。

导爆管推到转接模中，所以转接模上就要加工6个孔，孔的深度根据后几道工序，如收口、压平来决定。孔的直径 $\phi=4.5\mathrm{mm}$，深度 $h=8.4\mathrm{mm}$。可见，导的高度高出孔的深度。为防止退模时导爆管不能完全退到转接模中，在转接模中央做一个凸台，高度为3mm，凸台直径小于上模6个保护套所在的圆周直径。

导爆管装配的工艺过程如图3-95所示。

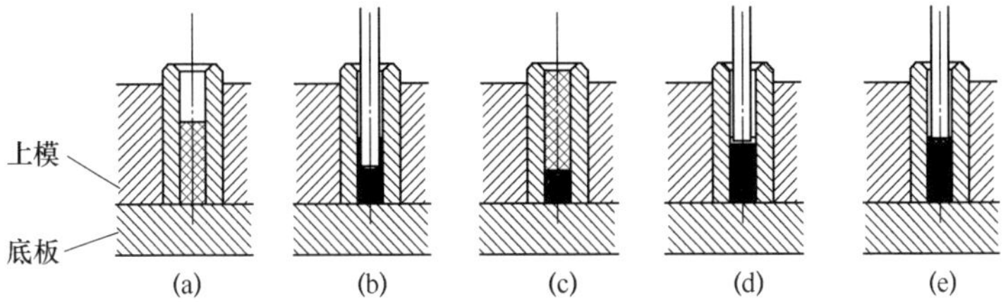

图3-95 导爆管装配的工艺过程

(a) 第一次装药；(b) 第一次压药；(c) 第二次装药；(d) 第二次压药；(e) 冲装垫片。

3. 生产工作原理

本生产线采用多工位主回转传送与外直线传送相结合的工作方式，如图3-96所示。转盘直径约为2m，其上共有8个工位，转盘步进式旋转，每次转45°（一个工位），模具在转盘上循环传送，转接模在分支直线传送线上循环传送。分支直线传送线由汽缸驱动。分模、退模、合模工位是主回转传送与外直线传送的结合点。

各工位的工作过程如下：

1）装药

装药采用定容积法，由防爆步进电动机驱动。电动机旋转半周，可同时完成每模6发导爆管的装药工作。定容腔可以根据不同的产品进行调整。为了提高装药精度，装药过程配合气动振动器。

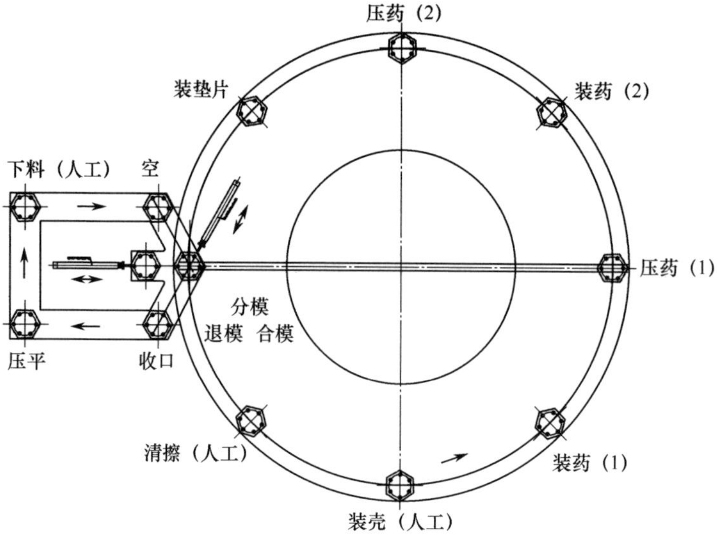

图 3－96　导爆管装配线的工作原理

为了提高生产效率，采用群模装药，每模 6 发，群模模具设计成上模为圆盘式、下模为正六边形的结构形式，利于回转过程中的传送和定位，如图 3－97所示。上、下模之间采用销定位。上板两侧凸缘便于实现上、下模的分模。上模板 6 个孔内均装有衬套，导爆管置于衬套中，便于装药工作时的定位。模具的上模 6 个孔与 6 个套相配合，再将导爆管放在套中，套内径和长度根据所装炸药一次装填药量散药的体积确定。

图 3－97　导爆管模具

当模具随大盘转动到位，模具下方的汽缸上升，把模具顶起，通过定位销与装药机构进行预定位，使模具上的 6 个套筒与装药机构的 6 个装药小孔对齐。装药量的多少主要靠分药轮来衡量，如图 3－98 所示。

采用圆柱轮分药机构来实现分药。如图 3－99 所示，6 个分药轮通过键连接安装在 3 根传动轴上。传动轴通过齿轮啮合实现同步运动，中间的一根轴通过联轴器与防爆步进电动机相连。这样由防爆步进电动机来控制轴的转动，从而实现同时分药，同时停止。在分药轮上开有一个圆柱形小容腔，该小容腔用来

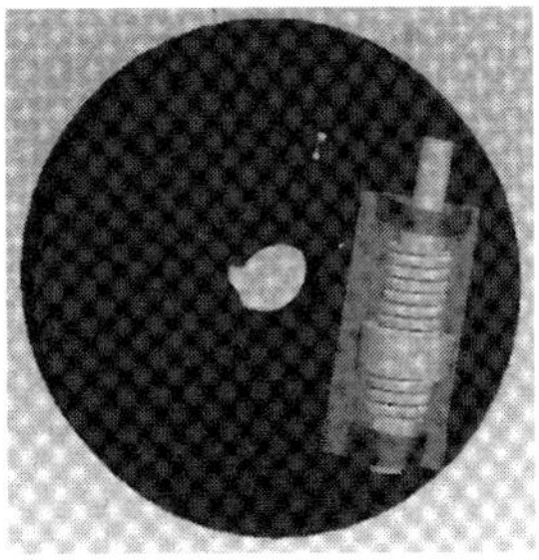

图 3－98 分药轮

盛装炸药。当传动轴转动时，圆柱轮也随之转动，直至小容腔与上方的分药机构对齐时，炸药装入小容腔内，待装满炸药后，转动传动轴 180°，可使小腔内的炸药全部倒出，通过送药装置上的 6 个送药机构进入模具的套筒中，完成了装药工作。之后步进电动机再旋转 180°，使小容腔处于最上方，从送药机构中分药，等待下一次装药。为了防止在装药机构中有残余的炸药，影响装药的精度，为此在装药机构中再安装一个振动器，这样能保证将装药机构中的炸药完全落入套筒中，减少装药误差。

图 3－99 分药机构传动图

为了满足导爆管生产线生产不同型号的导爆管，即不同型号的导爆管要装不同的药量，可以通过分药轮上的丝杠螺母副来调节容腔的体积，从而实现装不同药量的要求。

在装药机的设计中，还有一点需要格外注意。圆柱轮为转动件，送药机构为静止件；炸药为极其细小的微粒，又是易燃易爆品。为了设计的合理性、安全性，圆柱轮和送药机构之间必须要有良好的密封性能，并且不能影响圆柱轮的转动。装药机结构如图 3－100 所示。

2）压药

采用定压式装药，通过液压补偿实现每模各管的压药压力相等。压药压力可测可控，保压时间可调，行程范围可调。

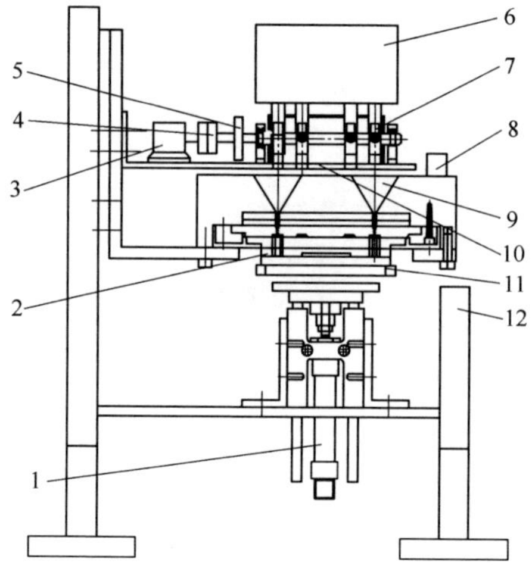

图 3-100 装药机结构

1—汽缸；2—模具；3—防爆步进电动机；4—联轴器；5—齿轮；6—药仓；
7—圆柱轮；8—振动器；9—送料药斗；10—工作台；11—托板；12—机架。

3）冲装垫片

要求铝铂为卷状，冲装机构如图 3-101 所示。由步进电动机带动夹送辊步进输送铝铂，力矩收卷电动机控制力。到位后由冲头通过模板将垫片冲装到模具中的导爆管内。

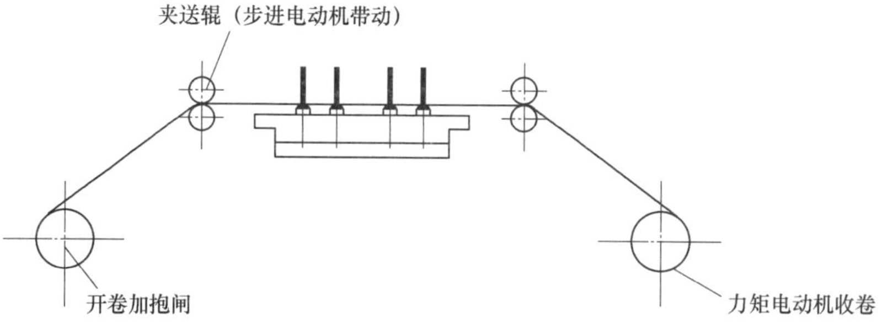

图 3-101 冲装机构

为了有效利用铝铂，铝铂的运动采用三步一循环的方式，如图 3-102 所示。第一次和第二次各移动 25mm，第三次移动 125mm，然后依次循环。为了防止垫片被冲头带回，冲装过程配合高压吹气，保证垫片装入管内。

4）分模、退模与和模

在该工位完成的工作包括：上模和底板分模；汽缸将底板向左侧抽出；空工位的转接模送入退模工位；将模具上板中的导爆管退入转接模中；转接模送入收口工位；底板送回分模工位；上模与底板合模；转盘回转将模具送清洁工位。

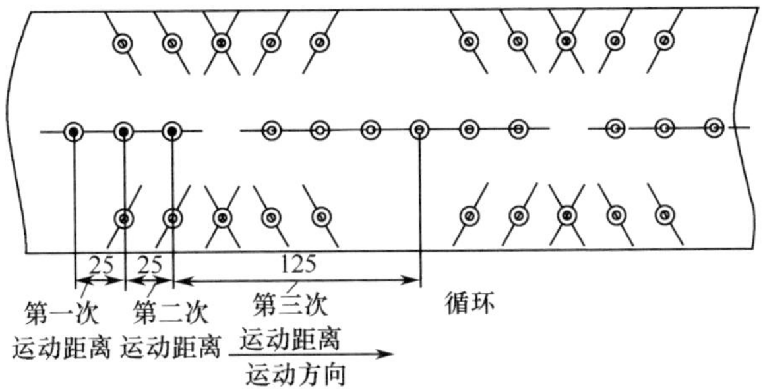

图 3－102 冲装垫片的位移循环形式

5）收口

与压药过程类似，只是冲头为喇叭口，以便管壳收口、动作位移定程控制、位移可调。

6）压平

该装置采用平面整体定程压制，位移可调。

7）人工操作

该生产线的清洁模具、清擦转接模、装管、卸管均由人工完成。

8）辅助系统

辅助系统包括液压站、压缩空气站等。

3.5.3 传爆管自动装配生产线

该生产线包括装管、自动称量装药、自动压药、去浮药、自动检测药面高度、自动剔除废品与退模、模具的自动传送与返回等工序。工序布局的原则：危险工序在防爆间室内，模具传送在防爆间室外；危险工序与非危险工序在空间上隔离；危险工序自动化程度高，实现无人化操作，非危险性工序适当采用人工方式，降低成本。传爆管生产线布局如图 3－103 所示。

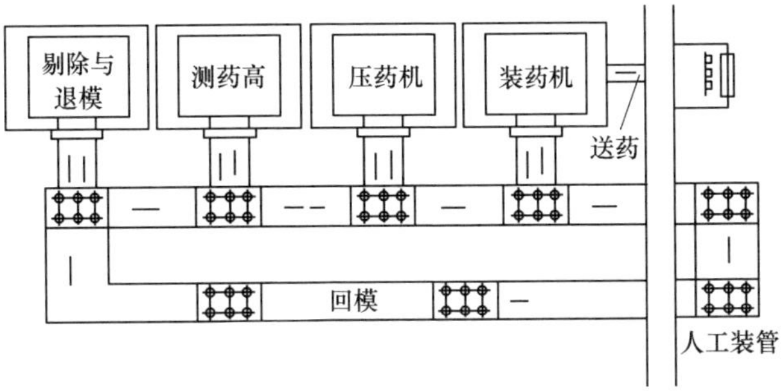

图 3－103 传爆管生产布局

1. 群模结构

根据给定传爆管所装药品种类和压药要求，按照压药机的机理和传爆管的结构尺寸，确定了 2 ×3 的群模结构尺寸。模具包括上板、下板、传爆管衬套、衔接套。

2. 装管

装管为非危险工序，这里采用人工装管，装管工序与压药生产线隔离，通过气动防爆门将装好传爆管的模具由汽缸送出。这样，既保证了安全，又节约了成本。

3. 装药

由于装药精度较高，本方案采用粗装与精装相结合，电子化天平自动称量的方式，天平与计算机接口，自动控制称量过程。每模需要两次称量，两次装药。选用天平的分辨率为 0. 01g，满足装药精度 ±0. 1g 的要求。

装药结构如图 3 – 104 所示，由于每模 6 个管，装药时，一次同时装 2 个管，分 3 次进行，由驱动汽缸带动模具实现步进。

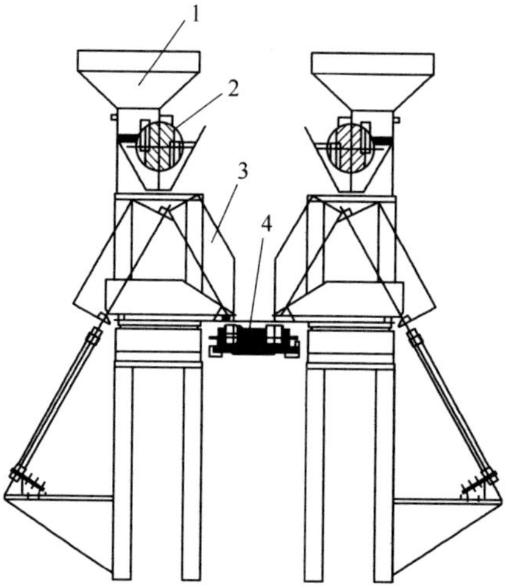

图 3 – 104　装药结构

1—药斗；2—定量盛药及翻转机构（每次旋转 180°）；3—翻转倒药装置；4—模具。

4. 压药

采用等压压药方式，保证各个传爆管药柱密度均匀一致，压药压力可测可靠，可实时显示，保压时间可任意设定。压药的结构原理与前面的雷管压药相同，结构如图 3 – 105 所示。

5. 清擦压药冲子

在压药冲子导套口部安装可更换的海绵垫，每次压药结束冲子返回时，即可清擦冲子。

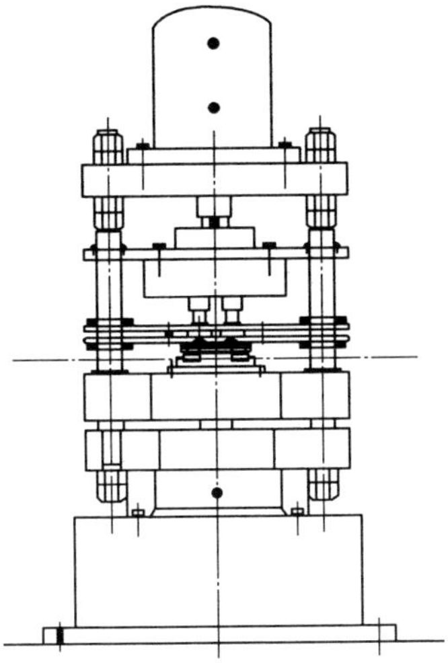

图 3-105 压药结构

6. 清擦模具

压药结束后，模具在送往药高检测工位的途中，自动清洗浮药。

7. 药高检测

在该工位，可以自动检测各个传爆管的药面高度，并由计算机记忆不合格品。

8. 剔除与退模

将接模与模具定位，使传爆管退到接模中，再通过接模的机构将废品和成品分离。

9. 合模与回模

剔除与退模完成后，空模具上板与下板合模，然后通过防爆气动门自动返回装管区装管。

4

第 4 章 引信装药装配

4.1 概　　述

爆炸序列是指在弹药或爆炸装置内，按激发感度递减而输出功率或猛度递增次序排列的一系列爆炸元件的组合。它的作用是将小冲量有控制地增大到满足弹丸、战斗部爆炸所需要的冲量。

爆炸序列在引信中起能量传递与放大作用，从初始发火的首级火工品到最后引爆或引燃战斗部主装药的传爆药或抛射/点火药，是引信不可缺少的组成部分。随着引信类型和配用弹种的不同，爆炸序列的组合可有不同的形式。

爆炸序列按弹药或爆炸装置所用主装药的类型或输出能量的形式，分为传爆序列和传火序列两种。传爆序列最后一个爆炸元件输出的是爆轰能量，传火序列最后一个爆炸元件输出的是火焰冲量，其典型组成如图 4 – 1 所示。从图 4 – 1 中可以看出，传火序列与传爆序列在组成上主要区别是前者无雷管、导爆药和传爆药。因此，传火序列可看成是传爆序列的一种特别形式。

典型的爆炸序列由转换能量的爆炸元件（包括火帽和雷管）、控制时间的爆炸元件（包括延期管和时间药盘）、放大能量的爆炸元件（包括导爆管和传爆管）组成。

爆炸元件也即过去所指的火工品，是指装有少量炸药、火药或烟火剂的一次性作用元件。其装药以燃烧或爆炸方式进行反应，释放出大功率能量，用来引燃、引爆或做功。由于爆炸元件具有体积小、反应速度快、功率大和威力大等特性，是引信必不可少的重要组成部分。

爆炸元件种类繁多，包括起爆元件、传爆元件、点火元件、延期元件和传火元件等，如火帽、雷管、延期管、时间药盘、加强药柱、导爆管和传爆管等。

对传火序列和传爆序列来说，需要首先考虑序列的输入和输出；而对单个爆炸元件来说是其本身的输入和输出。好的爆炸元件是组成有效传爆序列或传火序列的关键。爆炸元件应具有合适的感度，适当的威力，一定的长储安定性和适应环境能力，并与引信本身相匹配的尺寸、结构。

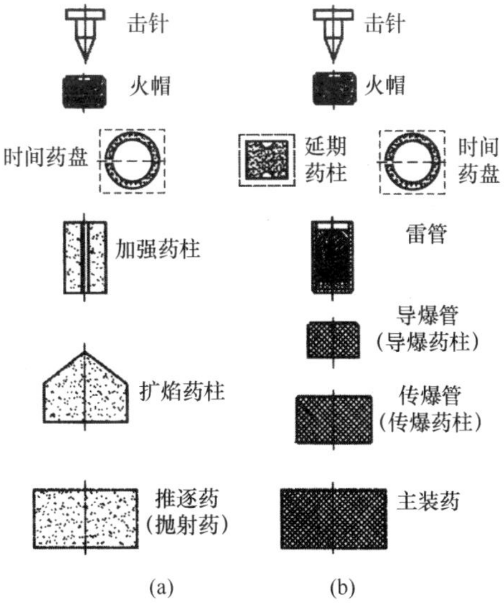

图4-1 传爆序列与传火序列

（a）传火序列；（b）传爆序列。

下面介绍引信中常用的爆炸元件。

4.1.1 火帽

火帽是将弱小的激发冲量转换成火焰的点火元件，通常作为引信爆炸序列的第一个起爆元件，也可单独完成某种特殊任务，如点燃保险药柱、推动保险件、激活热电池等。

按激发冲量的形式，火帽可分为机械激发火帽和电激发火帽。机械激发火帽包括针刺火帽、撞击火帽和摩擦火帽（拉火帽）。电激发火帽包括电点火管和电点火头。

对引信用火帽的性能要求是：具有适当的感度和足够的火焰输出，耐高膛压的冲击，长期储存性能稳定等。

1. 针刺火帽

针刺火帽在引信中用得较多，一般由帽壳、加强帽（或盖片）和针刺发火药等组成。针刺火帽典型结构如图4-2所示。

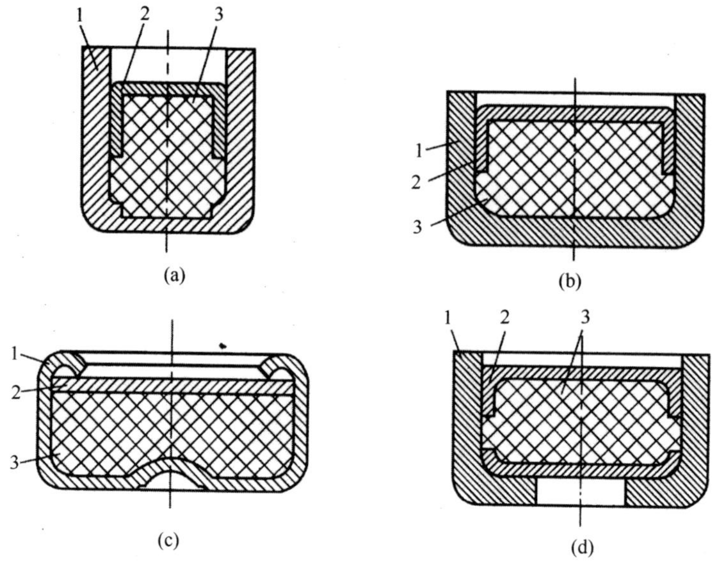

图4－2　针刺火帽的典型结构

（a）帽壳底部薄弱；（b）帽壳底部较厚；（c）帽壳底部凹窝；（d）帽壳底部带孔。

1—帽壳；2—加强帽（或盖片）；3—药剂。

针刺火帽靠击针刺穿加强帽或盖片，使发火药受到摩擦和冲击而发火。有时，针刺火帽也用于没有击针的头部碰击发火机构。这时，火帽主要靠高速碎片的冲击而发火。根据帽壳结构形式的不同，火焰可以从不同方向输出。当帽壳底部薄弱（图4－2（a））或带孔（图4－2（d））或具有凹窝（图4－2（c））时，火焰主要从帽壳底部喷出；而当帽壳底部较厚（图4－2（b）），火焰则从加强帽喷出。针刺火帽的主要性能包括针刺感度、点火能力、发火时间、抗冲击能力以及长期储存性能等。

2. 撞击火帽

撞击火帽一般由帽壳、发火药和击砧组成。发火装药在帽壳与击砧之间，火焰从帽壳开口端输出。撞击火帽靠钝头击针撞击发火。与针刺火帽不同的是，击针不刺穿火帽壳，而且挤压装在帽壳与击砧之间的发火药（击发药），火焰只从一端输出。由于这个特点，撞击火帽用于密封的延期机构的点火比较合适。撞击火帽的感度比针刺火帽低，击发药与针刺药基本相同。

3. 摩擦火帽

摩擦火帽也叫作拉火帽，通常是靠拉动金属丝（铜丝和铝丝）与摩擦发火药（摩擦药）产生摩擦而发火的。它一般由帽壳与摩擦药组成。图4－3为时－2引信用拉火帽的结构。拉火帽与金属丝等零件组成拉火管。拉火管在时－2引信上的配置如图4－4所示。拉火帽主要用于手榴弹引信中。

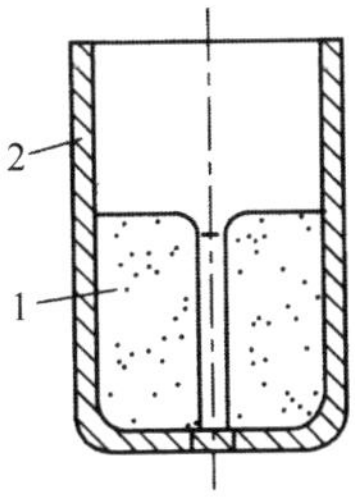

图 4－3 拉火帽结构

1—摩擦发火药；2—帽壳。

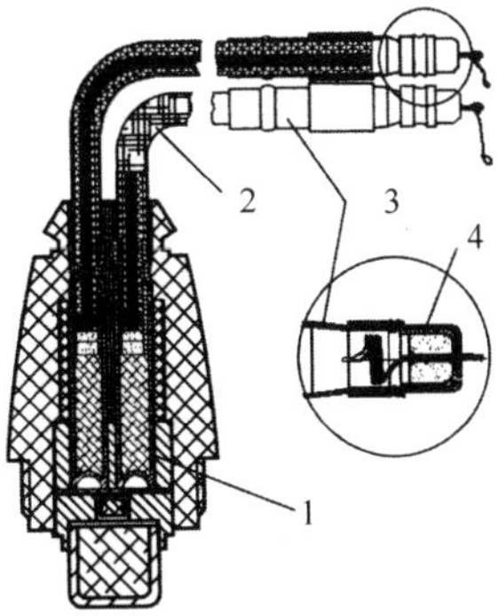

图 4－4 拉火帽在时－2 引信上的配置

1—雷管；2—导火索；3—拉火管；4—拉火帽。

4. 电点火头和电点火管

电点火头和电点火管大都是金属桥丝式的，其输出与机械火帽相似。电点火头的结构比较简单，一般由引线、桥丝、发火药和保护套筒组成（图 4－5）。其用途不同，保护套筒形状也不同。电点火管通常有金属管壳，发火头（包括桥丝及发火药等）被包封在金属管壳内，引出极有独脚式（图 4－6）和引线式两种。

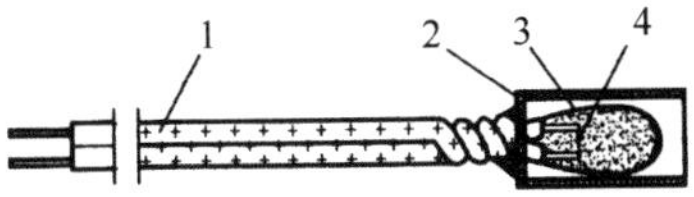

图 4－5 电点火头结构

1—引线；2—保护套筒；3—发火药；4—铂铱桥丝。

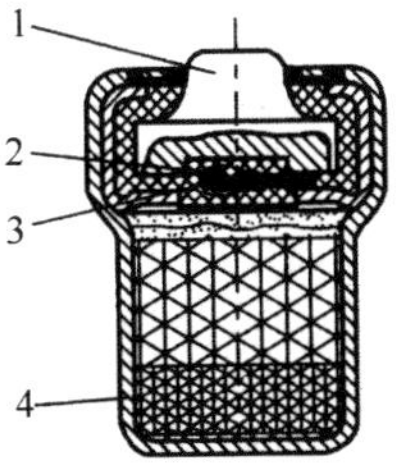

图 4－6 电点火管结构

1—中心电极；2—电发火药；3—铂铱桥丝；4—管壳。

4.1.2 雷管

雷管是将机械能、热能、电能或化学能转换成爆轰能量的起爆元件。雷管与火帽的不同点是雷管的输出可直接起爆猛炸药。从用非爆炸能量引爆这方面来说，雷管包括了火帽的作用。根据激发能量的形式，雷管可分为针刺雷管、火焰雷管、电雷管、化学雷管和冲击片雷管等类型。除火焰雷管外，其他雷管一般都作为爆炸序列的第一个爆炸元件。

引信雷管要有适当的感度、足够的起爆威力、尽量短的作用时间（延期雷管除外），特别是电雷管，其作用时间要求在10μs以下。现用的针刺雷管和火焰雷管的作用时间在数百微秒范围内。其他要求与火帽相同。

雷管能使下一个爆炸元件完全起爆的能力（起爆威力），取决于其爆压、爆速、爆温、爆轰传爆方向以及管壳碎片的动能等，而这些参数又与雷管装药（主要是底层装药）的成分、密度，雷管直径，管壳材料、尺寸、形状，周围介质的情况等因素有关。

1. 针刺雷管

针刺雷管的发火原理与针刺火帽相同。针刺雷管一般由管壳、加强帽和装药三部分组成，典型结构如图 4－7 所示。

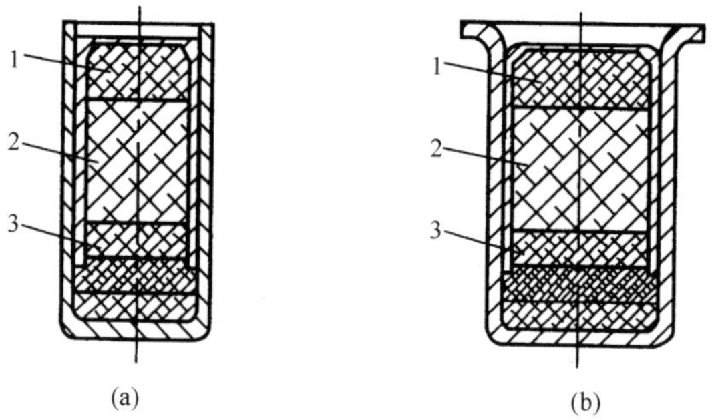

图 4－7　针刺雷管

1—针刺药；2—氮化铅；3—特屈儿。

针刺雷管的装药一般分三层：输入端（上层）为针刺发火药；中间层为起爆药；输出端（底层）为猛炸药。延期针刺雷管在发火药的下层加装延期药，使输出的爆轰延期一段时间。针刺雷管的中层装药多为糊精氮化铅。它的作用是将针刺药产生的火焰转变为爆轰，并使底层猛炸药起爆。底层猛炸药目前多为黑索今，也有用泰安的，过去主要使用特屈儿。它是决定雷管输出爆轰威力的主要装药。

针刺雷管也可用于不带击针的碰炸机构中，这时它主要靠碰击时产生的碎片起爆。

2. 火焰雷管

火焰雷管靠火帽或延期元件输出的火焰来引爆，其结构与针刺雷管相似，但加强帽上有中心孔（传火孔），如图 4－8 所示。为了防止药粉撒出又不致影响传火，通常在传火孔下部垫一个直径稍大于加强帽内径的绸垫。

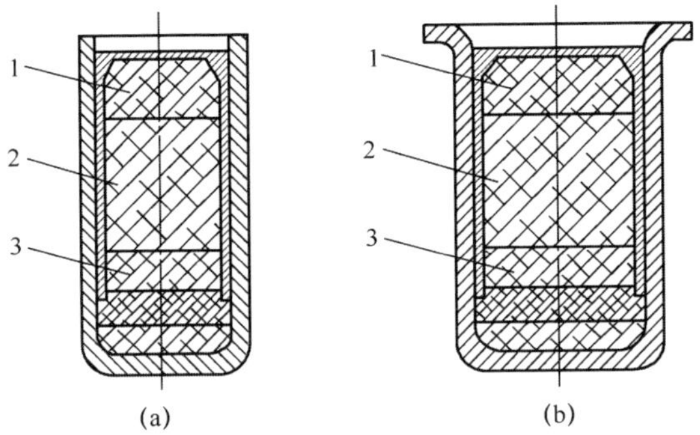

图 4－8 火焰雷管

1—斯蒂芬酸铅；2—氮化铅；3—特屈儿。

3. 电雷管

电雷管靠电能来引爆，它可用各种形式的电源，而且电源可配置在远离雷管的位置。电雷管一般由电极塞、装药和管壳组成。电雷管的装药一般分为两层：靠近电极的为起爆药，多为氮化铅；输出端为猛炸药，常用泰安和黑索今。

根据起爆方式，电雷管可分为火花式、导电药式、薄膜式和桥丝式等类型。导电药式和薄膜式电雷管的起爆机理介于火花式与桥丝式之间，所以也叫作中间式电雷管。根据接电方式，电雷管又有独脚式和引线式两种结构。各种类型的电雷管在引信中都有应用，其典型结构如图 4－9 所示。

4. 化学雷管

化学雷管是利用几种药剂接触时发生的爆炸反应来起爆的雷管。此种雷管多用于定时炸弹的防排机构。图 4－10 为利用硫酸与含氯酸钾的发火药接触时发生爆炸反应而起爆的化学雷管，常称为酸雷管。硫酸要有一定的浓度，而且在低温下应保持良好的流动性。

5. 冲击片雷管

冲击片雷管不含任何起爆药和松装猛炸药，仅装有高密度的钝感炸药，猛炸药与换能元件不直接接触。冲击片雷管只有在特定的高能电脉冲（电流为 2～4kA，电压为 2～5kV，功率为 4～10MW）作用下才能引爆。这种高能电脉冲抗自然界及战场上的电磁射频、高空电磁脉冲、闪电、瞬态电脉冲、散杂电流等恶劣电磁环境的能力较强。由于该雷管中无敏感的起爆药及低密度装药，所以具有耐冲击的特点，用于引信爆炸序列时无须错位，即能用于直列式爆炸序列的引信。

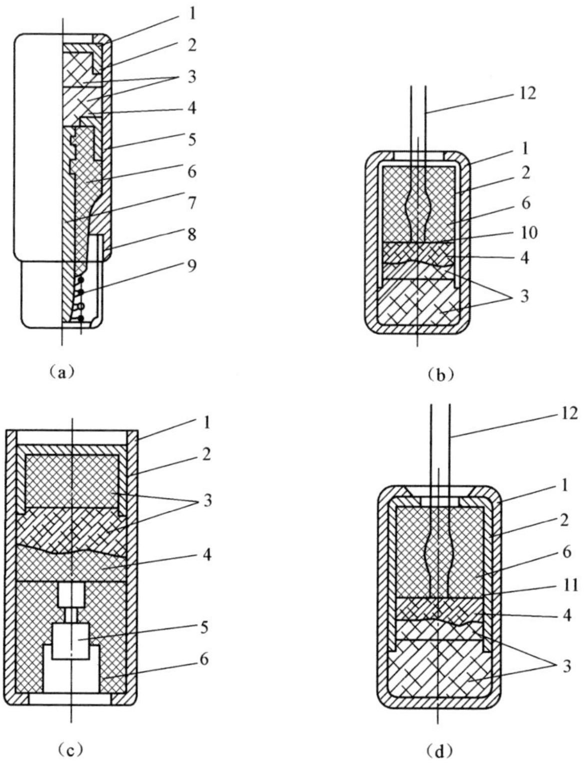

图 4 – 9　电雷管典型结构

（a）LD1-A 火花式电雷管；（b）桥丝式电雷管；（c）LD-3 导电药式电雷管；（d）LD-2 薄膜式电雷管。
1—管壳；2—加强帽；3—猛炸药；4—氮化铅；5—导电管；6—塑料塞；7—中心电极；
8—接电帽；9—接电簧；10—桥丝；11—碳膜；12—引出线。

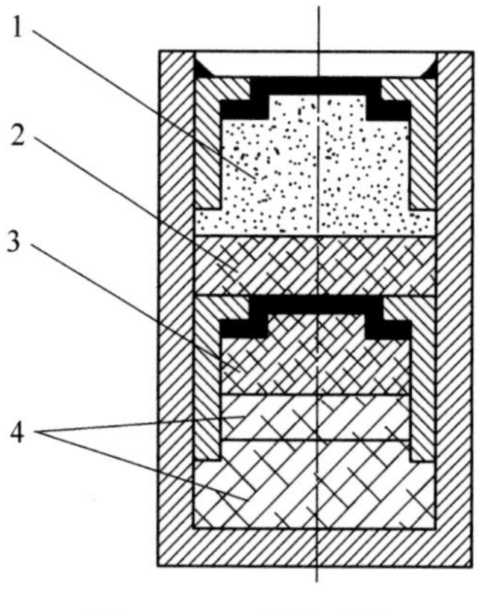

图 4 – 10　化学雷管

1—发火药；2—沥青斯蒂芬酸铅；3—粉末氮化铅；4—泰安。

冲击片雷管结构如图4－11所示。

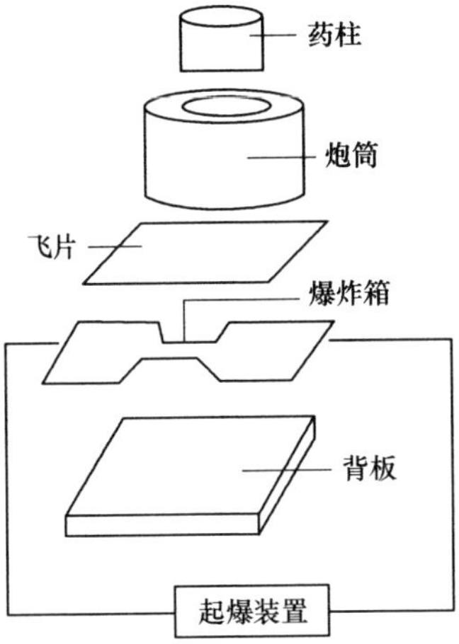

图4－11 冲击片雷管结构

4.1.3 延期元件和延期药

延期元件是利用延期药的平行层稳定燃烧而获得一定延期时间的火工元件。引信用的延期元件有延期管、保险药管、时间药盘和导火索等。除保险药管以外，其他一般都是爆炸序列的元件。

对延期元件有以下的基本要求：

(1) 足够的延期时间和一定的时间精度。延期元件的作用时间由基本装药来保证。为了保证一定的时间精度，基本装药要有一定的形状和密度，以维持平行层燃烧。

(2) 较好的火焰感度。延期元件靠火帽的火焰来点燃。基本装药（延期药柱）的密度较大，难以直接点燃。为了提高延期元件的火焰感度，但又不至于使基本装药被火帽火焰冲破，一般在基本装药的输入端压装密度较小、容易点燃的引燃药。

(3) 足够的火焰输出。爆炸序列中的延期元件在燃完之后应能输出足够的火焰，以保证下一个爆炸元件被可靠点燃。为此，一般在基本装药的输出端要直接压装起扩焰作用的接力药柱。

(4) 足够的机械强度。延期元件的装药及容器要有一定的强度，以保证在发射时产生的巨大惯性力或在药剂燃烧时所产生的气体压力下不被破坏。

(5) 燃烧可靠、不中断、不熄火。

(6) 长期储存性能稳定。

1. 延期管

延期管用于某些机械触发引信，其作用是使弹丸在钻入目标一定深度或穿过目标（如装甲）一定距离爆炸。延期时间一般为几毫秒到几百毫秒，延期管的典型结构如图 4－12 所示。

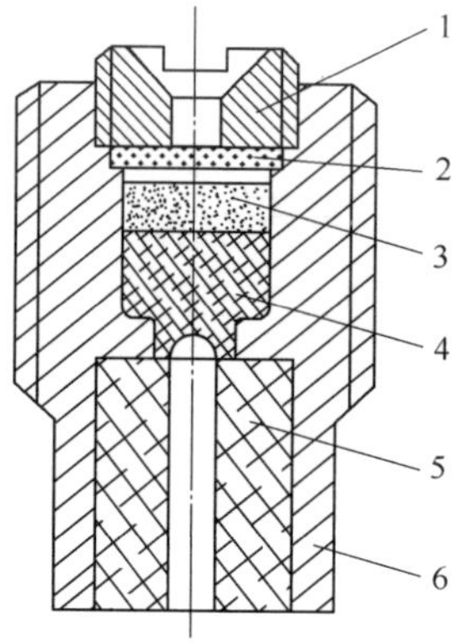

图 4－12　延期管的典型结构

1—调节螺；2—纸垫；3—引燃药柱；4—主延期药柱；5—接力药柱；6—延期管壳。

延期管装药一般由引燃药柱、主延期药柱和接力药柱组成。引燃药主要是用来扩大火帽火焰，以使主延期药柱能更可靠地被点燃。主延期药柱是控制延期时间的基本装药，它的密度较大，具有一定的强度。接力药柱主要实现与输出端的能量匹配。

2. 保险药管

保险药管在引信中的作用是控制保险机构的解除保险时间，一般用于远解机构中。保险药管的结构比较简单，由管壳、引燃药和基本药柱（也称为保险药柱）组成（有的不压引燃药）。为了使火帽火焰能可靠地点燃保险药柱，药柱中心可带一直径不大于 1mm 的小孔。这样保险药柱的燃烧，不是平行层燃烧，而是平行层增面燃烧，也可在药柱输入端做成球形凹面。药柱的长度、有效面积及压药密度等，决定药柱燃烧所需要的时间。

保险药柱要有一定的强度。药剂燃烧后产生的气体压力要适当，残渣要少或残渣流动性要好，以免影响保险销等零件的运动。

保险药管的典型结构如图 4－13 所示。

3. 时间药盘

时间药盘是药盘自炸机构和药盘时间引信的基本单元，一般由药盘体、引燃药、基本延期药和加强药等部分组成。

4. 导火索

导火索一般是用编织物制成的内装黑药的管状元件，有时引信中用它来将火帽的火焰经过一定距离和时间后传给雷管。靠改变导火索的长度调节其燃烧时间。

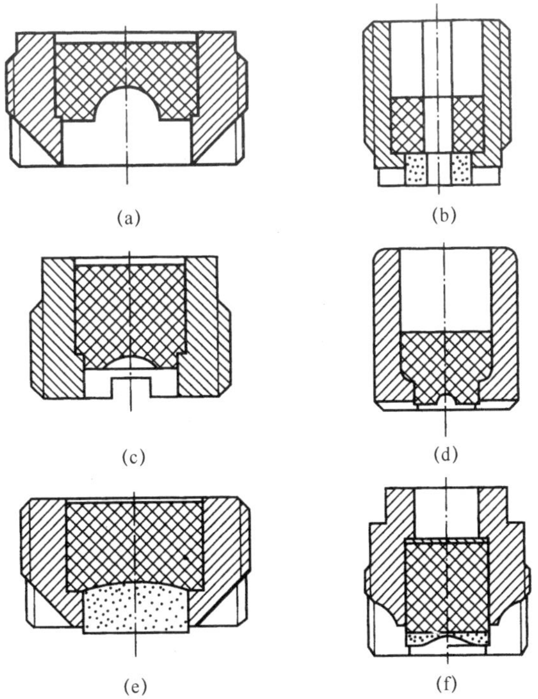

图4－13 保险药管的典型结构

5. 组合火工品

组合火工品是将多种单功能的火工品有机地密封组装在一起，形成发火、点火、延期、起爆一套完整的爆炸序列，完成引信需要的功能。这种火工品元件叫作组合火工品。由于组合火工品体积小、成本低、使用方便，它的应用大大简化了引信机构的设计，有利于引信的小型化、多功能新发展。

4.2 火药元件压制

4.2.1 火药元件概述

引信中用的火药元件有延期药、引燃药、扩焰药、保险药以及药盘中的时间药剂等。目前，压制火药元件用的火药有黑药、微烟药和耐水药三种。

本书以引信中用的延期管（图4－12）为例介绍火药元件的压制。延期管的延期药应有较好的火焰感度，为此在延期药的输入端压有密度较小、容易点燃的引燃药。同时，为保证足够的点火能力，延期药的输出端要直接压装起扩焰作用的接力药柱。延期药和引燃药是直接压入延期管壳的，扩焰药通常先用定容法压成药柱，再装入延期管。

4.2.2 延期药压制

延期药目前多采用耐水药。在每批耐水药投产前，要做确定延期药厚度的工艺试验，确定出用该批耐水药压制延期药所需的厚度及其需要的药量。耐水药在压制前先在工房内存放一昼夜，使之与工房的温度、湿度相接近。然后，根据工艺试验确定的延期药量，用定容量药器（图 4 - 14）量取，按图 4 - 15 所示进行压制。冲头插入上模和延期管壳内，然后放在压力机上，在一定压力范围内保压一段时间，一次压成，不得压两次。按每班、每人、每台压力机生产的产品为一个延期药批。

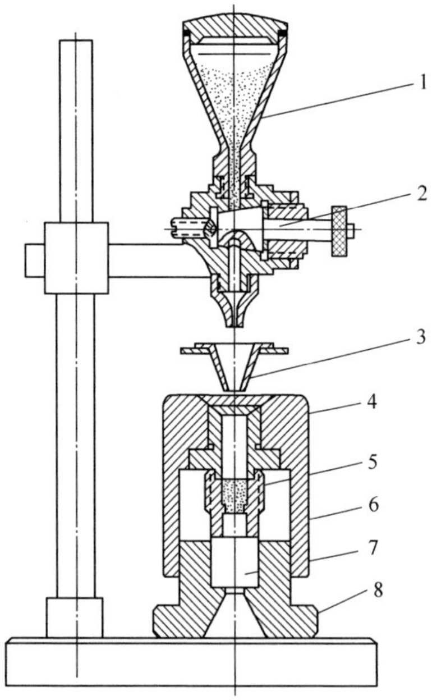

图 4 - 14　量药器

1—盛药器；2—锥形轴；3—漏斗；4—上模；
5—延期管壳；6—模盖；7—下冲头；8—底座。

压制后应检验延期药的厚度和外观。如果厚度不合格，应及时通知量药人员调整药量。为保证药量准确，每隔一定时间量药人员用天平校对一次药量。药面平整光滑，没有裂纹和杂质。

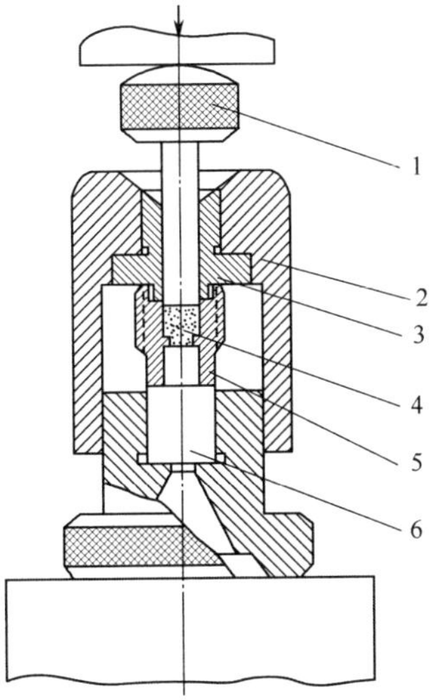

图 4－15 延期药压制

1—冲头；2—模盖；3—上模；4—延期药；5—延期管壳；6—下冲头。

4.2.3 引燃药压制

引燃药的药量要严格控制，每工作 2h，从每台量药器上取下 4 份，用精度 4/10000 的分析天平校核重量。重量要超差，该段时间的产品须抽样（不得少于 10 支）装成延期管部件，做延期管时间试验。合格，就归原批；不合格，在该段时间内生产的制品应报废。

压制引燃药与压制延期药相似，但须严格控制药量，并以较小的压力控制，保压时间也较短。在保证足够强度的条件下，药的密度要小，只要求它容易点燃和很快燃烧，而不能影响延期时间。

4.2.4 扩焰药压制

扩焰药有轴向孔，故在模子中有一根针，在上、下冲头有相应的轴向孔。扩焰药密度小，但又要求具有一定的机械强度，即射击时药柱不能破碎，装配过程中要便于装取又不能掉粒，在勤务处理中要承受住冲击、振动。

扩焰药的压制多采取固定容积法（定容法），如图 4－16 所示。当上冲头的台阶边缘压到与固定模的顶面相碰时，为压制完毕。压制时下冲头不动，压完后冲头顶出药柱。

用定压法压制扩焰药时，上冲头台阶边缘不达到固定模顶面，而是压到一定压力时为止。

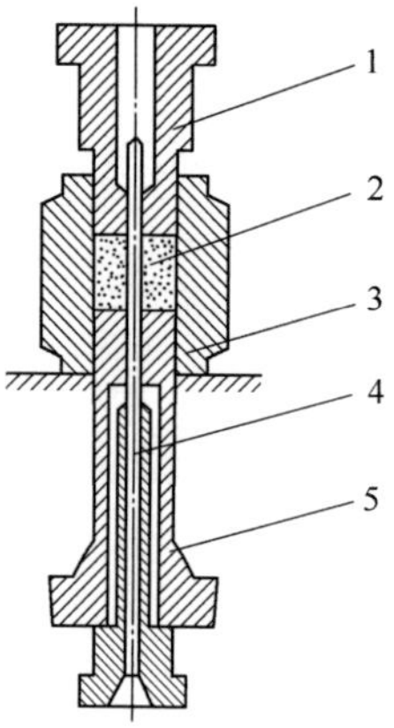

图 4－16　扩焰药压制

1—上冲头；2—扩焰药；3—固定模；4—针；5—下冲头。

压制出来的药柱不允许有潮湿痕迹、边缘崩落、裂纹和杂质等疵病，检验合格即可用于装配。装配时将药柱密度小的一端朝向延期药，使其容易点燃；密度大的一端通向雷管，使输出能量最大。

4.2.5　影响压药质量的因素

1. 压药模具的影响

压药模具有两种结构形式，即单动压药模具（图 4－17）和双动压药模具（图 4－18）。单动压药模具压药时，底座不动，冲头向下压药；压力在被压的火药内的传播不均匀，冲头下面的药层密度最大，而底座上面的密度最小。这种模具适合于压制引燃药柱和扩焰药柱。双动压药模具压出的药柱密度比较均匀，最小密度约位于药柱的中间，适合于压制延期药。

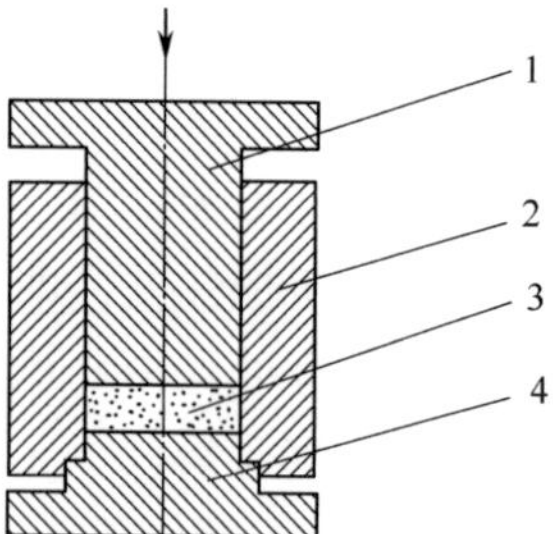

图 4－17　单动压药模具

1—冲头；2—阴模；3—药；4—底座。

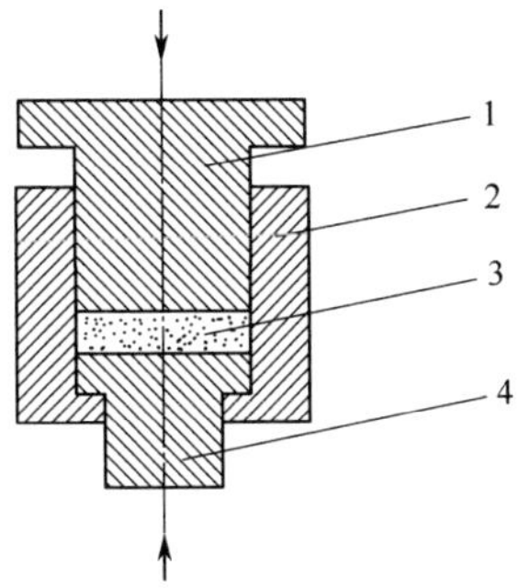

图 4-18 双动压药模具
1—上冲头；2—阴模；3—药；4—下冲头。

2. 压药压力和持压时间

压药压力和持压时间直接影响延期药柱的密度和密度分布均匀性，从而影响药柱的延期时间和机械强度。压力太小，不能保证药柱呈平行层稳定燃烧；压力太大，密度就过大，可能导致点不燃，或者压药时使药管壳变形甚至胀裂。持压时间太短，药柱密度的分布就不均匀，使延期时间的散布增大；持压时间太长，生产效率低。合适的压药压力和持压时间，应根据实践来定，并可参考有关手册。

3. 压药密度

对黑火药来说：压药密度增大时，燃速减小，热感度降低；压药密度小时，燃速增大，热感度提高。所以，用作延期药的黑火药：当压药密度太小时，药柱就不能进行平行层稳定燃速，因而起不到准确的延期作用，也不能保证药柱有一定的机械强度；当压药密度太大时，又有可能“压死”，即不能点燃。黑火药压药密度为 $1.72 \sim 1.96 g/cm^3$。

对微烟药来说，密度较小时，延期时间随密度增加而增加。因密度较小时，药剂的空隙较大，燃烧时较热的气体要向前扩散，从而加快药剂的反应速度；随着药剂的密度增加，空隙逐渐变小，燃烧反应速度慢慢降低。但是，当密度增加到一定值时，药粒之间更靠近了，因而加快了药粒之间的热传导作用，使燃烧速度反而增加，延期时间减小。所以用改变压药密度的方法（用改变压药压力的方法），也可以调整延期时间。

4.3 传爆药元件压制

4.3.1 传爆药元件概述

引信中的传爆药元件有导爆药柱和传爆药柱两种。这两种药柱若采用容易压制的特屈儿，药柱的机械强度较高。但特屈儿毒性较大，压药时易起尘，而且压药密度不能大于1.65g/cm^3，因此已逐渐被钝化黑索今、泰安和钝化泰安所代替。钝化黑索今和钝化泰安与特屈儿相比，具有爆速高、热安定性好等优点。钝化黑索今的机械强度低，不宜用于承受高膛压的引信中。

传爆药元件有的直接把药压入传爆管或导爆管壳中，也有的预先压好药柱，再装入管壳内，装时用虫胶漆或石蜡黏结。

导爆药柱和传爆药柱都是用猛炸药制成的爆炸元件，其作用是放大和传递爆轰能量。对导爆药柱和传爆药柱的基本要求是起爆准确、传爆可靠、机械强度足够、化学性能稳定。

4.3.2 导爆药柱压制

导爆药柱能将雷管产生的爆轰放大后传给传爆管，一般装在雷管和传爆管之间的隔板孔中，有带壳和不带壳的两种结构形式，如图4－7所示。

带壳的导爆药柱是将猛炸药直接压在金属管壳内，或者预先压成药柱后再装入管壳而组成的独立的元件，叫作导爆管。导爆管有翻边型的（图4－19（a））和收口型的（图4－19（b））两种。翻边型的是在输出端翻边，药柱敞开；收口型的是在输入端加金属盖片，收口封闭。

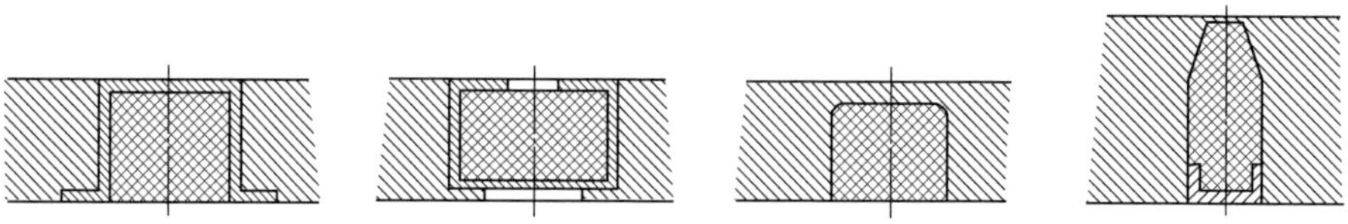

图4－19　导爆药柱的结构形式

（a）翻边型；（b）收口型；（c）在隔板孔中压药；（d）导爆药柱输入端直径小于雷管直径。

不带壳的导爆药柱是将猛炸药预先压成药柱装入隔板孔内（用黏结剂固定），或直接在隔板孔中压药（图4－19（c））。

导爆药柱一般为圆柱体，其高度和直径要根据上、下级爆炸元件的性能和尺寸以及隔板机构的结构来确定。从可靠传爆来考虑，输入端直径以略大于雷管直径为宜，输出端直径最好与传爆管的直径不要相差太大。有时为了保证隔离安全，可采用图4－19（d）所示的形式，输入端直径可小于雷管直径。导爆药柱的高度取决于隔板的厚度。在一般情况下，高度与直径之比应接近于1:1。隔板用铝合金等强度较低的材料制造时，高度应大于直径。

导爆药柱曾广泛使用钝化黑索今、泰安，目前一般使用的导爆药柱有聚黑－14、聚黑－6、聚奥－9、聚奥－10和钝黑－5等。导爆药柱密度一般为

1.5～1.65g/cm³。确定药柱密度的原则是既要保证药柱易于被雷管起爆，又要保证药柱能可靠地起爆传爆管。导爆药柱的装药量由药柱的尺寸和密度来决定。

特屈儿导爆药，压制前应在40～45℃温度下烘2h，压制时用定容黄铜勺量取（药量定时用天平校对）。图4－20为一种不带壳的导爆药柱压制。压药的压力一般为700～1400kg/cm²，密度为1.5～1.6g/cm³。钝化黑索今的密度以大于1.6g/cm³为好。压好的药柱不允许有裂纹、崩落和杂质。药面不允许高出孔端面，部件的镀层不许碰伤和变质。

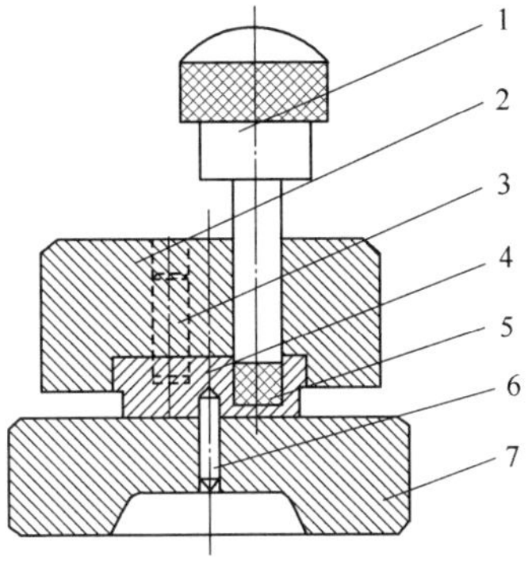

图4－20 导爆药柱压制

1—冲头；2—导引模；3—定位销；4—轴座；5—导爆药柱；6—轴；7—底座。

4.3.3 传爆药柱压制

传爆管是爆炸序列最后的一个爆炸元件，其作用是将导爆药柱或雷管的爆轰能量放大，以便主装药完全起爆。传爆管的典型结构如图4－21所示。

装药品种和装药密度的选择原则是传爆药柱的爆速应大于主装药的临界爆速，以便主装药被起爆时能迅速达到稳定爆轰。这就要求选择爆速较高的炸药制成传爆药柱。装药密度，从提高爆速和机械强度角度来说大一些好，但从提高感度角度来说小一些好，所以选择装药密度时应予以兼顾。不同品种的炸药，有不同的装药密度。引信传爆药柱装药密度一般为1.5～1.65g/cm³。

药柱高度在其有效高度范围内增大时，爆轰输出增加，起爆能力增强。当传爆药柱高度大于其有效高度时，起爆能力不再增加。

当传爆药量一定时，在传爆药柱的高度与直径的一定比值范围内，增加药柱直径可以使起爆能力增大。这是因为传爆药柱直径增大，使被激发装药的起爆面积增大，同时使其径向膨胀的能量损失相对减小。因此，当传爆药量一定时，在保证高度获得一定爆速的情况下，应适当增大药柱直径，以提高轴向起爆能力。这就是引信中大多数传爆药柱为扁平状的原因之一。当传爆药柱的径向尺寸受到限制而又需要增大传爆药柱输入端的起爆面积时，药柱也可以做成凹窝形，如图4－20（a）所示。传爆管所需的装药量由药柱的形状尺寸及装药密度确定。

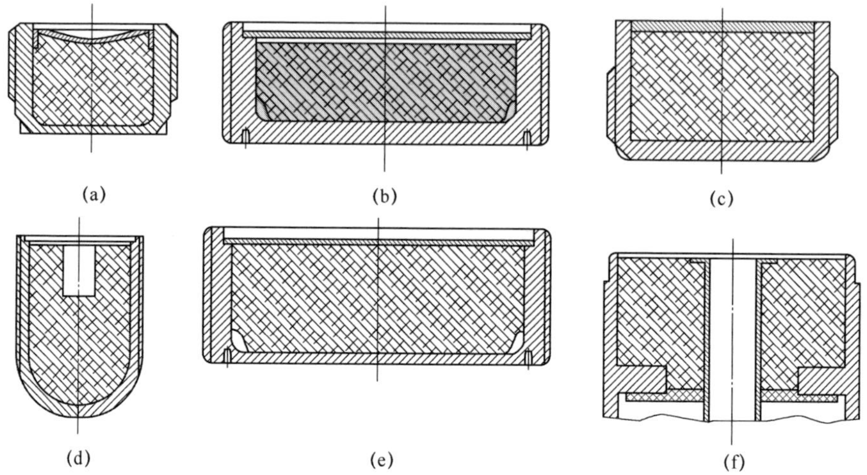

图4－21　传爆管的典型结构

传爆药柱的压制除需严格控制药量外，还应控制压药密度。不同品种的炸药，有不同的装药密度。引信传爆药柱常用的猛炸药的装药密度见表4－1。

表4－1　引信传爆药柱常用的猛炸药的装药密度

炸药品种	泰安	钝化泰安	黑索今	钝化黑索今	特屈儿
药柱密度/（g/cm^3）	1.5～1.65	1.55～1.7	1.5～1.65	1.5～1.6	1.5～1.6

用于压制传爆药柱的猛炸药须经筛选，筛去杂物，模具要经常用涂蜡纱布擦净，防止脏物压入药柱内。为了除去工作过程中产生的药灰，工作地点应有良好的抽风设备。压药工作危险性较大，需采取可靠的安全措施。一般在抗爆间室内压制，实现人机隔离，保证人员安全。

4.3.4　典型药柱压制生产线

药柱压制是引信装配装药中最为危险的工序，其压制过程要求人机隔离且设在独立的抗爆间室内。图4－22为传爆药柱压制生产间布置，黑索今的暂存、称量设在独立间室内，药柱压制在抗爆间室内，通过上料区的自动上料线自动上料。

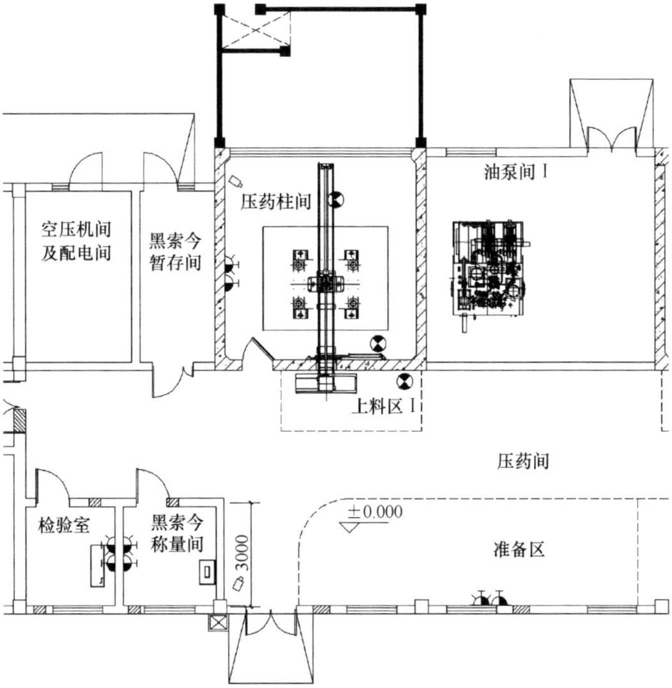

图4－22 传爆药柱压制生产间布置

4.4 系统装配

4.4.1 系统装配概述

引信系统装配是指按规定的技术要求，将组成引信的若干元部件，通过人工或机器装配的方式，组装成具有预定功能的产成品的过程。我国引信系统装配用设备和工艺条件基本上还是20世纪50年代苏联的规格和技术。虽然经过自身技术发展和从发达国家引进部分先进技术设备及生产线，对生产水平有一定提高，但从总体上看，多数工艺设备陈旧、生产工艺落后、工艺参数人为控制较多。目前采用较多的仍是大量人工并辅以少量专用设备进行生产，且所使用的专用设备都较为简易，造成产品质量一致性较差、生产本质安全度低，生产安全得不到有效保障。

4.4.2 系统装配中可能出现的问题

系统装配中可能出现的问题如下：

（1）多装或少装零件。多装或少装零件会直接影响产品可靠作用或勤务处理及使用安全。为防止多装或少装零件，在引信装配中，各种零件特别是性能件要严格检查。分清零件数并小批投入装配工序。每装一小批，就检查所装成品或部件的数量，装配前与装配后的数量务必相符，然后再投入另一小批。若发现数字不符，就在该段时间内装的一小批产品中查找。

引信的结构要适应于能够防止多装或少装零件；同时，装配好的部件要易于检验出是否多装或少装零件。

（2）错装零件。形状相似的零件容易装错，有的零件容易装反或装倒。如火帽与离心销，尺寸相差不多的钢珠、弹簧等，很容易装错。又如，有的离心滑块容易装反，火帽、延期药柱等容易装倒。为此，在装配时可采用特殊标志的办法，以便于识别，如着色等。但最好在结构设计时就采用可以防止错装、反装、倒装的结构。

（3）零件结合不牢产生松动。要求固定的零件不应在规定的条件下发生松动或脱落。如击针与击针杆的结合、齿轴与轮片的结合等，要从工艺上保证牢固。对重要的连接件，要进行连接强度或扭矩检验。

（4）零件碰伤。装配时，零部件要轻拿轻放，严禁碰撞造成碰钝、碰毛。送入作业线的零部件一般摆入盛器的空穴内，并利用盛器在作业线上传送。装一个取一个，不得用手一次抓几件。装好的部件或产品也要摆盘，排放要整齐，不能堆积，避免碰撞。

点铆处防腐层被碰坏时要补漆。装配中容易被工具碰伤的部位要加上盖板或模板，防止碰伤。例如，钟表引信在安装摆轴座上的螺钉时容易碰伤游丝，所以在装配螺钉时就用盖板罩起来，只露出螺钉的部位。

（5）引信不密封。引信的密封主要从结构上解决。外露零件的接缝处一般绕丝线、加密封圈（塑料、皮革、铅）和涂油漆等。整个引信应浸漆或采用密封包装。出现不密封的主要原因：连接零件本身松动；绕丝线露头和不匀密；涂漆不均匀；涂的封口漆有气泡等。

4.4.3 系统总装配

由于引信产品一般需求量较大，产品结构相似，产品装配过程中可以分解为小的操作工序，采用自动化装配技术难度较大，因此，引信总装配一般采用手工装配的方式。但是，个别危险性较高的工序采用半自动化装配的方式，以降低装配过程对装配人员的危害，提高生产线的本质安全度。系统总装配的工艺流程及其生产线布局参见 2.2 节。

5

第5章 引信电子组件装配

5.1 电子组件装配概述

电子组装是将一定数量的电子和非电子元件（螺钉、载板等）装配到一起，以实现某一功能的装配过程。每一个组件都是一个独立的生产项目，均遵循自身的工艺流程，并依靠特定设备工具来生产的。例如，插入装配式印制电路板的制造和表面装配式印制电路板的制造能共用相同的设备，然而，它们确是使用不同的器材和工艺进行组装的。两类印制电路板通用一个取放设备进行板上装配，但是插装板通常用波峰焊系统进行组装，而表面装配板则是在一个气相或红外加热炉使用焊膏或厚镀锡回流焊。

通常，电子产品装配可分为以下级别：

(1) 元件级组装：主要是指电路元器件、集成电路的组装，是组装中的最低级别。对于引信来说，元件级组装主要是指各种元器件组件、芯片组件部件等的封装装配。

(2) 插件级组装：即通常的 PCB 组件制造，主要是指组装有元器件的印制电路板或插件板等。对于引信来说，插件级组装主要指采用插装、贴装（片式组件表面安装）等工艺，进行 PCB 部件的组装装配。

(3) 系统级组装：是将插件级组装件，通过连接器、电线电缆等组装成具有一定功能的完整的电子产品设备。对于引信来说，系统级组装主要是指采用铆装、螺装、黏结、焊接等工艺，通过连接器、电线、其他机械机构与 PCB 组件组装成具有独立完整功能的引信电子部件的过程。

电子部件装配是电子引信系统装配的一个重要环节。由于我国引信装配模式源于苏联，专业分工较细，专业引信厂主要进行的是系统级的引信总装以及少量的电子部件级装配（如果需要），元件级组装和部分部件级装配由专门的协作配套厂完成。因此，对于专业引信厂来说，引信电子组件组装是指插件级组装，即将一定数量的芯片、电阻、电容等元器件和 PCB 组装成具有一定功能的组件的过程。但从引信产品装配的全过程来说，广义上的引信电子组件装配应包含按照电路图将裸芯片、陶瓷等物质制造成芯片、元件、板卡、电路板，并最终组装成引信用的一个功能组件的全过程。

5.2　典型封装体系结构

单芯片封装广义上分为塑料封装、陶瓷封装和金属封装，封装形式取决于壳体使用的材料类型。图 5－1 示意了典型塑料包封单芯片封装剖面，它是最简单的元件封装形式之一。

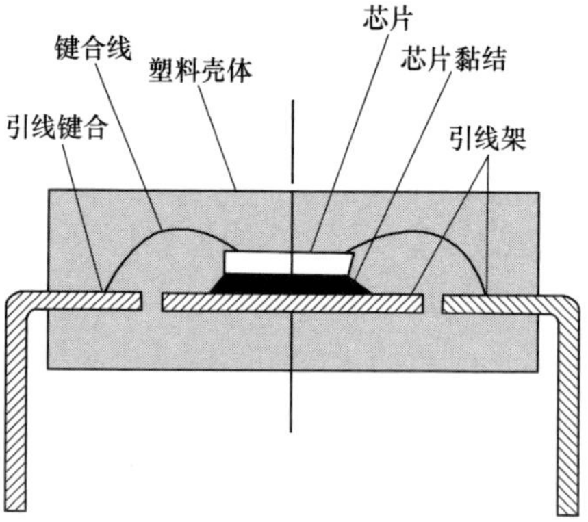

图 5－1　典型塑料包封单芯片封装剖面

图 5－2（a）～（c）图解示例说明了另外三种封装形式。陶瓷封装通常有一个基板，芯片使用黏结方法固定在基板上面。芯片周边有导体焊盘，引线的一端（或其他连接方式）键合在导体焊盘的上面。引线的另一端键合到封装引线上，这构成了封装的基本输入/输出接口。引线密封用来填补引线与封装壳体之间的缝隙。外壳盖板固定在能安装盖板的壳体上。表 5－1 列出了用于不同封装元件的常用材料。

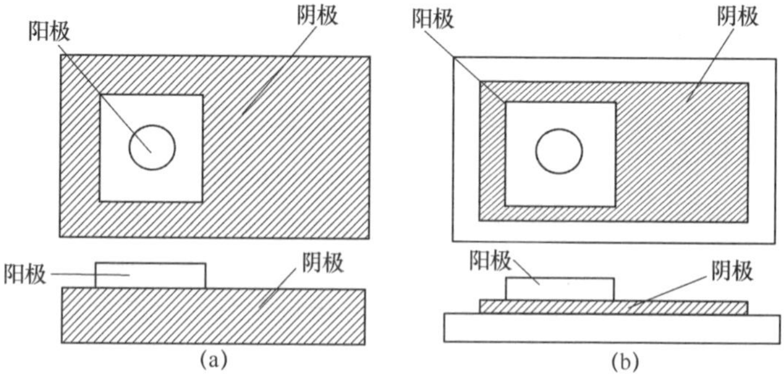

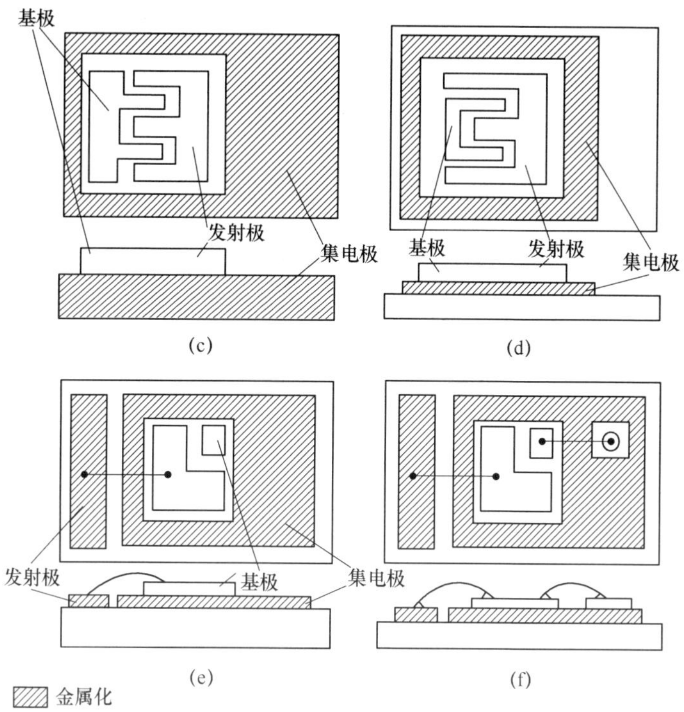

图5-2 芯片组件示例

（a）金属载片二极管；（b）陶瓷载片二极管；（c）金属载片晶体管；
（d）陶瓷载片晶体管；（e）具有键合发射极的陶瓷载片晶体管；
（f）基极连接到阳极和集电极连接到阴极的陶瓷载片二极管与晶体管。

表5-1 用于不同封装元件的常用材料

封装元件	材料
芯片载体和基板	陶瓷：氧化铝、氧化铍、碳化硅、氮化硅、镁橄榄石 金属：钼、铜-钨合金、钨、可伐合金、不锈钢
半导体芯片	硅、锗、碳化硅、砷化镓、硫化镉、锑化铟、硫化铅
芯片黏结	硅树脂、聚亚胺酯、丙烯、环氧酚醛、环氧酚醛树脂、环氧聚酰胺、焊接剂
键合线	金和铝
引线	铁-镍-钴（可伐）合金
引线密封	玻璃
盖板	同芯片载体材料
盖板密封	熔焊，硬钎焊和软钎焊材料
包封	硅树脂、环氧树脂、聚酰亚胺、聚酰胺、聚亚胺酯、碳氟化合物、丙烯、酞酸二烯丙酯、聚氯乙烯、聚对二甲苯

5.3 基本部件

5.3.1 芯片组件

芯片组件是最简单的组件，由裸晶粒构成，如晶体管或二极管，固定在具有导电表面的载片上。图5-2示例说明了典型的芯片组件。芯片组件固定在有保护性涂层（在商业应用中）的基板上，或固定在放入气密封装壳体或混合电路（在军事应用中）中的基板上。制造自己的组件有以下优点：

(1) 芯片组件仅比芯片自身稍微大一些，这使它们比分立封装或密封二极管或晶体管要小得多。尽管直接装配在更高层次组件的基板（一般应用混合装配）上将会进一步降低能利用的尺寸，但在把它们装配到更为昂贵的、更高层次的组件之前，固定在载片上的芯片可以进行功能测试。

(2) 预测试芯片组件适用于生产产量较小的芯片（如专用集成电路(ASIC)）、大功率芯片（如场效应晶体管（FET）），或者当因功能需要而必须集成芯片时。

(3) 载片使芯片返修更容易些，这是因为在芯片组件片内是通过载片支撑起来的。为了替换芯片，必须把基板加热到使固定芯片的焊剂流动或环氧树脂软化。接着，把芯片从基板中吸出。大多数芯片是厚度小于300μm的硅片，很容易碎。必须仔细清除，以免损坏临近的元件。

1. 芯片组件材料

考虑到适于装配或引线键合，芯片组件通常使用的载片是金属化陶瓷或金属。金属载片具有与芯片组件底板同样的电气性能。因而，在其上装配晶体管的载片成为集电极，允许底板I/O被连接进入芯片底板或载片顶部。在硅片和装配硅片的陶瓷基板之间，大多数普通金属平台、可伐合金和钼都有高的热导率和热膨胀系数（CET）。为保证有抗腐蚀金属层，金属载片首先电镀一层厚度2.54~7.62μm的镍；为满足引线键合和可焊性，再电镀一层厚度1.27~3.81μm的金。如果使用铝丝线键合，推荐最小镀金层厚度为2.54μm。

当芯片组件底板为惰性时，则采用陶瓷载片。当晶体管贴装在陶瓷载片上时，表面金属化的载片就成为集电极。陶瓷载片用厚膜金合金或薄膜镀金属进行金属化处理。如果使用96%的氧化铝，陶瓷基板用激光钻出所需平台尺寸的孔阵列，这叫作快速分离基片。印制厚膜，然后烧结到分离基片上，在片孔内形成一个键合焊盘阵列。当基片快速分离后，就形成了单个载片。如果芯片组件用绝缘环氧树脂固定，可以用金属化处理以满足焊接固定，快速分离基片的背面可以是裸陶瓷。如果需要薄膜镀金属，就使用99%氧化铝基板，它有一个基础金属，如铬、钛、钨或铜，沉积在基板上。然后，像金属载片一样，在基板镀上镍－金。电镀后，基板用金刚石锯锯成所需尺寸的载片。如果需要提供高热导率，则需要使用氧化铍载片和薄膜方法进行金属化处理。这是因为对于氧化铍，厚膜不能提供良好的黏附性。

2. **芯片装配工艺**

通过使用焊剂或者共晶装配，芯片固定到载片上。图5－3为某种焊剂共晶合金相图。相图：横轴给出了合金的成分；纵轴表示温度。液相线示出了给定成分焊剂完全熔化或者在液体状态下的温度。固相线示出了给定成分焊剂将晶体化或完全固体化时的温度。液相线和固相线之间的区域表示给定成分焊剂的塑性区（或称为液、固状态共存区）。也就是说，对于给定成分焊剂，由于温度增加：当温度达到固相线时，它就开始熔化；当温度达到液相线时，它就完全熔化。共晶是在固相线和液相线相交处的点上。共晶合金是在某一温度下从固体变成液体（确切地说，共晶合金没有塑性区），它是具有最低熔点的合成物。共晶装配是使用一个共晶合金黏附芯片。这种方法劳动强度较大，在研磨或者洗涤、加工过程中很容易损坏芯片。

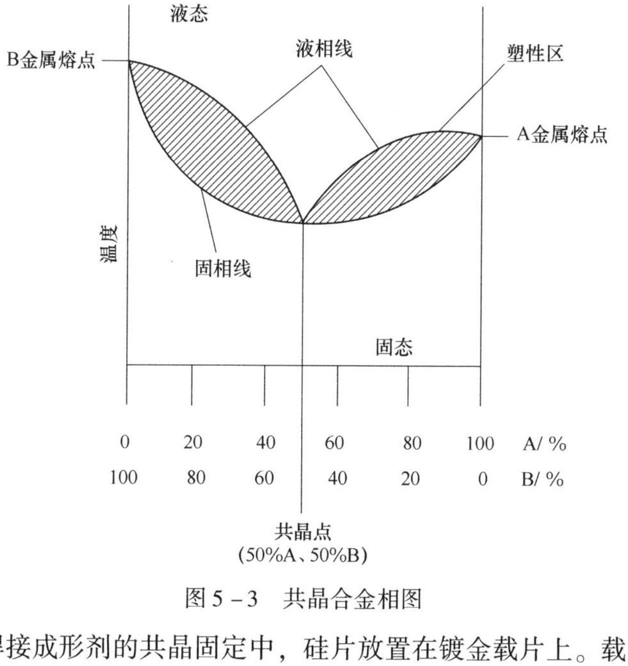

图5－3　共晶合金相图

在没有焊接成形剂的共晶固定中，硅片放置在镀金载片上。载片放置在一个芯片键合位的加热板上。干氮气吹入芯片装配区（整个过程也可以在充满干氮气的环境舱内进行）。载片和芯片的温度为400～420℃（比金硅共晶点高20～40℃）。芯片来回轻轻擦涂镀金，一直到金和硅熔合在一起形成共晶合金。在这一点上，芯片共晶键合到载片上。

使用预成形的共晶装配，是最常用的芯片装配方法，它要求使用共晶合金成形焊剂。选择合金的依据：①基板和芯片底板的金属化；②所需的回流温度；③金属间化合物构成（影响元件的长期可靠性）。例如，80/20 金－锡合金的共晶点为 280℃。没有回流焊芯片装配的温度远高于使用共晶铅－锡（63/37 铅－锡合金，它的回流温度为 183℃）的表面装配基板，但是它低于其他一些常用的金共晶体的共晶点温度；这要求限制芯片暴露在极限温度下的温度或时间。这类合金在常用的基板镀金和芯片底板扩散金上都有良好的润湿性。然而，易于在相对低温度下形成的金－锡金属间化合物非常易碎，能导致机械断裂失效。银共晶体不易碎，但银能迁移，这会引起电阻率随着时间有小的改变。银还有更严重的腐蚀性问题。

选择合金后，用切割机冲模冲制预成形件，或使用剪切刀简单地把合金箔片裁剪成预成形件。预成形件放置在芯片和装配基板之间，使用前述的共晶法装配芯片。

对于大量生产，应使用焙烧装配或者无助焊剂回流焊。芯片和成形焊料放置在载片或基板上，送入充满混合气体（5% 氢和 95% 氮）的熔炉中。混合气体提供还原气层，当产生湿气时，可以预防腐蚀和污染物。工业用熔炉通常有 3～9 个加热区，每个加热区都能编程维持一个特定的气流和温度。零件通过输送带以设定的速度通过熔炉。气流、输送带速度和加热区温度综合决定零件将要达到的温度。在许多零件上安装一个热电偶，并让这些零件通过熔炉，这样就确定了温度。某连接器装配温度剖面如图 5－4 所示。

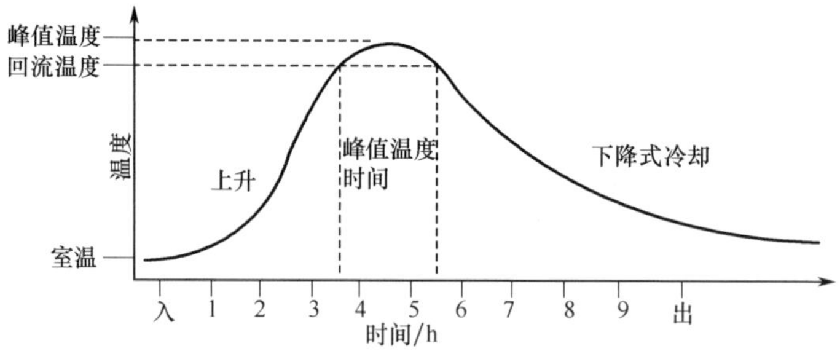

图 5－4　某连接器装配温度剖面

3. 互连

使用丝线键合实现芯片组件互连是最常用的方法。标准丝线是直径 17.78μm 或 25.4μm 的金丝线。当要求较高的载流能力时，则使用直径 127～254μm 的铝丝线，而避免使用昂贵的较大直径的金丝线。

金丝线键合采用热压键合或热超声波键合方法。在这两种方法中，丝线通过一个毛细管注入。加热熔化丝线，在丝线端部形成一个球。球被热压到芯片上的键合点，形成热超声波球形键合，当丝线在超声波频率上振动时施用热和压力。丝线穿过毛细管，在基板上的键合焊盘上面拉成弓形。毛细管使用压力或摩擦使丝线进入基板上金属化的键合焊盘，形成针脚形。然后扯断丝线，留下一个尾丝。图5-5（a）说明了一个球形键合的形成步骤。

热键合方法不能用于铝引线键合。当金（基板金属化）和铝（丝线）放在一起并施用充分加热时，就形成了金-铝金属间化合物。这些脆性的金属间化合物极大地削弱了引线键合的强度，因此，铝引线键合须使用超声波键合技术。超声波技术与热超声波方法相似，但是它是在室温下完成的。因为没有加热，所以没有球形成。引线键合两端是针脚式的。因为这些针脚呈楔形，所以也叫楔形键合。图5-5（b）描述了一个楔形键合的形成过程。

拉力测试是键合测试的一通用标准测试，在测试中，一直拉引线，直到失效为止。失效类型记录成文件（球焊脱落、线环断裂、楔焊根部断裂等），同时记录失效发生时力的大小。对于非破坏性拉力测试，每根引线用指定拉力的大小。如果引线键合没有拉断或失效，元件就通过测试。

4. 引信上的应用说明

由于引信尺寸和内部空间的限制，通常需要最大限度地降低重量、面积和体积，同时有高的可靠性，这就要求电子组件既要保证一定的性能，又要保证体积小、重量轻，以便装入引信体内。应用分立封装较少，这是因为会增加额外的体积和重量。尽管成本较高，但为了满足系统尺寸的限制，多采用混合电路等裸片组件。

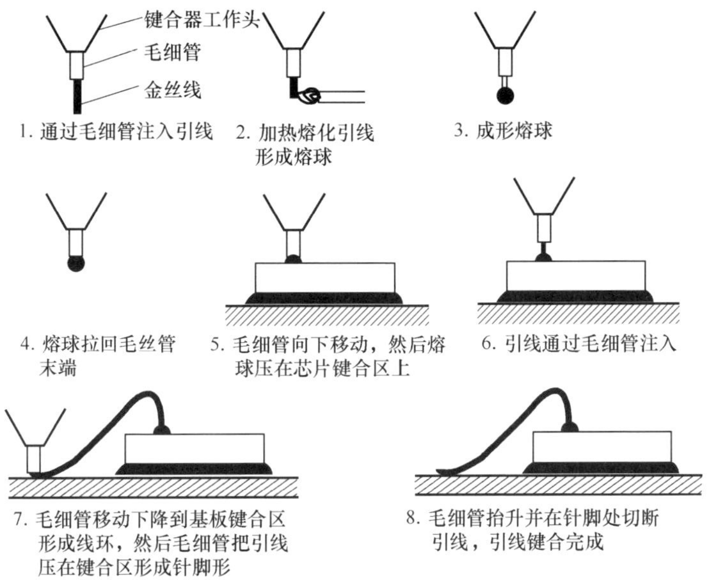

(a)

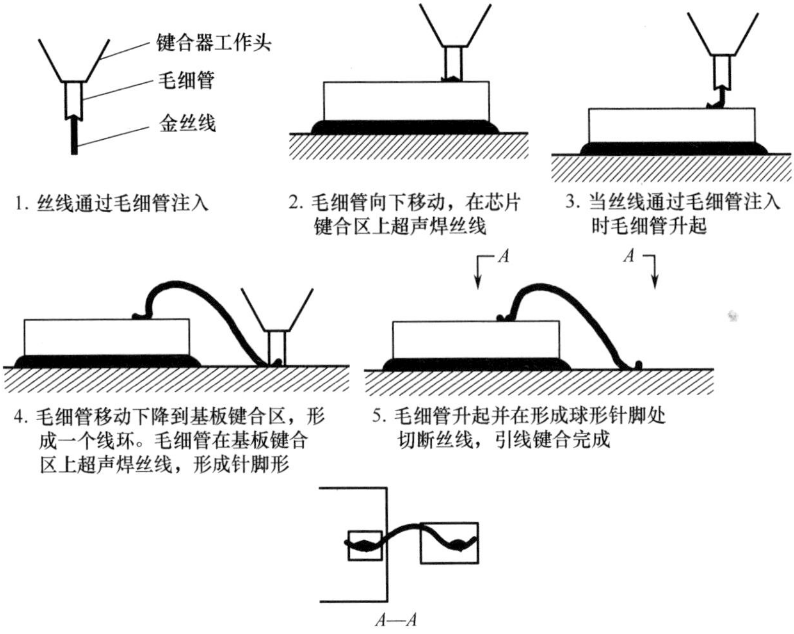

(b)

图 5－5　键合形成示例

（a）球形键合；（b）楔形键合。

5.3.2　电容器组件

电容器一般应用于电子系统中的整流和作为电子组件的储能元件。供电器大部分由电容器组成；供电器必须为整个系统提供必要的能量和能量的控制调节。在大功率应用中，需要高容量电容器来保证设备运行。大多数情况下，为了得到必要的容量，需并联使用数个电容。

扁平多联电容器并行固定放置在板子上会占用板子的大量空间，而电容器组组件是解决这个问题的最好选择。为制造一个电容器组，电容器连续并排式放置。电容体用绝缘环氧树脂黏结在一起，以防止任何一个电容的端电极短路。电容器组一侧用导电环氧树脂或低温焊料（如 60/40 锡－铅或共晶锡－铅）把电容端电极黏结在一起。在一些应用中，需要不同电容器组端电极之间电隔离。

5.3.3　微波和射频组件

微波元件相对于其他元件的位置、方向以及距离会对设备电磁场有更大影响，从而在与微波应用相关联的运行频率上影响系统功能。相对于射频，信号速度是非常快的。信号或电流沿着金属表面传播。如果传播路径太长，将会削弱信号传播速度。因而，当信号速度是首要问题时，必须通过降低电阻来缩短信号线路长度。使用高电导率材料制作信号线路，或使用高电导率芯片粘贴材料，或缩短线路的物理长度，都能降低阻抗。在一些极端情况下，通过设计，满足运行上升时间要求的唯一结构是元件在彼此之上堆叠。另一种情况下，通过给芯片组件增加金属隔板或把隔板集成到模块架上进行电磁干扰屏蔽。

正如元件布置影响电磁场一样，引线键合结构也会影响电磁场。引线键合在连接点间形成一个弓形线圈，这个线圈会产生如感应线圈一样的效果。能产生附加电感和电容的弓形线圈会改变电路设计的功能。因此，在微波应用中，通常使用带状键合。带状键合不是弓形的，应用时不会增加不必要的感应电感。通过沿着连接通路定位搭焊线带，或者通过在多位置上熔焊或使用导电环氧树脂黏结，潜在自感应能进一步被限制。焊接吹管把线带分成两半，并分别连接到芯片和基板金属上。

微波组件高度专用化，同时对使用它们的设备有独特的电气要求。图5－6为微波子组件示例。

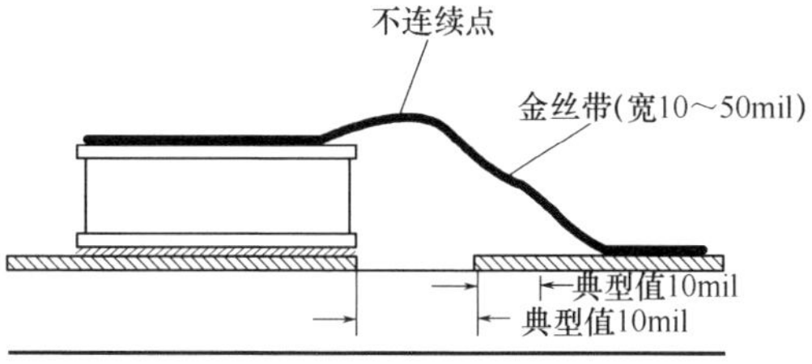

(a)

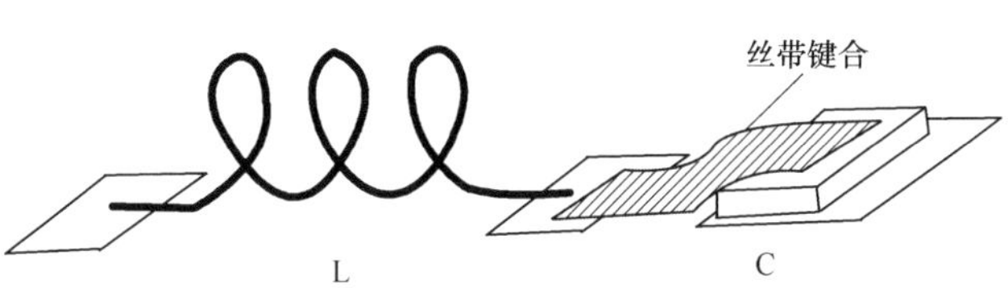

(b)

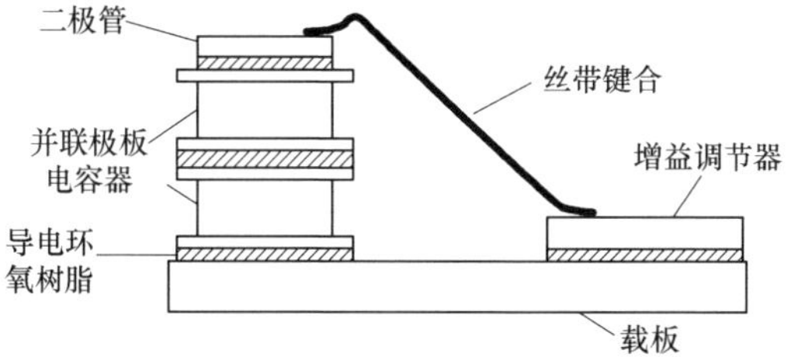

(c)

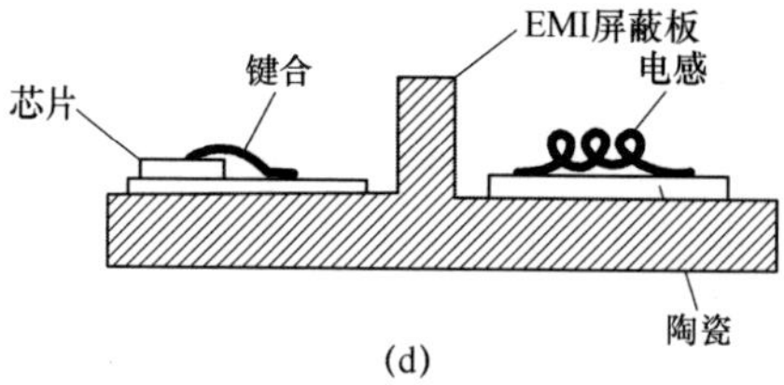

(d)

图 5-6 微波子组件示例（1mil = 25.4μm）

5.3.4 应用说明

由于引信尺寸和内部空间的限制，通常需要最大限度地降低重量、面积和体积。当空间尺寸受限时，就可以应用基本组件，基本组件通常由简单的分立功能组成。芯片组件经常仅有一个二极管或晶体管。一个电容器组由几个电容器组合在一起构成一个组件，这在功能上相当于电容值与其相等的一个大电容器。需要基本组件的特别依据：如果设计要求在大功率场效应晶体管下的散热较好，使用氧化铍载片的芯片组件可以解决这个问题；如果要求快速上升时间，堆叠元件是很好的解决方案。这些基本组件能预先以单个产品形式进行制造或采购，或者作为一个高组合件的一个集成零件进行制造，如混合电路。

5.4 芯片载体部件

芯片载体是支撑单个芯片的塑料或陶瓷外壳。制造芯片载体的装配工艺与制造塑料芯片载体的双列直插式封装（DIP）或陶瓷芯片载体的陶瓷扁平封装的工艺非常相似。

5.4.1 塑料芯片载体制造

塑料芯片载体制造：首先把一个引线架模板冲压或蚀刻成金属薄板，有代表性的金属薄板是镀镍和镀金的可伐合金；然后芯片和引线键合相应地用环氧树脂固定在引线架中央；最后把带有芯片和引线键合的引线架封装到塑料模具（塑料芯片载体应用较多）内。伸出封装体的引线有翼形端子或 DIP 结构，或者制作成 J 形（J 形引脚芯片载体）。有几种成形技术可提供用于塑料封装的包封。使用最广泛的是转移成形、射出成形和反应射出成形。

1. 转移成形工艺

在转移成形中，将混合物预热到设定温度（典型温度为 90 ~ 95℃，时间为20～40s）后，注射头把铸模混合物压入模子型腔内。然后，铸模混合物被挤入转移模塑机预热填料室，填料室的铸孔温度保持170～175℃。转移模塑头挤压，把软化的铸模混合物挤压成形。黏滞的成形混合物流动覆盖芯片、引线键合和引线架，形成密封封装器件。

有两种基本的模具：穴槽式模具（有起模杆、输送道、浇口和排气口的组合模设计）和活板式模具。活板式模具是为包封微电子封装而特殊设计的，由一系列堆积式承载板组合而成。通过两个活板内的切口形成封装体壁。流道系统在活板上的板子内。型体表面上方是表面精整板。在无须微处理器控制的标准压力中，通过调节流过速度控制阀的封装压力来控制转移压力。一旦充满模具，转移压力便达到封装压力，这是因为流过控制阀的流量减慢到停止。

在随后的成形工艺中，170～180℃的大烤箱中封装放置4～8h进行二次硬化，使成形混合物完成完全转化。然后使用气动方式或溶剂除毛刺机对封装去毛刺（毛刺是误流入引线架上的成形混合物）。整修和成形（弯曲成形）引线，最后进行浸锡和电镀处理，以利于焊接件焊接到电路板上。

2. 射出成形工艺

射出成形工艺是为热塑性材料而开发的。在这个工艺中，塑料是以小颗粒的形式从进料斗进入一个螺杆，螺杆向前推动原料通过几个加热区。当传送塑料时，它被加热到高度黏性的液体状态，到达前区后完全熔化，并除气、干燥、加压。螺杆的行程在每个加热区都会有所不同。当积聚足够的熔化物后，螺杆如活塞一样向前压，挤压熔化物穿过一管嘴，沿着输送道进入模腔。在模腔内尽可能快地冷却凝固塑料，一般使用冷却水冷却。塑料去热有时间限制，这个限制因素决定整个循环时间，时间为数秒至数分钟。在这个过程中，热塑成形材料没有完全改变，因此，熔渣、浇口和零件废料可以重新研磨，与新料混合再使用。

因为工艺完全自动化和非常短的循环时间，射出成形零件在成本上非常低。然而，模具非常复杂，必须能经受高压，同时非常昂贵。生产时必须考虑模具成本和安装费用的合理性。

3. 反应射出成形工艺

反应射出成形是典型的射出成形，常用来生产热固成形产品，通常是大尺寸产品。使用的原料是聚亚胺酯和聚酯树脂。活性液体成分分别准备，然后注入混合管，在混合管内完全混合。混合液体树脂再被挤入含有纤维丝网的热模内。反应射出成形零件像压铸零件一样的方式硬化。反应射出成形的优势是成本低和能制造大零件；劣势是材料选择的局限，低性能的物理性质和控制反应过程的困难。

5.4.2 陶瓷芯片载体设计与制造

陶瓷芯片载体是用钨金属化的共烧陶瓷制造的。有两种类型的陶瓷胚体可以利用，即都具有芯片腔体的单层金属化和双面金属化。单层金属化芯片载体可以是单层或多层。芯片装配区在中心，四周是引线键合区。键合区导通孔向下到达埋层，相对芯片载体边缘散开，或同时向上到达堡形盖子（单层）或同时向下到达焊接装配焊盘（多层）。在表面上，引线键合区四周是用于焊接装配圆顶形盖板（多层）或半球形罩玻璃（单层）的金属化环形框。

多层陶瓷芯片载体是在顶层切有窗口的共烧陶瓷层。当这些陶瓷层烧结在一起时，窗口形成一个空穴。芯片载体的底层形成封装底面。在下一层有一个小窗口，这个小窗口形成一个低位空腔，在这个空腔内装配芯片。具有稍微大一些窗口的第三层在芯片载体内形成引线键合衬垫。顶层沿窗口四周有金属化环，用于把盖板焊封到芯片载体上。图 5 -7 给出了多层芯片载体实例。

图 5 -7 多层芯片载体示例

芯片载体可使用上腔式或下腔式结构。上腔式结构中，腔体正对封装底部上的表面装配焊盘。也就是说，盖板装在封装的上面，封装底部朝下装配在电路板上。下腔式封装中，盖板在封装底部上，向下放置在电路板上。上腔式封装用于传统的装配结构，这种结构中的通路和路径都向下直接导向电路板。下腔式封装也可以容许通路直接向下导向电路板，但是导热通路是从电路板向上朝向封装顶部。这种设计有时在对流冷却系统中使用。

芯片载体可以使用不同的引线结构。无引线芯片载体有堡式结构。当制造芯片载体时，即使考虑了在烧结过程中瓷带的收缩，使用生瓷带制造的载体会比所需要的封装大。沿载体外周沿所有瓷带层冲切成孔，孔边沿用钨金属化处理。瓷带层片层压在一起后，预先焙烧过的层叠片切裁尺寸。生瓷带的外轮沿从孔中间处切断，这样在载体外周长就留下了均匀间距的半圆柱体。这些金属化的半圆形成了格体堡垒状。堡垒状提供了一个保证焊料流动的金属圆柱，这样在表面装配加工过程中形成焊接圆角。图5－8给出了装配在PCB子上的无引线芯片载体，图中堡垒状内已经形成了焊接圆角。图5－9给出装配在PCB上的翼形引线芯片载体，同样装配在一个板子上，已经钎焊的引线是标准的鸥翼形引线形式。引线已成形向下与板子成阶梯状，这相当于提供了一个缓冲器。当板子温度波动时，芯片载体以与板子不同的膨胀率膨胀。弯曲的引线将会弯曲吸收载体与板子之间的热应力。

图5－8 装配在PCB上的无引线芯片载体（LCC）

图5－9 装配在PCB上的翼形引线芯片载体

引线芯片载体像无引线芯片载体一样制造，但多了附加工序，即外露钨金属化镀金后钎焊引线。镀镍或镀金的可伐合金引线应用如共晶铜－银合金这样的高温硬钎焊焊接上。引线可以以鸥翼形结构钎焊到封装顶端，也可以焊接到封装底部；为满足插入装配，也可以焊接到封装侧面；或为满足表面装配，以J形引线焊接到封装侧面。

5.4.3 针栅阵列封装

针栅阵列（PGA）封装是一种高引脚数芯片载体。在不增加芯片载体周长情况下，为了能提供更多引线数，封装底部 I/O 被设计成为一个焊盘阵列，而不是封装周沿单排 I/O。引线钎焊到焊盘阵列上的焊接凸点，这样就得到了适于在电路板上插入装配的一组引脚。同样，为获得高 I/O 引脚数，在 PGA 内通常使用适于引线键合的双凸点。既可以在上腔式结构中使用，也可以在下腔式结构中使用。

5.5 混合微电子部件

具有专有电子功能的混合微电子器件由通过一个基板装配或互连的两个或多个元件组成。基板是由带有金属化处理的信号线或印制线图形化的绝缘材料制造的。

混合微电子器件有许多称谓，如多电路封装、多芯片封装（MCP）、多电路混合封装（MHP）和功率混合封装（PHP，功率密度大于 $10W/in^2$ 的混合微电子器件）。一些微波混合微电子器件也称为集成微波组件（IMA）。混合微电子器件的基本特征是包含多种元件。

5.5.1 混合电路设计

印制电路板上的所有元件是单个封装并装配到电路板上。混合电路与印制电路板不同，它使用裸片，在单个密封壳体内封装在一起。给定一个原理图，并有所需元件的零件明细表，就能在印制电路板上安装单个封装元件和引线元件，印制电路板提供元件间的必要通路。同一个器件也能使用裸片、片状元件（如电容器）和厚膜电阻进行制作，这些元件装配到提供内部通路的多层陶瓷基板上；基板组件在气密金属封装内装配，构成混合电路。

混合电路能和芯片载体内的两个二极管一样简单，也可能和多通路放大器、稳流器或数/模（A/D）转换器一样复杂。混合电路可能是数字、模拟，或者是数字模拟结合。

在最常用的混合电路设计中，裸片和片状元件装配到多层陶瓷基板上。典型的混合电路基板是使用厚膜金属化的 96% 氧化铝加工而成；也可以应用生瓷带、共烧陶瓷和使用聚酰胺作为绝缘体的薄膜多层基板，这取决于设计要求。因为裸片是装配在基板上，所以必须封装或密封基板组件来保护裸片。基板组件或者装配在一个引线壳体内，或者是如图 5－10 所示包封在保护覆层内。

混合电路的优势是：极大地降低了体积、面积和重量；具有良好的热性能；增加了功能密度；增强了频率性能和提高了电气性能。它的劣势是增加了成本。

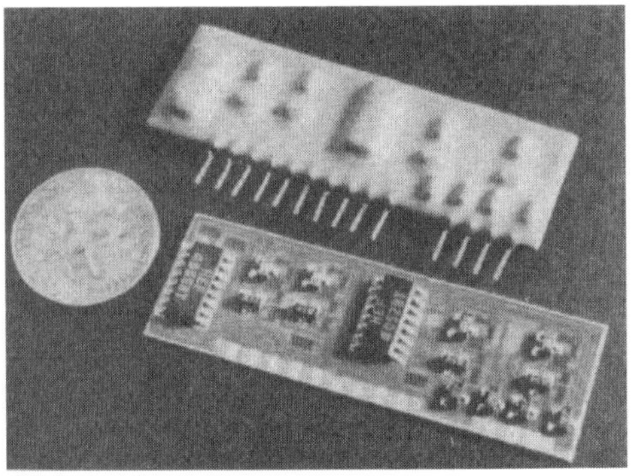

图5－10 包封的混合电路器件

尺寸减小的主要因素是消除了单个元件封装，允许裸片直接装配到基板上。元件能更紧凑地布置，元件间的互连更直接。混合电路上的芯片可以键合到基板，基板直接连接到其他芯片的引线键合焊盘，而不是把裸片键合到封装内部引线，通过绝缘子把信号传到外部引线（外部引线必须焊接到电路板上，再依次把信号传送到其他集装芯片的焊点上等）。因而，改善了电气性能和频率。

混合电路另一优点是消除了热界面。在印制电路板上，热的传递应是从芯片通过粘贴介质、芯片封装、封装引线和焊料最后经印制电路板到达一个热沉。在混合电路中，热是从芯片通过粘贴材料传递到基板和通过混合电路壳体传递到热沉的。混合电路不仅有较小的热界面，而且混合电路材料的热导率更高，能散发更多的热量。因而，热性能得到改善。

应用混合电路的劣势在于，成本以及从电气设计到成品的时间增加。有机印制电路板使用敷铜聚酰亚胺。混合电路使用敷金、银，或者敷金合金的陶瓷，成本都比较高。

无论是如二极管和晶体管一样的分立式，还是集成电路（IC），芯片都能以预封装或裸片两种形式进行采购。封装芯片有许多种类型：适用于表面装配的无引线芯片载体（LCC）、适用于插装的双列直插式封装（DIP）、适用于表面装配的塑料J形或鸥翼形芯片载体，或者通常用于晶体管封装的诸如三引线金属罐的罐封式芯片。所有封装式芯片都能设计成适合于印制线路板上装配。供应商封装芯片，然后测试和拣选。例如，就一个二极管而言，当还是晶片形态时，所有的裸片就进行探查；分拣测试分拣出二极管功能正常和不正常的芯片。封装完成后，在全功率运行条件下，对通过测试的二极管进行测试。然后，它们可以拣选分类成箱。例如，针对某个特殊的二极管，可以分装成三个不同的箱子：3V电压下工作的二极管；3～7V电压下工作的二极管；7～12V电压下工作的二极管。这些元件依据军用标准还要进行完全筛选，包括老化测试，以剔除任何早期失效。由于封装式芯片比裸片有更大的需求量，它们使用自动化技术进行大量生产，因此，它们的成本比裸片稍高。在某些情况下，裸片的成本甚至比同样芯片封装后的成本还高，这是因为增加了操作处理难度、静电放电（ESD）损坏以及良品率的下降（在封装之前，裸片不能进行完全测试和筛选）。对一些 IC 来说，特别是微波应用中的 IC，由于封装提供的电磁干扰和静电放电保护，封装提高了 IC 的良品率。裸片与同种封装后的芯片相比，更容易损坏；裸片表面金属敷层会被刮花或污染，会被静电放电损坏，或被小钳子削成碎片，或因为它们的极小尺寸而丢失。封装式芯片有高的装配后良品率，一般超过 98%，而裸片由于处理上的困难或装配过程中的静电放电，良品率较低。裸片的良品率会低至 60%，这取决于装配过程的复杂性、灵敏度和工艺控制；但是，在适当的条件下，裸片的良品率预期能达 90% ~97%。

正常情况下，电路板组件的良品率是相当高的，这是因为装配中使用的所有元器件在投料到电路板装配前都进行了完全的测试。然而，混合电路有较低的良品率，这是因为它们使用的有若干个裸片，整个制成品的良品率问题是综合考虑的。

就设计时间而言，混合电路设计也非常耗时。与电路板设计一样，布图设计和布线由计算机完成。检查确认后，设计工作站的信息资料下载到激光图形发生器（LAG），由它在诸如迈拉（Mylar）膜片这样的薄片上分出涂层。整个布线图用于图形化电路板上的金属。对于混合电路，布线图必须首先简化，然后转化成丝网和模板以把金属敷到基板上。板子制成后，通过装配元件和回流焊来装配电路板。对于混合电路，在基板组件封装前，元件必须进行引线键合。因而，与电路板相比，混合电路需要消耗更多的人力。

对混合电路来说，需要的交付时间一般比较长。因为仅当尺寸限制相当严格时才使用混合电路，所以它们的产量一般不高。因此，裸片和混合电路片状元件需求量没有表面装配元件大，完成时间也相应地较长。

特殊的生产工序、元件可用性和交付时间、材料和元件成本、周转时间和良品率，都能导致较高的成本。通过以下一些程序能降低混合电路的成本：

（1）芯片布置和互连自动化（这需要一些资金保障）。

（2）在装配之前，进行芯片全功能测试（需要复杂的通用芯片测试设备，这种设备价格昂贵）。

（3）采取适当的预防措施用来减少可能的 ESD 破坏。

（4）工艺控制和操作人员培训可以减少操作过程中导致的损坏。

（5）返修工艺规程用来提高最终的良品率。

（6）编制设计指南和检查表用来缩短设计周期。

（7）对设计工程师进行关于设备制程能力的培训。

(8) 生产商关注设计人员的需求。

(9) 设计工程师和生产工程师跟上系统发展方向和设计要求。

(10) 对所有的设计和制造任务都要仔细拟定计划（确定初期的零件数和使用的采购费用能消除瓶颈。在仿真和调试之前，完善的计划同样能避免在仿真和调试之前就由电气设计转到布图设计）。

(11) 利用并行工程，这涉及从设计到生产的所有工程领域（系统工程师、电气工程师和机械工程师必须与制造工程师、可靠性工程师和生产工程师合作设计出一个可生产的产品；工程师们必须与采购管理人员合作，这与有效率的设计和制造工作同等重要）。

5.5.2 混合电路工艺

1. 元件装配

1）元件装配概述

在基板上装配元件最普通的方法是使用环氧树脂黏结。在 20 世纪 60 年代和 70 年代，使用不导电（如绝缘的）环氧树脂。然而，随着聚合物工程的发展，环氧黏合剂得到很大改善，这是因为金属填充环氧树脂的技术使环氧树脂具有了电传导性。为了获得足够低的阻抗以满足特有的导电性，环氧树脂可以是 70% ~80% 的金或银。由于成本原因，银是更为经常使用的材料。其他金属或导电性不好，或太昂贵，或易腐蚀，或填充后不导电。

近年来，在军事应用中银填充环氧树脂的使用已经受到质疑。随着时间变化，环氧树脂中的银会氧化，降低电导率；长时间存储银也会迁移，在环氧树脂接合处区域聚合，留下一个绝缘层。环氧树脂中阻抗渐变的数据表明支持这两点。然而，最近的研究已经表明，如果对环氧树脂进行适当的处理，同时装在与空气和湿气这样的污染物和氧化剂相隔绝的密封环境里，阻抗变化是可以忽略的。银迁移仍旧存在，但它的影响无关紧要。

2）适当存储

如果存储不当，就会破坏环氧树脂中的有机成分。预混合环氧树脂采用冷冻或冷藏保存。冷冻环氧树脂的保存期为 1 年；冷藏环氧树脂保存期为 6 个月；室温存储的保存期为 1 ~6 个月。当使用环氧树脂时，在容器打开之前，从冷冻箱取出储存容器并解冻环氧树脂。如果在材料达到室温之前就打开储存容器，空气中的湿气会冷凝到材料中，污染材料。应使用洁净的不锈钢器具混合或涂敷来保护材料。木制压舌板会残留下与环氧树脂中的有机物发生反应的纤维。印制后残留在丝网上的旧材料绝不能混合到新鲜的环氧树脂中。这种残留材料应该收集到特定容器内，在可交付产品上使用时要预先进行鉴定，或仅供工程设计或样机使用。

3）传导率

如果元器件使用导电环氧树脂进行装配，环氧树脂起着电气连接的作用。为避免短路，这种环氧树脂应仅在端电极处使用。在大电流或微波应用中，导电环氧树脂的阻抗率或电阻在时间上的微变不能满足电气性能设计标准。电容器应该使用绝缘环氧树脂黏结装配整个电容器体下部，端电极应该引线键合来提供电气连接。尽管同一个元件的装配技术既可以使用绝缘环氧树脂也可以使用导电环氧树脂，使用绝缘环氧树脂规定需要附加互连，通常是引线键合的形式。

4）涂敷黏合剂

环氧树脂可以以薄膜或膏状来涂敷。一些环氧树脂薄膜在半固化片或B介状态下使用玻璃纤维网孔板层压有机电路板的敷层。环氧树脂薄膜也可以通过在无黏性的惰性平面（如迈拉胶带）上印制环氧树脂层，然后不完全硬化来形成，这样就产生了柔软的但不再流动的环氧树脂薄膜。可以购买到大约30cm×30cm尺寸的方块薄膜黏合剂或者可以通过剪切或冲孔预成形。薄膜黏合剂的厚度为76.2～304.8μm。大多数薄膜环氧树脂在硬化过程中需要施用压力。

在装配大面积元器件（确切地说，装配大约$2cm^2$的LCC到大芯片组件或者高I/O数的芯片载体）上，基板装配到壳体底面上，然后将壳体装配到电路板上，或者冷却板黏结到模块支架上，都可以使用薄膜黏合剂。预成形件对装配小芯片或芯片元件不实用——使用膏体即可达到这个目的。仅当制造样机和使用不锈钢抹刀或锐口刮匙时，环氧树脂膏应手工涂敷。如果使用自动化涂敷，环氧树脂膏存放在涂料枪内，应用压力从涂料枪内挤出。使用手动涂料器，压力是通过扳机或脚踏板来控制。更先进的设备是应用一组自动脉冲压力，每次都给出相同量的环氧树脂。一些自动涂料器通过编程能在预定位置涂敷环氧树脂，这和拾取－定位机编程放置元件的原理几乎一样。

涂敷环氧树脂最普通的方法是印制环氧树脂，正像网版印制厚膜焊膏，使用大网孔和稠乳胶。大网孔适用大颗粒尺寸和高黏性的环氧树脂。较稠的乳胶用来控制环氧树脂膜的厚度。丝网印制也能使用，这与焊膏印制一样。

5）软钎焊

有些元件的装配使用软钎焊。在芯片和基板金属敷层或预成形共晶焊料合金之间，芯片使用成形共晶合金清洗干净。混合电路使用的另一种工艺是预成形共晶合金的熔炉装配。

芯片元件也能使用焊膏或焊丝来装配。在这些应用中使用的焊料，正常情况下是用铅－锡合金，而不是用金合金来进行芯片焊接。芯片元件在低温下再回流，不需要共晶。为使焊料对金属表面有良好的黏附力或浸湿性，必须清除掉金属表面氧化物。清除氧化物有两种方法：

（1）在充满混合气体（95%氮气和5%氢气的混合物）的焊炉内，在还原炉气中进行回流。氮气阻止了任何新的氧化物的产生，在回流温度下，氢气还原了在焊料上已经形成的氧化物。这种方法常在高温或共晶焊料中使用。

（2）利用助焊剂增加浸湿性。助焊剂的化学物还原金属表面或焊料内的任何氧化物，在装配前，助焊剂可以涂敷于表面或元件上。例如，助焊剂被涂敷到喷锡或厚膏镀金属板上，以提供有黏性的表面，从而在回流焊之前把元件临时固定在其位置上。元件放置在板子表面之前，喷锡元件也可以浸入助焊剂，但这种劳动量大的方法不经常使用。焊膏和大部分焊丝中都含有助焊剂。焊膏溶液悬浮着焊料合金颗粒，溶液中还含有助焊剂、乳化剂和挥发性溶剂，这些在回流过程中会蒸发。焊丝有含有助焊剂的松脂心。

通过使用焊枪或热空气枪局部加热来进行焊膏或焊丝回流。焊膏通过手工或丝网涂敷到基板；元件置于焊料中，进行回流焊料。

通过把整个基板进行必要的加热循环，焊膏可以局部回流。基板放置在加热板顶部或回流系统，回流系统沿着回流设备长度方向上通过热传导区（通过传送带下的线圈）或对流区（通过吹向传送带的热空气或热氮气），或者同时具有热传导和热对流的加热区。

回流焊炉可以使用无助焊剂回流焊，像共晶芯片粘贴或助焊膏一样。在使用助焊膏的情况下，回流在氮气环境中进行。由于助焊剂提供还原剂和润湿剂，助焊剂回流焊不需要还原炉气。提供回流焊所需能量的另一种方式，是把基板放置在红外辐射加热炉内。

最后，在气相法中，基板放入充满氟利昂蒸气的炉腔内；氟利昂的沸点决定了氟利昂蒸气温度。当零件放入氟利昂蒸气中，以气相状态的焊剂回流在基板表面上凝结，把它的潜在凝聚能传送到焊剂。图 5－11 为气相系统回流方案。

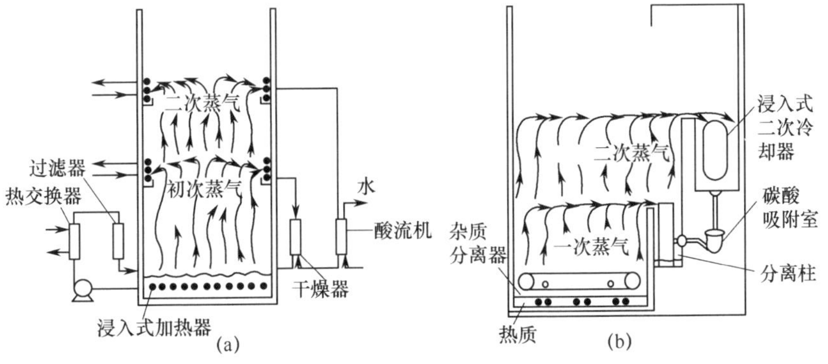

图 5－11 气相回流方案

（a）间歇式；（b）直进式。

当使用这些方法时，在装配任何裸片之前，基板必须进行去焊处理或洁净处理。最好在完全冷却之前对元件进行去焊处理，或者把助焊剂烘焙到板子上，渗透到表面。板子必须在仍是热的以及将助焊剂残留黏性减到最小时，进行清洁干净；否则，助焊剂残余物会产生气体，损坏裸片。由于助焊剂损坏裸片，因此助焊剂方法不能用于裸片装配。

仅当在圆片级时芯片要钝化（制作玻璃或氧化物保护涂层）。当晶圆被分割成单个芯片时，钝化层也被切开。这样，仅芯片表面而不是侧面受到保护。助焊剂和助焊蒸气可能沉积在芯片上，从侧面向钝化层迁移，然后浸蚀氧化物和金属镀层，随着时间的增加，会造成失效。

2. 互连

1）引线键合与带状键合

混合电路中最常用的互连是引线键合。在大功率或微波应用中，单引线键合连接不能始终满足热要求或电气要求。在大功率场效应晶体管中，电流大，进而产生热量，从栅极接线处扩散。即使有较大直径，在这种连接中使用单引线键合也不能解决热传递问题。当热传递从栅极键合焊盘表面到更小的引线键合表面面积，功率是一个瓶颈，它不能传递得足够快，导致烧坏栅极（这里的功能损耗不应与由于 FET 开关转化在硅内产生的功率损耗相混淆）。因而，尽管引线本身限定了载流能力，多重引线键合还是经常应用。有时，使用 3 或 4 根小直径金丝线键合代替单根大直径铝丝线键合，是较好的选择。多重键合表面面积的增加，再加上使用高热导率的金丝线，能很大地降低在大功率条件下热失效的潜在可能。

（1）引线键合。

引线键合包括楔形键合、球形键合和针脚式键合。

楔形键合通过压力将引出线压在预热键合焊盘上的楔形或凿形工具来完成。应用楔形键合的难度包括不精确的温度控制、不良丝线质量、不适当的装配硅片以及难以加工的键合工具。

球形键合的工艺过程：首先通过火焰加热丝线，在丝线头上成形一个小圆球；然后圆球压向硅片上的焊盘区，在压力下圆球变形。在这个键合操作中的工序数少，得到的键合强度较高。不能使用铝丝线，这是因为当用火焰熔化时，它不能形成圆球。然而，金丝线是极好的电导体，比铝丝线有更好的延展性。球形键合的缺点是需要相对较大的键合焊盘。

针脚式键合结合了楔形键合和球形键合的优点。对于针脚式键合，丝线注入键合毛细管，但是键合面积比球形键合的小，同时不需要氢气火焰。金丝线和铝丝线都能高效率地键合。

金丝线的典型键合是使用热压；铝丝线的典型键合是使用超声波工艺。热压键合取决于热量和压力。通常，键合设备包括显微镜、加热器和用压力把丝线压向与具有键合面接触面的加热楔形刀或毛细管。此外，还需要丝线注入机构及操纵和控制机构。影响热压键合的基本参数为压力、温度和时间。这些参数相互关联，受其他条件和因素影响。这些变量中的微小变化会引起键合特性的很大改变。为避免由于金－铝相互反应而引起丝线的老化，可以采取低温键合。低压力可避免裂碎；与此相反，压力大会损坏键合点下面的硅。加工过程中使用的键合工具材料为碳化钨、碳化钡、蓝宝石或陶瓷。

在球形键合中，最弱的连接线出现在退火丝线键合线中。在针脚式键合或楔形键合中，最弱处出现在由键合工具切断引线所在剖面的引线区。

超声波引线键合也使用热量和压力。热量是通过超声波能量产生的，而不是通过加热器或加热毛细管。压力是超声波能量的附带效果产生的。影响超声波引线键合的基本因素是压力、时间和超声波能量。适于引线键合的超声波能量取决于振荡器电源的功率设置和设备的频率调节。使用的压力大小通常达到数十克，压力大到足够固定住丝线而不脱落，把超声波能量引导到键合位置而不引起丝线变形。为避免金属疲劳和防止内部产生裂缝，通常首选高功率和短键合时间。低功率仍然能得到优良的表面加工和较大的拉拔强度。

采用超声波球形键合器把超声波和热压引线键合结合起来。在超声波球形键合器中，超声波加热和普通超声波键合器的加热是一样，但是超声波球形键合器使用直丝线毛细管注入丝线。同样，还需要在金线上形成圆球的火焰熄灭装置。

(2) 带状键合。

在带状键合中，裂开的金带焊接到芯片和基板上。带宽为0.127～1.27mm、厚为25.4～127μm。线带的横截面积比引线键合能提供更大的载流能力，较大的表面积容许从芯片到线带的能量传递。对于大约相同的横截面积，线带提供的传热面积为丝线的2.5倍。通过在焊盘上的多重位置上的定位焊，还能进一步提高这个倍数。

2) 载带自动焊

在混合电路中，使用的互连方法是载带自动焊（TAB）。关于TAB，铜金属化是在聚酰亚胺薄片或载带上进行的。铜通过光刻或蚀刻方法图形化。如果设计要求多层，另一层聚酰亚胺薄片放置在图形化铜的上面，对第二层重复进行蚀刻。聚酰亚胺薄片层间的铜被密封以防止腐蚀。裸露的铜，包括引线，需镀镍或镀金分别生成一个抗腐蚀层和键合表面。

TAB图形化载带如图5－12所示。图5－13为凸状载带引线。通过与阻抗熔焊相似的工艺，芯片和基板或芯片载体连接到铜凸点和（或）引线末端上的镀金凸点。芯片键合完成后，在还是载带形式时进行检测和测试。图5－14

给出了载带自动焊芯片。需要说明的是，图中引线展开出较大的探针焊盘，这能使芯片进行功能测试。当芯片和芯片键合冲制成载带时，这些探针焊盘就从芯片载带上移除了，此时引线必须成形和弯曲装配到芯片载体及基板上。

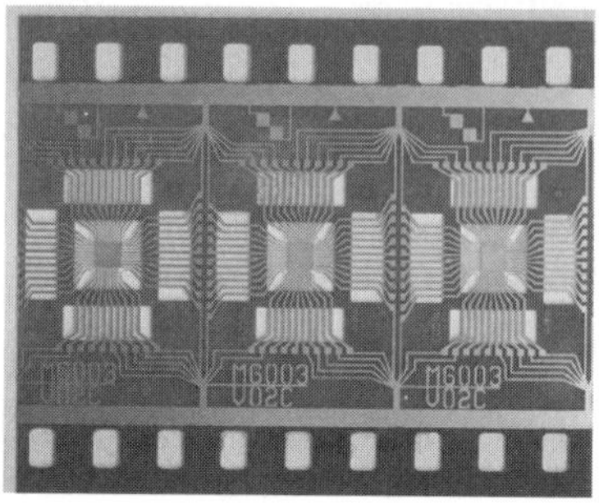

图 5 - 12　TAB 图形化载带

图 5 - 13　凸状载带引线

图 5 - 14　载带自动焊芯片

TAB 的优点：键合区比球形或楔形键合的大得多；引线本身为载流和载能提供较大的横截面积；铜也提供了最大可能的热导率和电流容量。TAB 的缺点：设计与制造载带的时间和成本以及键合设备的费用较高；每个芯片都必须有适合于自身键合结构的专用载带和图形化处理，每个 TAB 设计都需要特有的设备编程和设置。因而，TAB 一般限于在大量生产应用。

3）倒装焊

由于使用倒装焊可达到的单片芯片 I/O 接线数比使用引线键合或 TAB 多很多，因此倒装芯片技术正得到普及。

倒装芯片使用软钎焊凸点把键合焊盘与基板连接起来（图 5－15）。倒装芯片装配是由芯片键合上的一个球限金属化（BLM）焊盘、软钎焊凸点和基板键合上的顶面合金化（TSM）焊盘组成。BLM 是具有一个黏附层、阻挡层和键合层的多层结构。构成 BLM 结构的普通原料包括：用于黏附层的铬和钛；用于阻挡层的铜、钯和镍；用于键合层的金。组成 TSM 结构的普通原料包括：用于下层的镍和用于上键合层的金。组成软钎焊凸点的普通原料包括 95/5 铅－锡和 50/50 铅－铟焊料。软钎焊凸点半径的典型尺寸为 101.6～254μm。典型的软钎焊凸点高度为 50.8～203.2μm。使用倒装芯片能得到的最小 I/O 引脚间距为 254μm。应用倒装芯片互联的最大键合 I/O 数为 700 或更多。

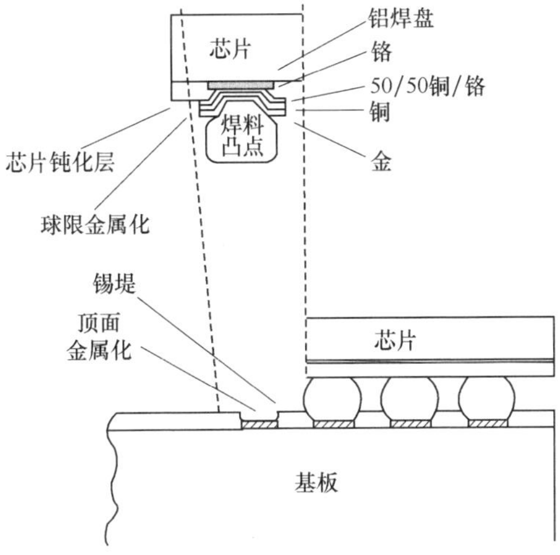

图 5－15　倒装焊芯片互连示例

4）基板装配

可以用环氧树脂或软钎料机械的装配一个基板组件。

5）机械式装配

机械式装配要求工程师把基板组件装配到一个载板上，这个载板使用支撑螺丝把基板装配到壳体上。螺纹支架通常是从基板下面伸出的一个凸缘。因为陶瓷经受不住螺丝产生的扭矩或应力，陶瓷首先装配到一个金属载板上，然后载板安装到壳体上并用螺丝拧紧。成形或机加工陶瓷，以便为螺丝提供一个在转角处的圆形槽口或一个在中心处的螺孔。这种方法一般不用于军用混合电路，因为穿透壳体底板的螺丝会导致密封性的丧失。此外，为支撑螺丝，需足够厚的底板，这将会抵消通过混合化而降低的重量和体积。在商业应用中，基板装配到载板上，包覆保护层，然后在系统内机械地装配。这种方法快捷简便；但会增加重量和体积，且气密性也会降低。

6）环氧树脂式装配

环氧树脂式装配可以使用环氧树脂膏，但这需要广泛的印制和硬化工艺控制。如果印制薄膜不平整或不均匀，当基板装配时，硬化环氧树脂除去使它溶解的挥发溶剂气体时，就会产生气泡或气孔。当在大面积的基板上有出气现象时，气泡气体会聚集，形成降低黏性和传热面积的气孔。如果某个气孔正位于一个热元件下面，热敏电阻会极大地增加，会发生热失效。环氧树脂预成形能解决这些问题，是一个标准的解决方法。预成形通过切或冲来形成需要的尺寸和形状，同时得到非常均匀的厚度。预成形环氧树脂放置在壳体内基板的顶部，通过负重（数百克）在基板顶部施加压力（如果元件间距允许），或通过固定基板末端施加压力。组件放置在真空和氮净化炉中硬化。之所以用真空炉，是因为它可以吸除材料排除的气体。硬化期间不能打开炉门，否则会影响外形或增加环氧树脂硬化时间。如果环氧树脂在适当的时间内达不到硬化温度，就不能得到完全的分子联锁。如果因为热量从真空炉内漏出使上升到硬化温度的时间延长，在硬化过程完成之前，促进联锁的有机物就会挥发，降低环氧树脂的连接强度。

7）软钎料装配

装配基板的另一种方式是用预成形软钎料和低温软钎剂，如铅－锡合成物。壳体一般镀金以保证软钎剂润湿性。基板背面也用金属处理。如果基板是厚膜氧化铝，金属化可以是铂－金、铂－钯－金或银厚膜浆膏。不使用金浆膏，因为金的浸析倾向性会使陶瓷表面的金析出到软钎料中，形成金属间化合物。随着温度升高（高于运行温度）这种扩散转移会加快，直到所有的金都扩散到软钎料中为止。这样，陶瓷表面不能再保持黏附力。在金合金中添加铂或钯将会预防基本浸析作用。如果基板是氧化铍，必须使用薄膜金属化。

实际的基板软钎料装配工艺流程因不同公司和不同应用而有所不同。一种方法是：在有助焊剂的壳体底板和加热板上回流软钎剂，然后壳体进行去焊剂处理。一般在脱脂剂中进行。基板底板打磨成粗糙表面，增加表面张力和润湿性。然后，在干氮气流中的加热板上回流软钎料过程中，基板上敷上软钎料。把预成形软钎料和基板固定在壳体上，然后把组件送入通过混合气体加热炉，基板还可以通过这种方法在适当位置进行回流。如果基板上装有厚膜电阻，由于电阻印膏的氧化物减少，暴露在还原炉气中的会引起厚膜电阻电值高达600%的变化。

基板在适当位置后，I/O 键合到壳体引线上。执行最终内视检查，进行全功能电气测试。图 5 - 16 给出了无盖板的混合电路组件。

(a) (b)

图 5 - 16 无盖板的混合电路组件

3. 封装密封

一旦混合电路通过密封前检查和电气测试，就可密封。常用的密封方法是熔焊密封和软钎焊密封。

1）熔焊

在电阻熔焊中，当施加电流和压力时，用一个电极滚过盖板边沿。由于外壳材料的阻抗，电流加热了盖板和外壳，因此，这种方法仅适用于用诸如可伐合金或不锈钢这样的高电阻率材料制成的外壳和盖板。如果外壳自身因热和接地目的而用铜合金制造，那么，在外壳边沿上部应钎焊一个可伐合金环或不锈钢环以提供必要的阻抗。

另一个熔焊方法是使用激光把盖板和外壳气密封装在一起。能进行激光熔焊的材料很多，如铝 - 硅合金、铁合金和镍合金。

2）盖板变形

不管是为混合电路还是为模块设计电子封装，必须考虑盖板变形。熔焊时盖板变形会导致盖板碰到壳体内的元件，引起潜在的短路或损坏引线键合。同时，在运行和测试条件下，盖板也会发生变形。为保证盖板不碰到壳体内的任何元件，盖板底部与混合电路中最高的元件或引线键合的距离必须在 1.2mm 以上。

3）支撑柱

如果因为系统高度的限制而不能采用增加高度来满足盖板变形的需要，那么必须以其他方式修改设计，以抵消盖板变形。①使用软钎焊密封或激光熔焊，这样盖板就能厚一些，产生的变形也就小一些。②通过加强肋和表面波纹来加强盖板。③在组件内加入支撑拄或支撑杆。通过在基板组件表面上装配支撑杆支撑盖板，限制盖板变形。当设计这些支撑杆时，它必须是在不使盖板变形（锐利的支撑杆会在渗漏试验过程中凹进甚至刺破盖板）的前提下支撑盖板。同样，必须解决叠加公差，以在密封过程中不用在盖板上施加力而充分限制变形。

在支撑柱设计中另一个要求是，计算所有作用力及作用力在壳体上所产生的变形。设计涉及复杂的结构分析。

5.5.3 混合封装

一旦完成装配和引线键合，就可以开始封装或装配壳体。典型的混合电路壳体是带有玻璃或陶瓷绝缘子的金属，或者是带有玻璃或硬钎焊引线的陶瓷。常用的封装形式有金属封装、玻璃封装、陶瓷绝缘子封装、陶瓷封装及专用化电子封装。

1. 金属封装

金属壳体有如下三种制造方式：

(1) 把可伐合金板硬钎焊到可伐合金窗架上形成双件结构。在硬钎焊之前，双片都要镀上镍和金。窗架一般用整片金属加工而成。

(2) 把一整片金属加工成浴缸形壳体。

(3) 把金属模压成浴缸形。然而，鸥翼引线壳体侧壁成形加工——通过硬钎焊、机加工压模成形——侧壁必须钻削通孔，以便能被优先电镀。对于插装混合电路，应沿内部周边在壳体底部钻孔。

2. 玻璃密封

为制造相匹配的密封，把玻璃环圈或玻璃垫圈插入窗架或壳体上未电镀的孔内；未电镀的可伐合金引线放入玻璃环中心。把玻璃垫圈（其上放置引线）送入通过炉腔，熔化玻璃。玻璃回流并和可伐合金表面上的氧化物熔解在一起。然后用缓蚀剂或其他清洗方法除掉可伐合金表面上的氧化皮以便电镀。在这个工艺过程中，所用的玻璃必须与可伐合金有相近或相同的热膨胀系数。

在压应力玻璃密封（另一种常用的密封形式）中，玻璃回流到一个可伐合金中空环或套圈。引线和套圈按通常的电镀方法进行电镀。成品绝缘子硬钎焊到壳体壁侧面。

玻璃-金属密封已经使用数十年，技术成熟，价格相对便宜，能保证密封性。然而，在回流焊过程中，玻璃形成一个薄的、易碎的、没被压合的弯月板，弯月板处的玻璃强度较低。在温度循环过程中，以及由引线成形或离心力引起的片状凸出会产生热应力和机械应力，这些应力引起的弯月板破裂困扰着玻璃-金属的应用。当在弯月板处玻璃破裂脱落，一般未电镀的可伐合金引线基础金属就暴露出密封，成为一个腐蚀点。如果片状凸出产生在气密封装内部，腐蚀的形成会更慢一些；然而，在壳体外部，片状凸出处最终将会被腐蚀。裂纹会引起片状凸出，在匹配式玻璃结构中，裂纹会扩散，这在理论上会产生气密失效。

工程人员已经试验出修补玻璃片状凸出的一些方法。常用的方法是环氧树脂或敷层覆盖片状凸出区。但这种方法有局限性：一是，在气密环境内部无法使用环氧树脂或敷层密封，同时环氧树脂或覆层会吸收湿气，这些湿气会迁移并最终到达可伐合金层，导致腐蚀或树枝生长；二是，使用环氧树脂修补将不可能发现片状凸出的程度、碎片，或诸如外来物、玻璃内含物或玻璃溢流等其他问题。因而，在军事应用上已经放弃了这种修补工艺。

另一种方法是给暴露出的基础金属镀一层金。但是需先镀一层镍，因为金本身不能提供一个耐腐蚀层。此外，金和直接与其接触的载流可伐合金引线产生了一个微小电池效应的电解反应，导致腐蚀加快。

3. 陶瓷绝缘子封装

为了解决玻璃裂纹的问题，也可以采用陶瓷绝缘子。具有陶瓷绝缘子的陶瓷封装和金属封装在空间应用中已经使用多年。与玻璃相比，陶瓷有更高的强度。此外，陶瓷绝缘子不会产生弯月板。金属化处理内侧孔和陶瓷环外圈，然后硬钎焊上引线，通过这种方法构成陶瓷绝缘子。然后，陶瓷绝缘子在低温条件下硬钎焊到壳体壁上。

尽管陶瓷比玻璃的强度高，能更好地承受机加工、处理、运行和测试过程中产生的应力，但是陶瓷绝缘子封装也有缺点。它比玻璃绝缘子封装成本高很多。玻璃绝缘子封装的绝缘子和引线在一个加工工序内就可以装入壳体，然后在一个可编程的熔炉内回流玻璃。与此相反，陶瓷绝缘子生产需要更多时间。用激光钻铣或超声波铣削把共烧陶瓷片的厚度加工成与要求的套圈高度相同，必须通过这种方法才能把陶瓷形成一个套圈。

当激光切割陶瓷时，熔化材料或熔渣溅散在周围表面上。熔渣形成毛边毛刺，这将使非常平滑玻璃状的表面不能完全金属化。为了使陶瓷套圈能完全金属化，必须清除表面熔渣。有两种清除方法：一种是喷沙处理，即砂磨剂在高压下通过通孔。有时使用蚀刻工艺，但这会导致表面点蚀。另一种是对激光加工后的陶瓷进行热处理，这就使加工表面具有与烧结陶瓷相似的粗糙度。一旦陶瓷制备完毕后，就必须对内孔和外沿进行金属化处理。这可以通过刷涂厚膜金属膏，然后烧结到陶瓷上来完成。

另一种成形陶瓷套圈的方法：当陶瓷仍是生坯或未烧结时，模压成形套圈。烧结之前，将难熔金属涂敷在圈套孔和周沿，然后共烧元件。金属必须镀镍以产生耐腐蚀层，再依次在镍层上镀可软钎焊的或可硬钎焊的金属（一般是金）。一旦陶瓷套圈成形和金属化，引线或针脚必须钎焊到套圈孔内，然后绝缘子必须硬钎焊或软钎焊到金属外壳上。在某些情况下，所有硬钎焊工序都合在一起完成，但是这个操作需要特殊的工具，以便在钎焊过程中把引线和套圈夹持在适当位置。

由于材料成本及需要精密复杂的设备，使得制造陶瓷绝缘子壳体的成本比制造同样的玻璃绝缘子壳体要高得多。

4. **陶瓷封装**

共烧陶瓷是经常选用的壳体材料。尽管与陶瓷芯片载体的生产方式相同，但共烧陶瓷壳体较大，通常在两侧顶部（翼形引线结构）硬钎焊引线。

陶瓷壳体有一个内装基板，或者壳体基座充作一个多层基板（一体化基板陶瓷混合电路壳体如图 5－17 所示）。在中、大规模产量的应用中，一体化基板封装能极大地降低生产成本。一旦电气设计确定完毕以及供应商已经设备化制造壳体，这些壳体就能以比金属壳体低的成本进行生产。

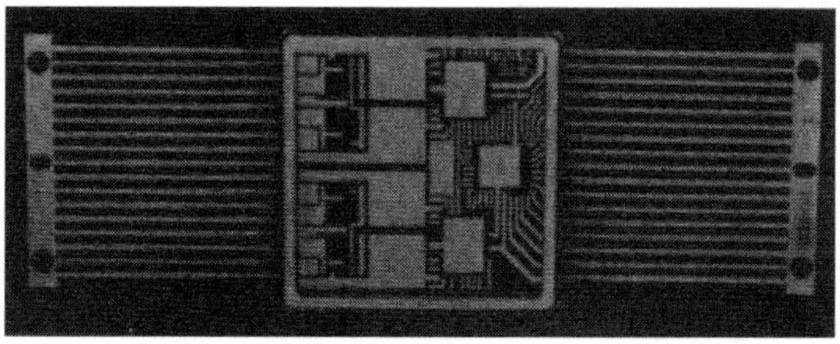

图 5－17　一体化基板陶瓷混合电路壳体

除减少成本外，一体化基板壳体不需制造单个基板，这就减少了混合电路的制造材料和降低了人工成本。一体化基板同样不用在壳体内装配基板和把基板键合到封装引线，即互连是在壳体多层内部之间，这进一步降低了人工成本。

陶瓷封装还提高了良品率和可靠性。陶瓷壳体消除了与玻璃绝缘子破裂和片状凸出有关联的良品率问题。因为重量轻和无腐蚀性，陶瓷封装正在空间和军事应用中推广。当使用陶瓷绝缘子时，从金属转化成全陶瓷并不总是可行的。此外，在模拟和微波应用中，用于制造共烧陶瓷封装的难熔金属的电流传送不是太快，因此，元件不能在所需的频率上工作。此外，陶瓷封装的介电常数引起的阻抗不匹配，可以影响微波设备的电气性能。

5. **专用化电子封装**

许多设计都有特殊要求，标准金属或陶瓷壳体无法满足这些特殊要求。例如，大功率混合电路要求有可以快速散热的氧化铍底板的壳体和可钎焊的可伐合金窗架，其他组成部分还有金属座、陶瓷壳壁、特殊的接地要求等。就像混合电路某些功能需要定制一样，混合封装经常需要专门定制壳体以满足特殊要求。

在当今的生产过程中，最常使用的陶瓷是92% ~99%的氧化铝和99%氧化铍。普通封装金属有可伐合金、铜合金、钼、覆铜、覆镍的钼、覆铜因伐合金、铜钨合金和铝。这些材料通过特殊技术和先进材料结合在一起，以满足封装要求。

特殊的柔性黏合剂能削弱金属与陶瓷间热膨胀的不匹配影响。也有其他方法把金属固定到陶瓷上，如直接键合法。

随着相关研究的进行，开发出来越来越多的材料，这些材料能够提供更高的热导率、更高的强度、更易匹配的热膨胀系数、更轻的重量等。目前，前沿的材料包括氮化铝、碳化硅、硅酸铝材料以及其他金属基复合材料。

5.6 印制电路板部件

5.6.1 印制电路板组件概述

在所有电子部件中，除集成电路，印制电路板最重要，它是产品的基本要素。印制电路板是指在绝缘基板上，按预定设计形成印制元件或印制线路以及两者结合的导电图形的电子部件。印制电路板基板的基材一般为有机类基板材料和无机类基板材料。有机类基板材料是指用增强型材料如玻璃纤维布（纤维纸、玻璃毡等），浸以树脂黏合剂，通过烘干成基板坯料。无机类基板主要是陶瓷板、玻璃和瓷釉基板。

印制电路板通常也简称为印制板或电路板，一般指由敷铜板经加工完成的、没有安装元器件的产成品，这种成品一般称为裸板或光板。而把完成元器件组装的产品板称为印制电路板组件或部件。

印制电路板组件的组装，是指根据设计文件和工艺规程要求，将电子元器件按一定方向和次序插装或贴装到印制电路板规定的位置上，并用紧固件或焊锡等方法将其固定的过程。

5.6.2 有机印制电路板组件

有机板是复合结构，例如，在环氧树脂玻璃板内，玻璃纤维悬浮在一个环氧树脂层中。聚酰胺板是以聚酰胺为绝缘材料，由玻璃纤维布制成。这些是最普通的工业制品。单层有机印制电路板用铜箔进行金属化，在铜箔上面图形蚀刻，然后层压在一起。层间互连通过通孔、盲孔或埋孔来完成。层间连接的方法和装配焊盘的设计决定了使用的装配类型。如果仅使用插装元件，那么从元件到电路板的所有连接是通过通孔；装配焊盘实际上是电路板内的孔。从一个元件到另一个元件的信号传送是通过通孔、盲孔或埋孔来实现的。因为装配电路板有引线延伸贯穿通过的通孔，所以插装电路板一般不能在双面同时安装元件。电路板底面上安装的任何元件一般是小型密封的芯片元件，当通过波峰焊时，使用环氧树脂把这些元件固定在安装位置上。

使用埋孔走线的电路板有较低的良品率和有限的可维修性，但是这种方式能提供更多表面装配面积和较少的布线层。通过表面装配设计，也能实现双面装配的布线。布图设计表面装配电路板，包含的设计有装配焊盘的合适尺寸、元件公差和适当焊接圆角。表面装配电路板既有无引线元件也有引线元件，对于引线元件需要表面装配引线成形。

在电路板布图设计过程中，电气参数也是必须考虑的。具有高电位差的元件应该隔离，以防止电弧放电。当电弧出现时，电压穿过电路板材料，烧焦电路板上聚合物。如果电弧自身没有短路电路或损坏元件，遗留的碳迹稍后也会引起短路。通过增加线路间和元件间的空间距离，可以避免碳迹，但是尺寸的限制，排除了使用这种方案。更为常用的预防方法是给电路板组件涂保护性敷层，敷层减少了电压可通过的表面路径。

电路板也能设计成同时容纳插装元件和表面贴装元件。混合技术电路板布图设计对装配工艺有很大影响。如果所有插入式元件装配在同一面上，那么低断面密封的表面装配芯片元件临时点焊或使用环氧树脂黏合到板子底面，然后应用波峰焊完成回流。因此，混合技术工艺和插入装配工艺类似。如果插入装配元件和表面装配元件布置在同一面上，那么混合技术工艺与表面装配工艺类似。

1. 热沉安装

在小功率应用中，可将元器件直接装配在印制电路板上。对于大功率的军事应用，装配工艺的第一步是把印制电路板固定到一个热沉或载板上。使用插装式电路板时，载板是支架式散热片或导热栅架。散热片支架安装在印制电路板底部或顶部，或封套在其侧面，支撑电路板边缘，使电路板中间部分能放置元器件。导热栅架是安装在电路板顶部并切有窗口或槽口的热沉；元器件（如塑料双列直插式、陶瓷双列直插式或陶瓷封装）跨立在栅架上，引线穿过槽口连接到电路板，如图 5－18 所示。这种设计提供了直接从陶瓷元件到热沉的导热通路，而不是通过引线。

元器件（不管是有无引线，还是何种封装）都安装在电路板平面上的这种结构，表面装配板一般使用某些支架式散热片。使用表面装配设计，难以把元器件跨立在一个热栅架上。

使用有机表面装配电路板的环氧树脂，热沉同样能安装在底面。在控制压力和温度条件下，PCB、环氧树脂膜和载板硬化在一起。在某些情况下，电路板组件是双面的，中间夹着热沉。这种芯板以最小限度地增加板子组件高度或体积，使表面可装配面积加倍。尽管这种设计强制导热通路通过印制电路板，但元器件与表面相接触，帮助初步的冷却，如图5－18所描述。通孔不仅可以用作信号通路，还可以作为导热孔，提供了从元器件到热沉更有效率和更直接的导热通路，通过在封装下面布置通孔，提高这种设计的热性能。

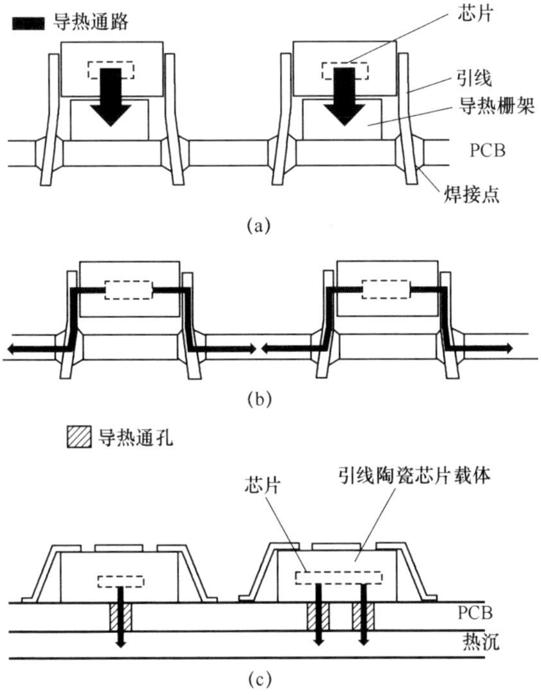

图5－18 导热通路

（a）装有导热栅架的插装式有机电路板；（b）插装式有机电路板；（c）使用上腔式芯片载体的引线表面装配有机电路板。

热沉或芯板改进后的热导率超过电路板材料的热导率。这些材料包括铝、可伐合金、覆铜因伐合金、覆铜镍、石墨复合物、覆铜钼，以及如硅酸铝材料的金属基复合物。

铝有较高的热导率，密度小，比大多数金属有较好的耐腐蚀性，便宜，易于机加，易采购。铜有许多与铝相同的性质，但铜非常容易腐蚀，密度也较大。与有机电路板或表面装配元件相比，铝和铜都有较高的线膨胀系数。覆铜因伐合金在热导率和电导率上优于铜，且因伐合金使复合材料有合适的线膨胀系数。覆铜因伐合金的线膨胀系数比铜低，但高于因伐合金。键合到芯片材料的板子使组件具有与无引线陶瓷载体（LCCC）相近的线膨胀系数。然而，覆铜因伐合金与铝相比，密度大许多倍，也更昂贵，且不易采购。

大部分热沉能用环氧树脂膜固定，通常是导热环氧树脂或预制薄片环氧树脂，或者其他黏合剂膜。材料和黏合剂的选择，取决于系统或印制电路板组件的要求。

2. 通孔插装

元器件的插装有卧式（水平式）、立式（垂直）、倒装式、横装式及嵌入式等，如图5－19所示。一般采用自动装配机，自动插装过程中，印制电路板的传递、插装、检测等工序都由计算机按程序进行控制。元器件的插装一般遵循先小后大、先轻后重、先低后高、先里后外、先一般元器件后特殊元器件的基本原则。

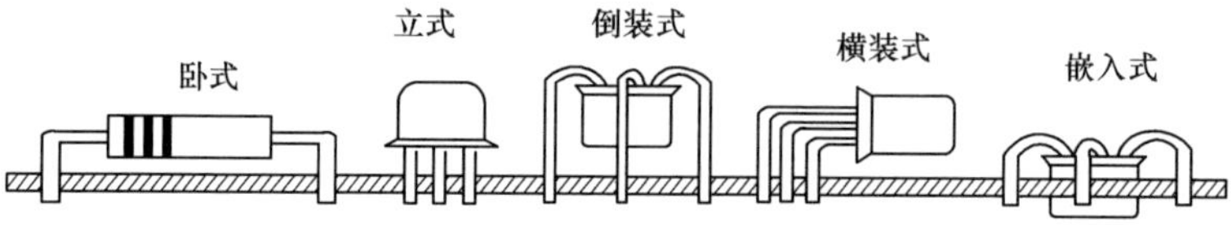

图5－19　元器件的插装形式

电容器、半导体三极管、晶振等立式插装组件，应保留适当长的引线。引线保留太长会降低元器件的稳定性或引起短路，太短会造成元器件焊接时因过热而损坏。一般要求距离电路板面2mm。插装过程中，应注意元器件的电极极性，有时还需要在不同电极套上绝缘套管以增加电气绝缘性能、元器件的机械强度等。安装水平插装的元器件时，标记号应向上、方向一致，便于观察。功率小于1W的元器件可贴近印制电路板平面插装；功率大于1W的元器件应距离印制电路板2mm，以利于元器件散热。

为保证整机用电安全，插件时需注意：保持元器件间的最小放电距离；插装的元器件不能有严重歪斜，以防止元器件之间因接触而引起的短路和高压放电现象。一般元器件安装高度和倾斜范围如图5－20所示。插装玻璃壳体的二极管时，最好先将引线绕1～2圈，形成螺旋形以增加留线长度（图5－21），不宜紧靠根部弯折，以免受力破裂损坏。印制电路板插装元器件后，元器件的引线穿过焊盘应保留一定长度，一般长于2mm。为使元器件在焊接过程中不浮起和脱落，同时又便于拆焊，引线弯的角度最好为45°～60°，如图5－22所示。

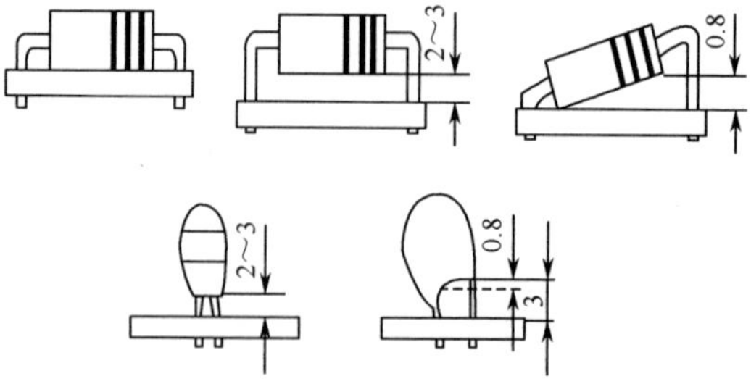

图5－20　一般元器件的安装高度和倾斜规范（单位：mm）

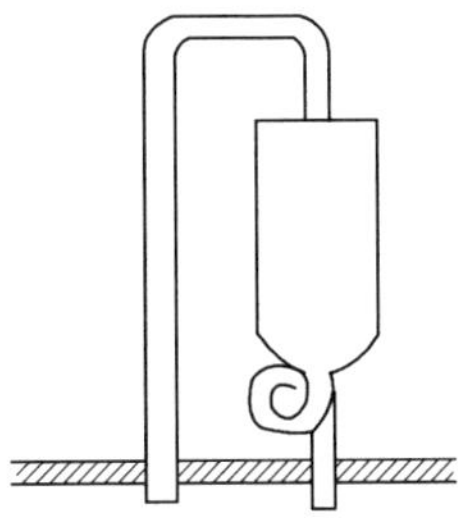

图5－21 玻璃壳二极管的插装（弯折引线留余量）

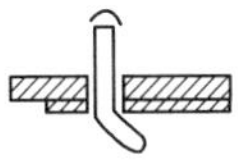

图5－22 元器件引线穿过焊盘后的成形

在插装电路板上，所有元器件和子组件都必须有引线，引线必须设计成一定形状或机械成形以便插入电路板的装配孔。对于针栅阵列，引线已经做了垂直于封装底面的形状校正，以便插入。双列直插封装也设计成插装形式，引线沿封装侧面垂直向下。

电阻和电容这样的元件引脚为圆柱形，这些引脚必须成形为合适的角度，以便于进行插装。采用手工操作时，一般采用简便的抓用工具（图5－23（a）、（b）），可以方便地把元器件引线成形为图5－23（c）所示的形状。采用引线自动成形设备时，设备的机械手伸向物料盒、卷带或送料器选取元件，通过真空吸附或钳子来拾取元件，然后把元件送到引脚成形设备中，推入成形设备中的槽形夹具中，通过槽形夹具侧壁压力弯曲引脚。引脚成形也可以通过两个机械手分别抓住引脚，再适当地弯曲引线来完成。抓持机械手把引脚成形零件送到电路板，在电路板上零件插入或装配到程序预设位置，如图5－24所示。引脚已经成形的双列直插元件通过管子或送料器供应给元件放置设备。芯片载体和混合电路通常已经预成形引脚；当芯片载体和混合电路外壳紧固在支架上时，机械手抓住引脚，把引脚压制成所需的L形。这样就完成了引脚的预成形。在大规模生产应用中，进料器成形引脚。插入元件后，自动引脚修边机切除和整平凸出电路板底面的引脚。

引线成形后，元器件本体不应产生破裂，表面封装不应损坏，引线弯曲部分不允许出现模印、压痕和裂纹。引线成形后，其直径的减小或变形不应超过10%，其表面镀层剥落长度不应大于引线直径的1/10。若引线上有熔接点，则在熔接点和元器件本体之间不允许有弯曲点，熔接点到弯曲点之间距应保持2mm。

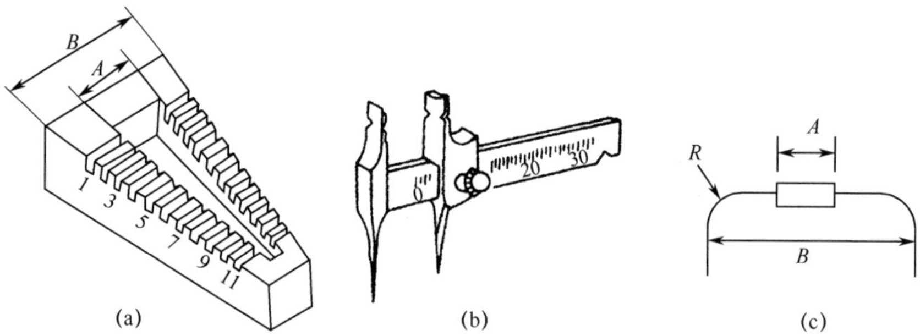

(a) (b) (c)

图 5-23 引线手工成形工具

图 5-24 自动元器件放置

为制备适于元件定位的电路板，印制电路板使用能保护铜不会被腐蚀的亮锡电镀，或在焊料厚镀。一旦插装上所有元器件，电路板放在输送带上推入通过助焊剂波峰，然后通过液体焊料波峰。电路板底部刚好浮在波峰之上。在一定温度下具有活性的助焊剂涂敷到整个电路板上，清除将要焊接表面上的氧化物，保证焊料湿润这些表面、通过毛细作用湿润引线以及进入焊接孔，从而形成焊接接头。通常，元器件仅装配在电路板顶面上；装配在底面上的元器件必须足够小，以保证在经过波峰时不会影响表面接触，元器件必须使用环氧树脂固定到底面上，这样在焊接圆角互连形成之前元器件不会脱落。焊接完成后，在最终电气测试之前要清洁和检验电路板。

3. 表面组装

1）表面组装的优点及应用

表面组装技术（Surface Mounting Technology，SMT），也称表面装配技术，是一种直接将元器件贴装、焊接到印制电路板表面规定位置，而无须在板上钻插通孔的电路装联技术。由 SMT 组装形成的电子电路模块或组件称为表面组装组件（SMA）。

表面贴装是将体积缩小的无引线或短引线片状元器件直接贴装在印制电路

板铜箔上，焊点与元件在电路板的同一面，如图 5－25 所示。

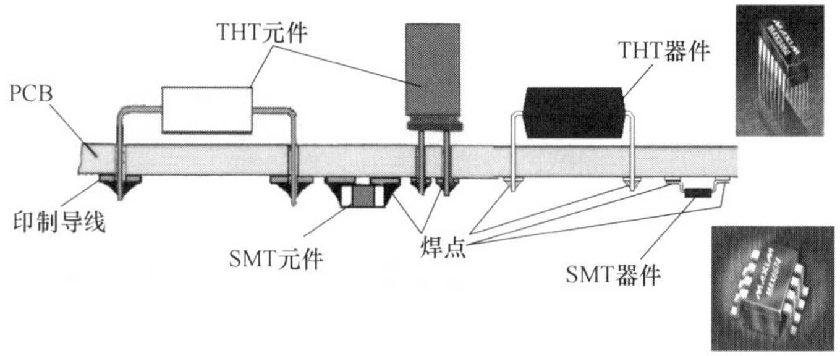

图 5－25　表面组装与通孔插装安装方式示意图

表面组装技术具有以下优点：

（1）组装密度高，产品体积小，质量轻。一般体积缩小 40%～90%，质量减轻 60%～90%。

（2）可靠性高，抗震能力强。

（3）高频特性好，减少了电磁和射频干扰。

（4）易于实现自动化，提高成品率和生产效率。

（5）简化了电子整机产品的生产工序，降低了生产成本。

表面装配存在如下缺点：

（1）表面装配元器件不能涵盖所有电子元器件。尽管大部分元器件都由表贴封装，但仍然有一部分元器件不适用或难以采用表贴封装，如大容量电容、大功率器件等。

（2）技术要求高，涉及学科广，对从业人员技术要求高。

（3）技术难度大。例如，元器件吸潮引起装配时元器件裂损，结构件热膨胀系数差异导致焊接开裂，组装密度大而产生的散热问题复杂等。

（4）初始投资大。生产设备复杂，涉及技术面宽，费用昂贵。

通常，如果一个产品有如下要求，SMT 是最佳选择：

（1）尺寸小，板面空间受限制。

（2）要求质量轻。

（3）采用高集成度、多引脚数的复杂 IC，如 SoPC、FPGA、PSoC 等。

（4）要求能够在高频与高速下工作。

（5）对电池兼容性要求高。

（6）具有自动化大批量生产前景。

目前，50 个以上元件的 SMT 板多采用 SMT 与通孔技术的结合，其混合度是产品性能、元件可获得性和成本的函数。目前，常用 80% 的 SMT 与 20% 的通孔元件的混合，发展趋向是 SMT 的比例在不断增加，100% SMT 元器件的产品越来越多。

由于一部分元器件不适用或难以采用表面贴装，因此根据产品要求、元器件情况及制造条件来选择采用最佳方案，获得最好性价比是毋庸置疑的。

2）表面组装元器件

表面组装元器件在功能和主要电性能上与传统插装元器件没有差别，不同之处在于元器件的结构和封装。另外，表面组装元器件在焊接时要经受较高的温度，元器件和印制电路板必须具有匹配的热膨胀系数。

图5－26是常见表面组装元器件的外形。

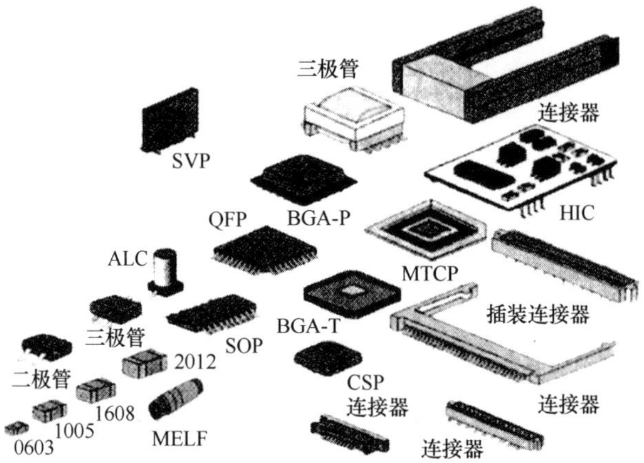

图5－26　常见表面组装元器件外形

其主要具有以下特点：

（1）小型化。体积、质量减小，无引脚或短引脚。

（2）无引脚或引脚很短。这就减少了寄生电感和电容，改善了高频特性，有利于提高电磁兼容性。

（3）形状简单，结构牢固。组装后与电路板的间隔很小，紧贴在电路板上，耐振动和冲击，提高电子产品的可靠性。

（4）尺寸和结构标准化，适用于自动化组装；效率高，质量好，能实现大批量生产，综合成本低。

元器件的封装和结构性能影响组装性能，对于贴装，只要元器件外封装一样，就可以看作是一种元件。表面组装元器件的类型如图5－27所示。

集成电路是电气元器件的核心，集成电路的封装尺寸、引线结构、表面材料特性等与贴装、焊接等工艺息息相关。图5－28为常见的集成电路封装。

表面组装元器件分为有引脚和无引脚两种类型。无引脚表面组装元器件以无源元件居多，有引脚表面组装元器件都是特殊短引线结构，以有源器件和机电元件为主。

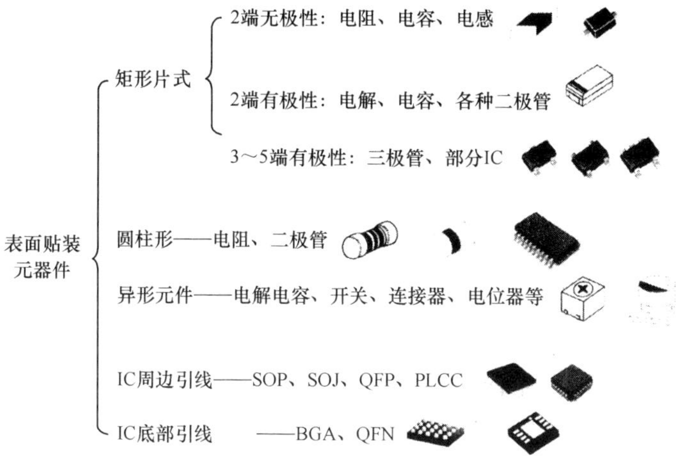

图5－27 表面贴装元器件类型

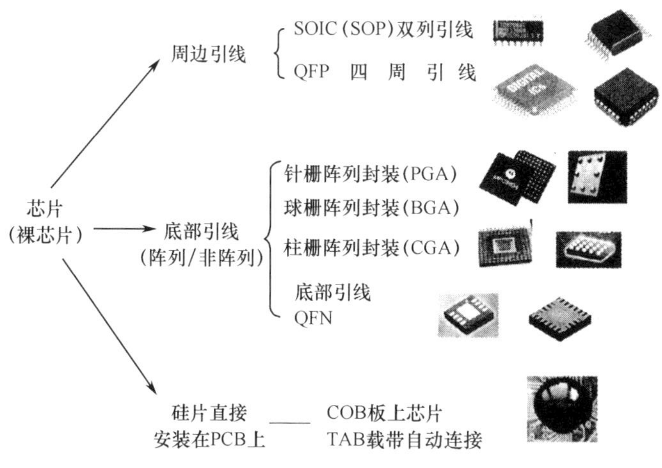

图5－28 集成电路封装

3）表面组装印制电路板和材料

表面组装印制电路板具有高密度布线、小孔径、高板厚孔径比、多层数、高电气性能、低粗糙度和高稳定性等特点。在设计表面组装印制电路板时需考虑以下因素：

（1）自动化生产要求：例如，板上必须设计标准的光学定位焊盘和传输夹持边，才能进行自动化生产线。

（2）PCB制造工艺能力的要求：PCB制造中图形转移、蚀刻、层压、打孔、电镀、印制等工艺中都存在误差，设计时必须留有余地。

（3）焊接要求：表面组装印制电路板组装中，焊接对产品质量影响最大，为满足不同产品、不同焊接工艺（波峰焊或再流焊）及质量要求，在材料选择、元器件布局和方向、焊盘形状、元器件间距、布线方式、阻焊层设计等方面，必须符合可制造性设计原则。

（4）装配、测试、维修等工艺要求：例如，如果产品采用在线测试仪在线测试，板上必须设计相应测试点。

表面贴装材料一般是指表面组装工艺材料，包括焊料、助焊剂、黏合剂、焊膏、清洗剂等在整个表面贴装过程中所使用并完成特定工艺要求的材料。

4. 表面组装工艺与设备

在目前的实际应用中，表面组装技术有两种最基本的工艺流程：一类是焊锡膏/再流焊工艺；另一类是贴片胶/波峰焊工艺。

焊锡膏/再流焊工艺的主要流程（图 5－29）：涂敷焊锡膏→贴装表面安装元器件→再流焊→清洗。这种工艺主要适用于只有表面安装元器件的情况。

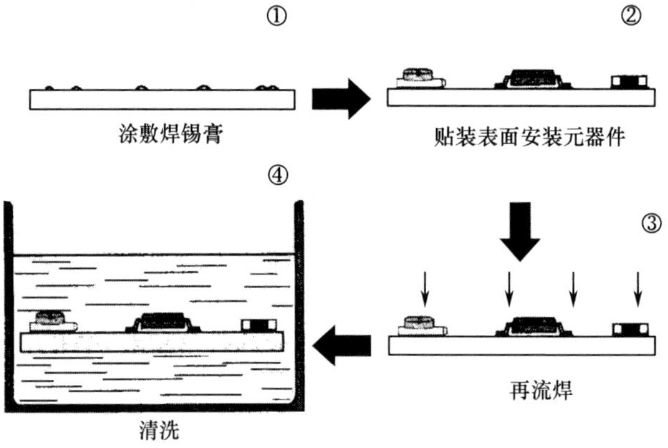

图 5－29　焊锡膏/再流焊工艺流程

贴片胶/波峰焊工艺的主要流程（图 5－30）：涂敷贴片胶→贴装表面安装元器件→加热固化→翻转→插装元器件→波峰焊→清洗。这种工艺主要适用于表面安装元器件与插装元器件同时存在的情况。

焊膏印制机、贴片和再流焊是表面组装生产中的三个主要环节，印制机、贴片机和再流焊炉是 SMT 生产中不可缺少的表面安装设备。

1）印制机

印制机是用来印制焊膏或贴片胶的，其功能是将焊膏或贴片胶正确地漏印到印制版相应的位置上。印制机有自动化、半自动化或手工等多种不同档次、不同配置的印制机。现在使用最多的是全自动印制机，适用于规模化生产，可直接连接到 SMT 生产线中，在计算机控制下自动完成。图 5－31 为 TN-500IP 型全自动丝网印制机，它利用 CCD 摄像机的图像处理技术，自动完成高精度的位置定位。只要印制板的基孔进入 CCD 摄像机的“视野”内，自动对位系统就可以保证 ±10μm 范围以内定位精度（具有高度的再现性）。

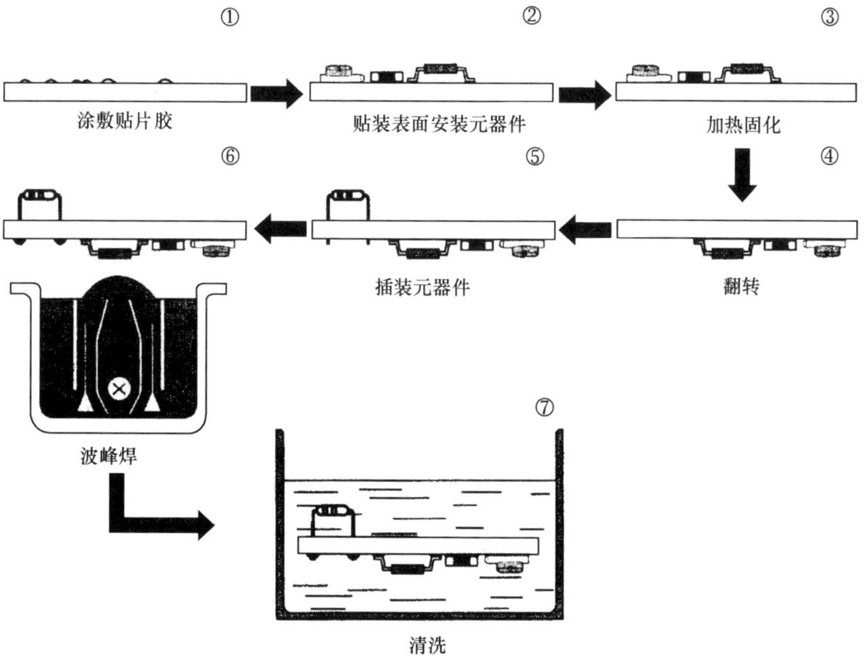

图5－30 贴片胶/波峰焊工艺流程

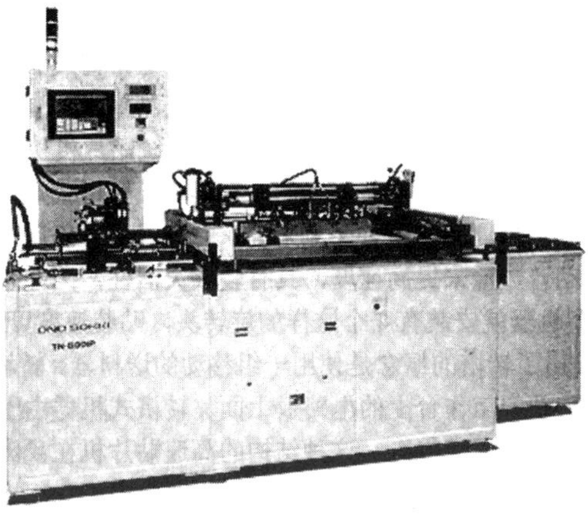

图5－31 TN-500IP型全自动丝网印制机

2）贴片机

贴片机实际上是一种精密的工业机器人系统，利用精密机械、机电一体化、光电结合以及计算机控制技术，实现高速度、高精度、智能化的电子组装制造设备。贴片机一般由机械部分、检测识别部分、贴片头、供料器、计算机操作软件组成。贴片机一般有高速贴片机、多功能贴片机、高速多功能贴片机、模组式贴片机。可以根据SMT组线的不同需要选择与之匹配的贴片机类型。

3）焊接设备

再流焊接是表面组装技术特有的重要工艺，大量的表面组装组件通过再流焊机进行焊接。再流焊炉是焊接表面贴装元器件的设备，再流焊炉主要有红外炉、红外热风炉、蒸汽炉等，应用最多的是红外热风再流焊炉。图 5－32 为红外热风再流焊炉外形及内部结构。

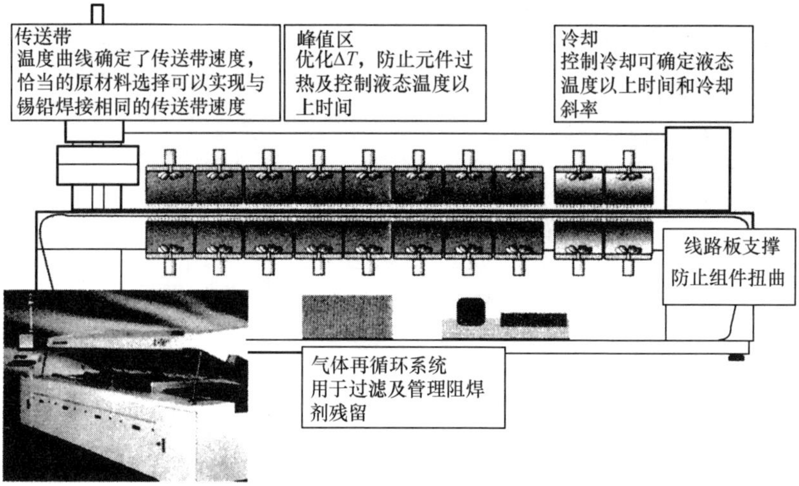

图 5－32　红外热风再流焊炉外形及内部结构

波峰焊适用于通孔插装元件的焊接，特别是在较大插装元器件焊接中仍具有优势。在通孔插装和表面贴装工艺共存的情况下，波峰焊工艺仍存在的优势和空间。波峰焊机由机壳、控制柜、排烟口、轨道、助焊剂喷涂装置、余热加热板、锡炉以及冷却区等部分组成，如图 5－33 所示。为了适应无铅化焊接需求，近年来又有可以使用氮气保护的无铅波峰焊机，结构与普通波峰焊机类似。

4）自动检测仪

在 SMT 实际生产中，由于生产工艺以及元器件自身等诸多方面的原因，会导致焊点质量不合格、漏焊、虚焊、元器件漏贴、极性贴错等缺陷。如果使用存在缺陷的电路板，就会严重影响产品质量。因此，对表面安装的电路板进行检测是表面安装生产中必不可少的一道工序。

目前，在产品检测中常采用全自动检测仪对电路板进行检测。图 5－34 为 TL-518AF 型电路板自动测试仪的外形结构。它主要由微型激光器、矩阵式感应接收器、自动分拣控制器、导轨和分拣机构等部件组成，它可与高速精密冲床的落料装置配合使用。不仅具有 ICF 短路、开路及元件测试功能，还可以用于检测元器件在表面安装过程中存在的元器件开路、虚焊等缺陷。此外，针对电路板残留电荷及制作过程中的静电，全自动测试仪还具备自动放电保护功能。

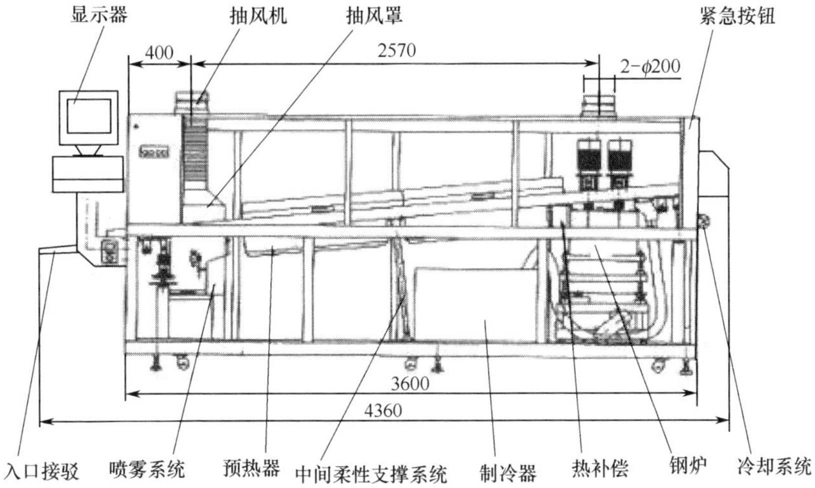

图5－33 波峰焊机结构

图5－34 TL-518FA 型电路板自动测试仪的外形结构

5）表面贴装返修设备

尽管现代组装技术水平不断提高，生产中产品一次合格率（通常称为直通率）不断提高，但由于各种原因，直通率只能接近而不可能达到100%，少量不合格品经过返修，大部分可以达到合格。一般产品检测中发现不合格，产品工艺要求都允许返修。元器件返修采用手工焊接可以完成。但随着电子产品越来越复杂，组装密度越来越高，特别对密间距IC和底部引线的器件BGA、QFN，如果采用一般手工返修难度很大，目前已经有各种专业返修设备可以选择。

返修设备实际是一台集贴片、拆焊和焊接为一体的手工与自动结合的机、光、电一体化的精密设备。一般为台式设备，通常称为返修台。返修台能够对多种封装形式的芯片进行起拔和焊接，是现代各类电子设备 PCB 返修必不可少的焊接和拆焊工具，也可用于小批量生产、产品开发、新产品测试及电路板维修等工作。

返修台检测、定位机构与贴片机类似，加热机理与再流焊机相同。根据热源不同，有红外返修台和热风返修台两种。其中，热风返修台适用面广、综合性能占优势，是当前返修设备主流。热风返修台通常配备多种热风喷嘴，以适应不同元器件，如图 5－35 所示。

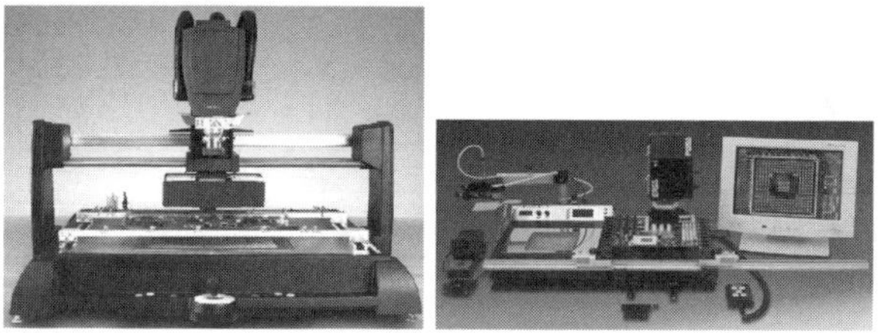

(a)　　(b)

图 5－35　热风返修台

6）表面贴装生产线

在采用表面贴装技术的电子产品制造工厂，一般是将各种 SMT 设备按照工序和工艺要求连接成流水线形式，产品 PCB 裸板从上料进入生产线，到下料机已经是完成了组装、焊接和检测合格的产品部件。SMT 生产线配置一般主要难度在贴片机，生产线的长度也主要取决于贴片机的数量（一条生产线印制机和再流焊机只需要一台），而且生产线的工艺能力也主要取决于贴片机的能力。

有关贴片机及生产线的配置技术，可参考专业文献。图 5－36 为 SMT 生产线基本组成。

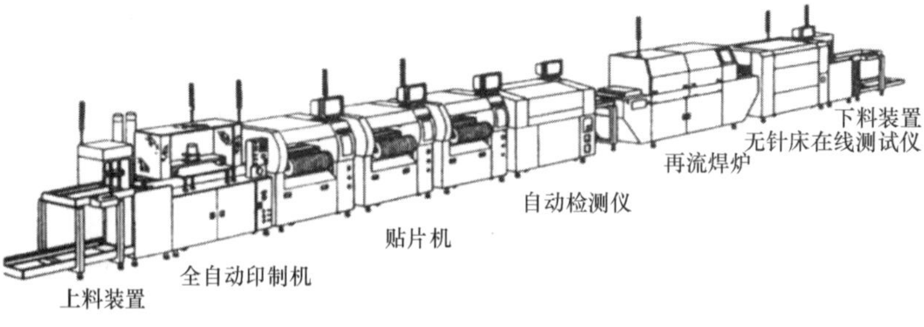

图 5－36　SMT 生产线基本组成

5. 小型 SMT 系统

小型 SMT 系统是指应用于科研、教学、产品开发试制及维修领域的，可以进行表面贴装涂敷、贴片、焊接等工作的一组设备。不要求速度和自动化运行，也不连接成生产线；但对灵活性和成本有一定要求。

1）涂敷设备

小型 SMT 的涂敷设备一般是手动或半自动形式。对于一般科研、教学工作，通常用手工印制机和点胶机就可以达到满意效果，如图 5－37 和图 5－38 所示。

(a) (b)

图 5－37 点胶机

（a）手工点胶机；（b）自动点胶机。

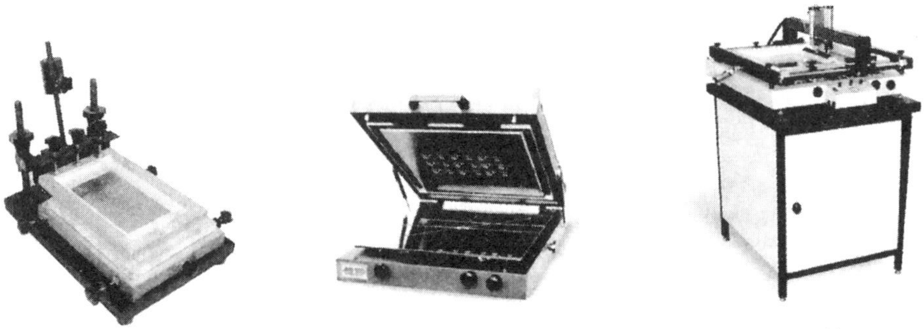

(a) (b) (c)

图 5－38 小型系统用印制机

（a）简易手工印制机；（b）精密手动印制机；（c）半自动印制机。

2）贴片设备

小型 SMT 的贴片设备一般采用半自动贴片机或小型自动贴片机，如图 5－39 所示。半自动贴装方式，是指使用简单的机械定位控制的贴装机构，或虽然具有较先进的定位、检测和贴装机构，但不能组成自动流水线功能的贴装方式。

3）焊接设备

小型 SMT 的焊接设备有两种类型：

（1）箱式再流焊炉，如图 5－40（a）所示，这种再流焊炉与工业生产中通常使用的 PCB 在炉内通过不同温区实现焊接温度曲线不同，PCB 在炉内不动，通过设置加热机构温度变化曲线实现再流焊，其优点是结构简单、体积小、成本低，缺点是难以精确控制焊接温度曲线。此外，由于结构限制，炉内不同位置温度一致性很难以保证。

（2）小型再流焊炉，如图5－40（b）所示，与工业生产中通常使用的结构原理一样，只是温区少，一般只有3～5个温区，炉体宽度一般也比较小。它有台式与落地式两种。

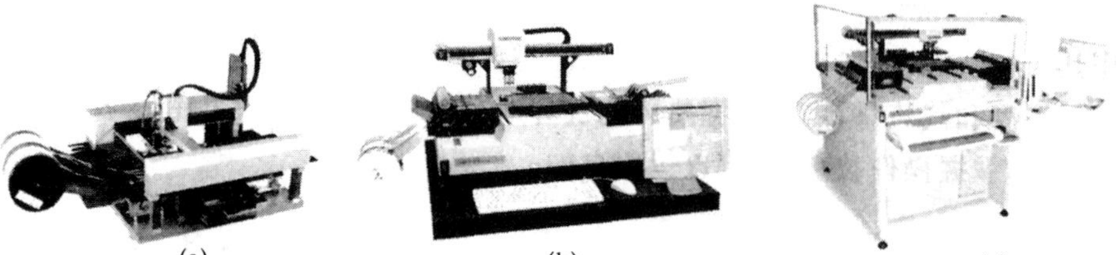

(a) (b) (c)

图5－39　用于产品研发、试验室和科研的贴装设备

（a）半自动贴片机；（b）小型台式自动贴片机；（c）小型自动贴片机。

(a) (b) (c)

图5－40　用于产品研发、试验室和科研的焊接设备

（a）箱式再流焊炉；（b）小型台式再流焊炉；（c）小型落地式再流焊炉。

4）返修设备

在小型SMT系统中配置一台可以对常用BGA封装焊接和拆焊的返修设备是很有必要的，因为大部分小型SMT贴片设备的定位精度和焊接设备都不能保证BGA的焊接质量；同时，由于返修设备具有光学检测、贴片和焊接功能，非常适合科研单件和研发样机组装，使用方便并且可以保证一定精确度。图5－41为小型返修设备。

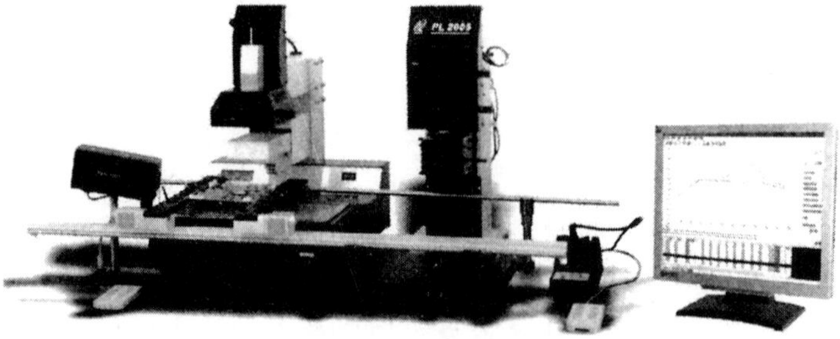

图5－41　小型返修设备

5.6.3 陶瓷印制电路板组件

1. 陶瓷印制电路板组件概述

陶瓷印制电路板金属化的方法有共烧、厚膜或薄膜金属化三种。实现所有夹层连接或接线是通过使用埋孔或使用印制绝缘层或冲生瓷带时留下的窗口。所有的元器件都是表面装配。图5－42陶瓷印制电路板组件。在共烧基板中，这些基孔表现为堆叠的金属化通孔。在厚膜基板中，这些通孔由机加工完成——通过生胚片陶瓷冲孔、激光钻孔或超声波加工。孔加工完成后要进行清洗，然后用导电浆膏对孔壁进行金属化，最后得到一个镀金属的通孔。这个通孔可以把电路板一侧的信号传送到另一侧，或者在电路板的特定位置上作为导热通路。

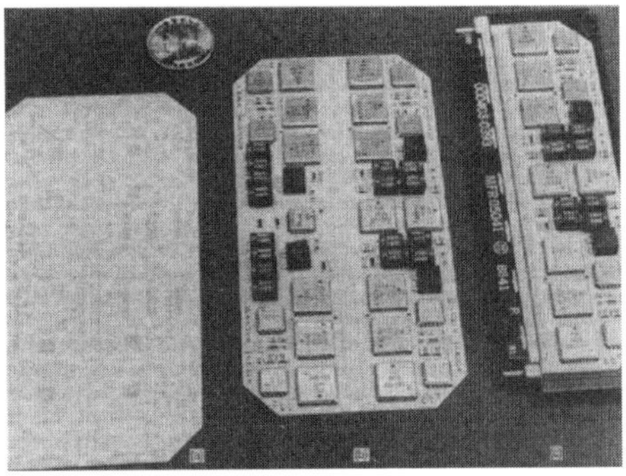

图5－42 陶瓷印制电路板组件

作为陶瓷印制电路板组件的基本组成部分，图形化或金属化基板都能装配到一个热沉上。陶瓷印制电路板是能保持其形状的刚性平板。所以，陶瓷电路板在焊接加工过程中将不能与有机电路板一样弯曲。从原理上说，陶瓷电路板与装配在它上面的陶瓷元器件的热膨胀系数是匹配的。然而，尽管没有热膨胀系数不匹配的问题，但由于元件和电路板热质量的不同会引起的加热速率上的差异，形成了温度梯度，因温度梯度进而产生了热应力。尽管如此，陶瓷芯片载体通过加引线方式消除应力的必要性还是极大地减小了。如前所述，将无线芯片载体装配到陶瓷电路板上，对组件长期可靠性影响非常小。此外，陶瓷材料能比同尺寸的有机材料提供更好的热传导性。通过使用诸如AiN陶瓷这种先进的陶瓷材料并结合基板内的导热孔，能更进一步提高陶瓷印制电路板的热性能。

陶瓷印制电路板在军事和空间应用中有着独特的应用价值。陶瓷印制电路板热应力小、体积小（在陶瓷印制电路板设计中，可以一体化为无引线陶瓷芯片载体）、热性能优良以及工作可靠（与元件间的线膨胀系数匹配较好，降低了热应力和刚度）。然而，这些性能的提高通常也意味着较高的成本和较长的设计时间。

2. 热沉安装

尽管陶瓷电路板刚性较好，能保持自身不变形，但由于热性能的原因，热沉还是比较常用。热沉提高了组件的散热能力。它还能充当支架，方便安装螺钉或插进底座。在标准电子模组中，模组机架是陶瓷印制电路板的热沉（载板）。

热沉一般使用的材料是可伐合金、钨-铜合金、石墨纤维板或硅-铝合金这样的复合物以及钼。这些材料至少具有和陶瓷一样优良的热导率以及与陶瓷非常相似的线膨胀系数。线膨胀系数、热环境要求、脱气限制和印制电路板的线性尺寸，都限定了热沉的安装方法。

陶瓷印制电路板使用环氧树脂或焊剂来固定热沉。应用在陶瓷印制电路板上的热沉固定方法与陶瓷混合电路基板相同。对于陶瓷印制电路板来说，线膨胀系数的不匹配问题更为重要。如果陶瓷印制电路板上没有装配裸片，一般使用诸如硅这样的柔性应力吸收黏结剂。

陶瓷印制电路板背面金属化取决于固定方法。例如，如果印制电路板使用焊剂装配热沉，则背面用铂-钯-金合金厚膜金属化，以保证适当润湿而防止金属化完全浸析到焊料中。如果印制电路板是薄膜或共烧陶瓷，金属基体是镀镍或镀金板。镀金层提供了良好润湿性表面层，而镍充当了壁障金属以提供防腐蚀保护和预防完全浸析。在导电图形加工工序过程中，陶瓷印制电路板也能直接键合到热沉上。

3. 表面组装

陶瓷印制电路板不能使用插入式装配元器件，所有元器件都应表面装配。这些元器件可以引线成形以适合表面装配，但这并不是必需的，而且这还会削弱使用表面装配设计所带来的好处——面积和体积的减小。

无引线元件使用时具有很高的可靠性，这是因为无引线元件和陶瓷印制电路板的线膨胀系数非常接近。无引线元件包括陶瓷芯片载体、陶瓷芯片电容和陶瓷薄膜和（或）厚膜电阻芯片。电阻体积小，很容易印制到电路板上，构成真正的“印制电路板”。

陶瓷电路板常用的装配方法是在上面印制焊膏，装配元件，然后在气相或红外炉中回流。装配焊盘的厚膜膏可以制在厚膜或共烧电路板上，但涂焊膏的方式仍然经常使用。

5.6.4 连接器安装

在民用产品应用中，连接器不需要装配到印制电路板组件上。沿着电路板组件或卡板某一边缘有 I/O 焊盘，能保证把卡板嵌入或插入到终端卡板连接器上——通常是系统板或主板的组成部分。因此，印制电路板本身起着组件连接器作用。

在商业和大多数军事应用中，连接器通常是成对的。成对连接器中的一个固定到印制电路板组件上，而配对的另一个连接器装配到系统板或主板上。在元器件装配之前、装配过程中或装配之后，连接器都可以安装。但装配前安装连接器不是很经常，会阻碍印制电路板平放在印制机平台和贴片机上，从而干扰焊膏印制和元器件定位。因为把连接器装配到印制电路板上合适的位置上需要专门的夹具和特殊处理，所以连接器通常和元器件装配同时进行或在元件装配之后进行。

连接器通常沿印制电路板的边缘布置。一般使用厚板有机组件。一些连接器可以与元件一起同时装配和回流。连接器可以夹压在组件边缘上并在两端用铆钉对齐固定。连接器和元器件均放置在正确位置上的组件通过波峰焊（插入装配板）或气相或红外回流加热炉（表面装配板）。拔掉连接器时可能会使元器件发生移动，所以应在元器件装配完成和回流焊之后再固定连接器。与连接器相连的I/O引脚要事先镀一层较厚的锡，可通过电镀或波峰焊的方式，也可以印制焊膏然后在元器件装配和回流过程中进行浆膏回流。在完成元器件装配和回流焊以及清洁完成电路板之后，在预镀锡焊盘使用弹簧支撑定位连接器。通过热气加热枪加热露出的区域（线路板的其他部分使用金属板隔离防护），或者通过在连接器焊盘上方放置加热钢条来实现局部的连接器焊盘的回流。

连接器安装的另一种方式是应用Raychem的公司“快易焊”，它可以用于镀锡焊盘和普通焊盘。元器件装配和回流之后，定位连接器同时把预成形“快易焊”放置在紧贴的焊盘上，通过焊料流动的毛细作用对其进行定位。加热钢条放在焊料容器上方。焊料熔化，通过预成形“快易焊”的毛细作用进入连接器焊盘上，当毛细作用湿润所有引脚时也就润湿了焊盘。

除边缘连接器外，在微波或功率模组（标准电子模组）中，有时把软导线装配到印制电路板组件。因为印制电路板通常装配到模组的底面（或中央腹板）上，所以在印制电路板边缘上不能有连接器。软导线的另一端通常有插入式连接器插入模组壁，把模组和系统连接起来。

5.7 系统集成

引信作为最终的系统单元，各类子组件，包括元件、芯片载体、可编程门阵列和混合电路组件，均是该系统的构成单元。按照一定的工艺装配顺序，引信电子组件和其他零部件装配组合成引信系统及系统集成。在系统集成时，按照需要可采用手工或自动装配方式。

第6章
引信微装配技术

6.1 微装配概述

微装配主要是指对亚毫米尺寸的零件进行装配作业。其发展过程经历了完全手工作业、半自动化作业、自动化多功能微型装配和微机械手的装配等阶段。近年来，越来越多的微装配领域的学者把注意力放在自动微装配系统的研究上。鉴于微装配技术的需求和广阔的发展前景，日本、德国、美国以及欧洲其他一些国家纷纷投入巨资开展研究，且取得了相当多的成果。海军研究中心和美国国防部高等研究计划局（DAPRA）等共同资助美国明尼苏达大学的机械工程学院以及美国能源部下属的桑迪亚（Sandia）国家试验室致力于研究此问题。德国DFG在1997年成立了名为“混合微系统装配”的研究中心。其中，比较著名的研究机构有德国卡尔斯鲁厄大学IPR研究所、日本名古屋大学微系统工程部，以及美国明尼苏达大学机械工程学院、麻省理工学院RLE研究所等。德国Karlsruhe大学研制的MINIMAN系列微装配机器人系统实现了直径$\phi500\mu m$齿轮的装配；日本东京工程大学成功完成直径为$\phi30\mu m$的物体在体式显微镜监控下的自动排列；美国伊利诺伊州立大学把虚拟显微技术和视觉伺服技术相结合研制出一套遥控微装配系统。我国自1997年起将微装配方面的研究列入了“863”机器人主题和国家攀登计划，针对生物操作和MEMS器件的组装、黏结、微焊接和立体观测等作业，开展了精密定位技术、微操作器、作业工具、显微立体视觉系统和智能控制等MEMS微装配关键技术的研究。经过近年来的研究，尽管取得了一定的成果，但大部分集中在微构件的设计和工艺研究上，完整的微装配系统的研究很少，这阻碍了我国MEMS的长远发展。因此，研究微装配已经成为当前MEMS研究的紧迫任务之一。

6.1.1 微装配的特点及功能

微装配与传统的装配并不一样，这是因为器件的尺寸减小后，它的力学性质发生了变化。比如：传统的装配中，零件的重力占主导地位，它具有自定位功能；而微机电系统中的器件，重力的影响显著减小，静电力、表面张力和范德华力占统治地位。这些力不仅力学性质不清楚，而且会破坏器件的定位关系。如在抓取这种微小器件过程中，手爪没有和器件接触时，在静电力和表面张力作用下，器件会吸附在手爪上；而当手爪张开时，器件也不会自由释放。由于这些力的存在，使得微装配存在很大的困难，必须采用新的技术和理论加以克服。

1. 微装配的特点

微装配和传统的装配（一般称为“宏”装配）有很大的不同，主要是微装配的对象尺寸是微米以下级的。如图6-1所示：当球半径小于1mm时，表面张力大于重力；当球半径小于0.1mm时，范德华力大于重力；当球半径小于0.01mm时，静电力大于重力。在这三种力中，表面张力的影响最大。表面张力主要受环境湿度和互相接触物体的表面材料影响。干燥或真空的环境、不吸水的表面涂层都可减小表面张力。

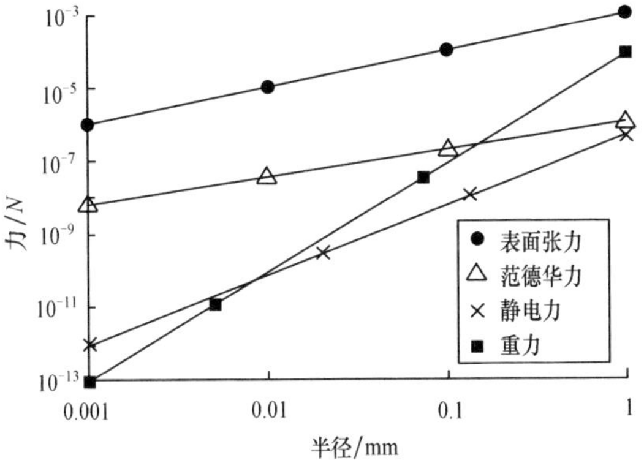

图6-1 微器件重力与其他力的比较

与宏观装配相比，微装配有其如下特殊之处：

（1）随着三维尺寸的减小，操作对象变得更轻、更有弹性、更容易损坏，结构刚度也相应降低，因此，高精度的微力传感模块必不可少。

（2）微装配过程必须在显微镜下进行，操作空间狭小，作业工具很容易移出视野而无法控制，因此，需要高精度、多自由度的微操作手及作业工具。

（3）显微镜下的操作对象形状复杂，操作变得很困难，必须采用视觉反馈的方法指导微操作的进行。

(4) 由于操作对象的微小化，在宏观条件下起主导作用的重力、惯性力等退居次要地位，而附着力、表面张力、静电力、范德华力甚至光辐射等起到了主要作用，因此，在进行作业时，不但需要实现抓取操作，还需要实现释放操作。

(5) 相对器件的尺寸来说，操作空间太大，很难实现精确摆放，同时在搬运过程中还容易出现器件的损坏、丢失等。

2. 微装配的功能

与传统宏观装配相比，微装配的精度和公差通常要小几个数量级，并且微装配器件仍未标准化，因此，微装配系统应具有操作处理形状各异的微器件的能力。同时，随着微装配对象尺寸的不断减小，尺寸效应使得在宏观装配中可以忽略的表面力变成影响微装配精度乃至装配基本功能的主要因素。

由于微装配具有与宏观装配不同的特殊性，所以微装配具有如下特殊的功能：

(1) 宏微结合的定位方式，满足大运动行程和高精度定位的要求。

(2) 显微视觉系统，完成器件的识别和定位，并作为整个系统的反馈。

(3) 多自由度操作手，实现灵活操作。

(4) 微力传感功能模块，避免器件损坏，并在装配策略中发挥重要作用。

(5) 微作业工具，保证器件的搬运和安全操作。

(6) 自动化的操作方式，实现微装配的批量化。

6.1.2 微装配的关键技术

1. 微装配的系统设计

在典型的常规尺寸的自动或半自动装配流水线上，待装配的机械零件是在完全确定的位置上。执行装配任务的工业机器人通常是多轴机械臂或者吊车系统，一般由电动机驱动。微装配系统的许多地方和常规机械零件的装配生产线是相似的。事实上，目前很多试验室还是使用常规尺寸的装配系统来装配毫米级、微米级的零件。但微装配毕竟不同于宏观装配，有其自身的特殊之处，而这些特殊之处意味着微装配要解决许多新的问题。

已取得的研究成果表明，视觉反馈控制技术对于摄像机系统、操作手以及工作空间不确定性的补偿很有效，尽管这些研究成果大都集中在宏观领域。

将视觉反馈控制引入微装配面临着许多技术上的挑战：首先，显微视觉系统的数学模型要重新建立。由于显微镜的加入，摄像机需要安装在透视镜组后面，成像机理变得复杂。另外，由于整个操作过程必须在显微镜和摄像机组成的系统监控下进行，因此显微镜的失常和焦距决定了工作场景的范围。所以，在基于视觉反馈的微装配系统中，要建立显微镜自动调焦系统，使装配场景始终处于计算机监控下。微装配系统结构如图 6－2 所示。

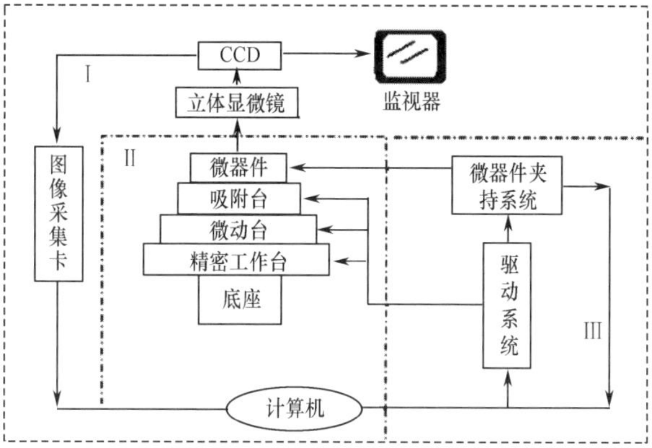

图 6－2 微装配系统结构

2. 微装配的关键技术

1）宏/微运动平台

为了实现操作过程在显微镜下的实时监视，需要不断切换加工中心和工件存储区的位置，这就要求微装配机器人有较大的工作空间。另外，操作对象微小，配合间隙很小，达到亚毫米级，要求操作末端有很高的定位精度。为了解决大工作空间和高精度的矛盾，宏/微精密定位技术提供了很好的解决方法。宏动机构实现大范围的粗定位，微动机构实现高准确度、高灵敏度的精密定位。高精度的步进电动机控制系统是一种价格低廉、实用性较强的精密定位结构。

2）具有力感知的作业工具

MEMS 薄片型器件，采用传统的微夹持器搬运，在搬运过程中容易丢失，如果夹持力控制不好，还容易造成器件划伤。因而，设计了较为通用的真空吸附式微作业工具，并将微力传感器集成在作业工具前端，实现接触力的控制。真空吸附式作业工具组成框图如图 6－3 所示。

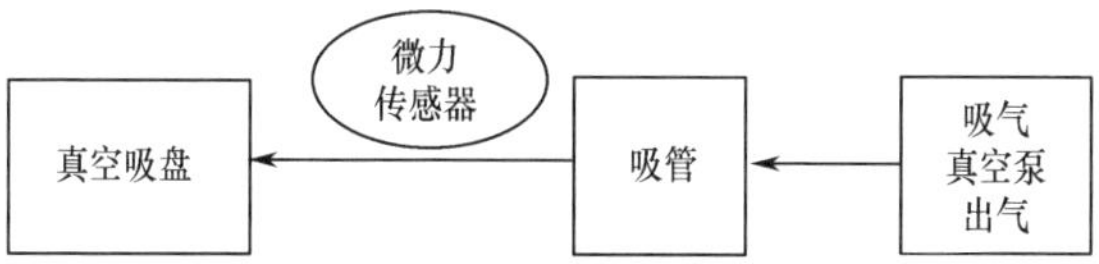

图 6－3 真空吸附式作业工具组成框图

真空吸附的缺点是：在释放工件时，由于存在残余吸附力，容易造成工件位置变化。这里利用真空泵的特点，通过控制气流方向实现工件的抓取和释放，即在抓取操作时控制真空泵吸气，使真空吸盘形成负压实现抓取，释放操作时真空泵出气，消除负压实现放下操作。

3）显微视觉系统

显微视觉系统可以在微系统检测的基础上做进一步的拓展，显微视觉系统在硬件上包括高精度的CCD摄像机、生物显微镜及光源、图像采集卡、自动调焦机构。为了实现装配作业，显微视觉系统必须具备以下功能：

（1）自动调焦。显微镜景深短，稍有误差，对象的图像就会变得模糊不清。如果仅依靠操作者的主观判断，对操作者的要求较高，而且具有很大的人为误差。这对于严格要求测量精度的场合来说是致命的缺陷，将直接降低测量精度。因此，在微装配工作进行前，必须对每一被检对象进行目标搜寻和自动聚焦的调整，以获取高质量的图像，为准确、安全的微装配做准备。

（2）图像拼接技术。显微镜视野范围很小，无法一次采集到大视野的图像。而MEMS器件在整体尺寸上相对较大，显微镜下只能显示一部分，这对芯片尺寸的测量影响较大。所以，把相邻的各幅图像拼接起来就成为实现显微数据测量的关键环节。为了实现两幅相邻图像的拼接，可以利用图像匹配技术。对于两幅存在重叠的相邻图像，如果在其中一幅图像的重叠区中选取一小块区域作基准图，然后到另一幅图像中寻找匹配点，就可以确定二者间的平移关系，也就可以通过坐标变换实现两者的拼接。

（3）目标识别和定位。在微装配的每一个操作环节，都要对装配的关键部位进行识别和定位，因此必须实现MEMS器件上特定标记的识别和定位。

4）微夹持器及微位移驱动装置

设计和制造适合的微夹持器是微装配面临的一个挑战。因为微夹持器不仅需要满足微操作条件下复杂的力不确定性，而且必须具有一定的自由度以满足诸如三维插轴入孔的灵活操作。在微夹持器设计上，主要考虑下述问题：

（1）灵活抓取目标必需的运动学要求。

（2）稳定和安全抓取的力要求。

（3）传感和驱动方式以及可控性。

同时，驱动技术也是微装配领域的关键技术之一。它不仅要求有非常好的响应特性，而且受工作空间和部件尺寸的限制。国内外研究人员把许多基础效应和新型材料应用到微驱动和精确定位上，如压电材料、静电材料、电磁材料、电磁材料以及形状记忆合金材料等，并做了大量的工作。

按驱动力类型微夹持器大致可分为压电夹持、静电力夹持、电磁力夹持、电热夹持、真空夹持、黏附材料夹持和形状记忆效应夹持。

5）微测量技术

同宏装配一样，在微装配中仅靠视觉反馈是不够的。因此，在微装配系统中集成力测量技术是一个发展方向。压电效应测量技术受到广泛重视，目前已能够达到微牛级的实时测量精度；压电效应元件能够达到毫牛级的实时测量精度。另一类重要的测量技术是基于光学效应，如光的干涉、折射以及激光技术。光学测量不仅能够达到纳牛级的实时测量精度，而且具有抗电磁干扰、不接触的特点。Nelson 提出了一种利用激光测量光梁受力偏转，从而测量夹持力的方案。此外，扫描力显微镜、微力显微镜均能够用于亚纳牛级的实时测量。

6.1.3 微装配系统的理论基础及发展趋势

1. 微装配系统的理论基础

现阶段，微装配一般采用交互操作的形式，具体工作原理是：利用显微镜聚焦和失焦理论提取装配环境、装配对象、操作机械手的三维位置信息，在计算机中，根据提取的三维数据，利用计算机图形学理论，构造装配环境以及相关物体的三维虚拟场景。这个虚拟装配场景与实际的装配环境有严格的映射关系，操作者根据装配的任务，利用触觉交互设备控制虚拟环境中的机械手运动，由虚拟装配场景与实际的装配环境映射关系，将虚拟场景中的机械手运动映射成实际环境中机械手的运动。当装配物体没有相互接触时，利用视觉控制机械手的运动；而当物体相互接触时，机械手手爪上的微力传感器将力的信号通过计算机的力学模型作用在触觉交互设备的力矩电动机上，从而使操作者感觉到操作力的大小，控制装配的完成。

这样做的好处：①可以克服显微镜系数高放大倍数、小视场、小景深以及小的操作空间问题；②利用机械手操作，可以减轻操作者的劳动强度，能够感知操作时的微作用力，同时为今后的自动化微装配打下理论基础；③利用虚拟技术，可以借助于计算机图形学理论从不同视点观察装配过程，也可以对操作视场进行放大和缩小从而观察装配环境的全局和局部区域，更重要的一点是利用虚拟技术可以在虚拟环境中进行预操作，这对易损的微器件是非常重要的，通过预操作轨迹规划还可以避免物体的碰撞。

交互式微装配系统包括视觉子系统、机器人子系统、触觉交互子系统、图像处理子系统以及图形显示子系统，是一个多学科交叉的研究领域。设计的理论也是多方面的，包括机器人学、视觉伺服、图像处理、人工神经网络、状态预测、控制理论、三维数据获取、三维场景显示、新材料等多学科。

2. 微装配系统的典型代表

近年来，微小型系统装配技术是国际上微小型制造技术研究与应用的一个热点，不少实用的单元技术和桌上装配原型系统相继出现，主要包括微小型结构的夹持技术、定位技术、连接技术、高分辨率图像信息反馈技术、系统柔性集成装配技术、综合检验检测技术，硅微器件与非硅器件的连接和集成技术和系统联调技术等。

目前，国外所研制成功的微装配系统可大致分为两类：一种是基于 SEM 的装配系统；另一种是基于光学显微镜的装配系统。与基于传统光学显微镜的微装配系统相比，基于 SEM 的微装配系统具有放大倍数高（5～104 倍）、焦深大、分辨率高等特点，可监测到 0.02μm 的物体；不足之处在于操作复杂，价格昂贵，不适宜批量生产。基于传统光学显微镜的微装配系统具有结构简单、操作方便、成本低廉等优点，是目前微装配研究的热点之一。

图 6－4 为德国卡尔斯鲁厄大学设计的桌面微操作系统，各个微型机器人能够协调工作，完成微器件的抓取、运输、定位、校准、夹紧等装配作业。瑞士苏黎世联邦理工大学设计的微装配系统如图 6－5 所示。该系统由基于 CAD 模型的多显微镜视觉跟踪系统以及操作平台组成。通过多显微镜视觉跟踪系统，可以避免微器件操作环节中的阴影以及碰撞问题，并且实现了微生物医学器件的精确装配。

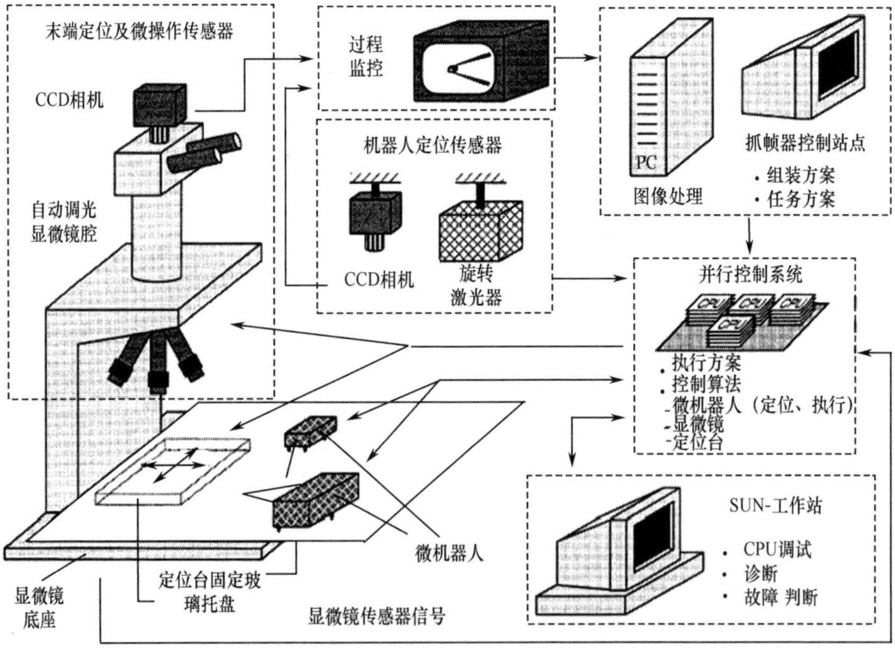

图 6－4　德国卡尔斯鲁厄大学设计的桌面微操作系统

日本东京大学设计的基于扫描隧道显微镜的微装配系统如图 6－6 所示。该系统由主装配腔和送进装置组成。主装配腔中有多轴精密工作台、机械手及电子枪。送进装置的作用是传送微小型器件。多轴工作台用来安放被装配器件。机械手可通过形状记忆合金弹簧和平衡弹簧驱动的夹柄来控制样品，通过SEM检测可以实现样品的精确定位。

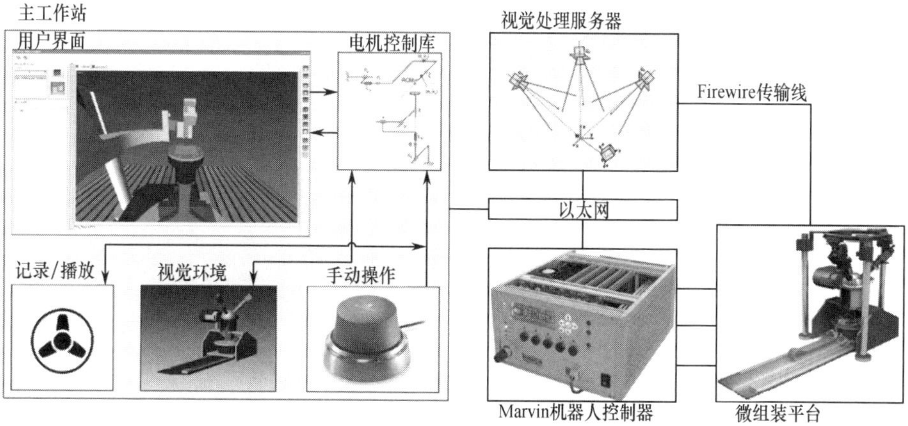

图6－5 瑞士苏黎世联邦理工大学设计的微装配系统

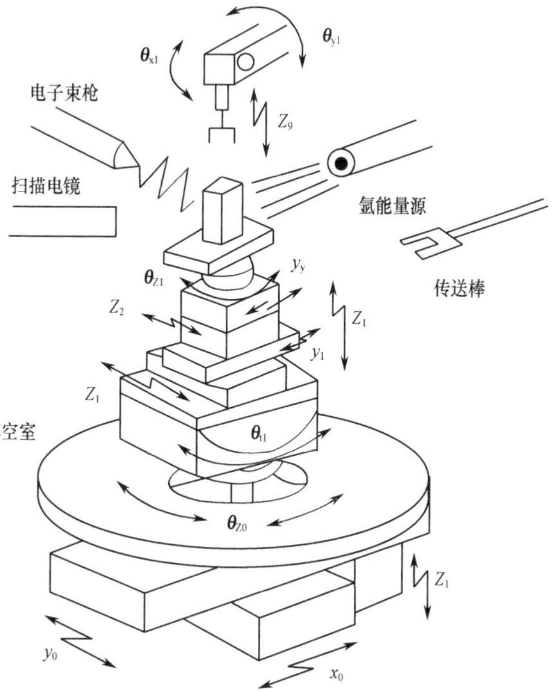

图6－6 基于扫描隧道显微镜的微装配系统

清华大学精密仪器与机械学系仪器科学与技术研究所自1996年以来开始从事微装配技术与系统方面的试验研究，在观测系统、承载系统和夹持系统等方面都取得了一定的研究成果，并成功实现了微小型孔和轴的装配。华中科技大学于2001年申请国家发明专利——基于显微视觉的微装配机器人系统。该系统由系统控制主机、微操作机械手、真空微夹、带有摄像头的显微镜构成，可对亚毫米级微粒物体进行自动和半自动操作和装配作业，其定位精度达1～5μm，三维空间的运动范围达50～150mm，具有一定应用前景和社会经济效益。但是：系统自由度数少，难以实现形状复杂的三维微小型机械零件或物体的装配；真空微夹也只能对亚毫米级的微粒物体进行操作，使得整个微装配系统的应用范围受到限制。

3. 微装配系统的发展趋势

1）微装配系统的自动化

为减小操作者的劳动强度，降低微系统的制造成本，自动化的装配是一个合适的选择。使用自动化装配不仅使得装配效率提高，而且可以进行批量装配，即一次可以装配几个、十几个甚至上百个的相同器件，降低装配成本。微器件之所以有广阔的发展前途，是因为它体积小、成本低。自动化装配是微装配的发展目标。

但到目前为止，这一目标还未能实现，主要原因有以下三个方面：

(1) 微器件操作的许多关键技术还未被完全掌握。

(2) 微观领域中出现的特殊现象及其物理机制仍需深入研究，如微机械黏附等。

(3) 简便、廉价的微器件加工设备还有待开发。

2）虚拟微装配系统

装配技术的发展过程是从手工装配到圆台式自动装配、自动装配线装配、柔性自动装配，最后到虚拟装配。虚拟微装配之所以成为必然的趋势，原因是对于包含微小零件的产品，由于手工装配无法胜任，只能采用自动微装配，而自动微装配在提高速度的同时常会出现碰撞的问题，对于微小零件碰撞有时候是致命的。

虚拟微装配是虚拟制造的重要组成部分，利用虚拟微装配可以验证装配设计和操作的正确与否，以便及早发现装配中的问题，对模型进行修改，并通过可视化技术显示装配过程。虚拟微装配系统允许设计人员考虑可行的装配序列，自动生成装配规划，包括数值计算、装配工艺规划、工作面布局、装配操作模拟等。

6.2 引信微装配的必要性

当前，高新技术武器不断出现，对现有武器装备的性能要求不断完善和提高。随着弹药技术的发展，给引信技术的发展提出了许多更高的要求：微型化、小型化要求；智能化、灵巧化要求；高可靠性、低成本要求等。传统引信技术已经难以满足引信技术的发展，而微机电系统具有体积小、重量轻、功能丰富以及批量生产成本低等特点，与引信技术发展的要求十分吻合。

目前，引信技术的研究重点是多选择引信、弹道修正引信、硬目标灵巧引信、小口径弹药引信等，它们在提高弹药智能化、信息化程度以及杀伤能力等方面起到了重要的作用。其中：多选择引信同时具备近炸、触发和延期等多种功能，该类引信具有两套 MEMS 安全机构，作用可靠性大于97%；弹道修正引信在原来引信尺寸空间加装了固定鸭翼舵和 GPS 制导系统，兼具制导与控制功能及传统引信的安全与解除保险和起爆控制功能，因此必须使用 MEMS 引信以实现小型化以及智能化；硬目标灵巧引信须具有计层起爆、计行程、计侵彻深度起爆、目标介质识别与感知起爆等起爆控制方法，其采用抗高过载和智能化的高精度加速度计和微型控制器来实现多个间隙和地层的探测及防护层的识别，采用一种具有冲击片雷管技术的全电子引信来抗绝大多数极端不利的电磁环境以及承受 80000g 以上的高过载；小口径弹药引信向可编程、电子化方向发展，MEMS 系统高可靠性和微型化特点非常适合其发展要求，是目前实现小口径弹药多功能可编程引信设计的主要技术途径。莱克斯特公司为 25mm 空爆弹药采用的 MEMS 安保装置，具备空爆、触发和自毁三种作用模式，该引信的子系统和组件及电子器件技术在 2010 年已经达到了 6 级技术成熟度，目前达到可应用的水平。

微机电系统技术在引信中的应用主要集中在安全系统、发火系统、自主式弹道修正机构等。

随着研究的进一步深入，MEMS 引信的生产问题摆在人们面前，MEMS 引信的微装配问题成为其生产过程中必须解决的一项关键技术，它的合适与否直接影响了引信系统的生产效率及系统可靠性。因此，引信微装配技术关键问题的解决将为引信 MEMS 机构提供批量、可靠的装配手段。

美国用于 25mm 小口径弹引信的 MEMS 安全系统结构如图 6－7 所示。其中典型的零件有夹板、带有弹簧的后坐滑块及离心滑块、后坐保险锁、指令摆锁和微型火工品。

2007 年，美国亚特兰大乔治亚技术研究院（GTRI）和海军水面作战中心提出了一款新型的 MEMS 引信如图 6－8 所示。该 MEMS 引信主要由底部的微型雷管和顶部的 MEMS 安全系统组成，MEMS 安全系统包括后坐保险、指令锁、隔爆滑块和起爆器等部件。C. H. Robinsin 在 2012 年的一篇专利中提出一款 MEMS 引信如图 6－9 所示，将发火控制电路、MEMS 安全系统和微火工品集成在一起。

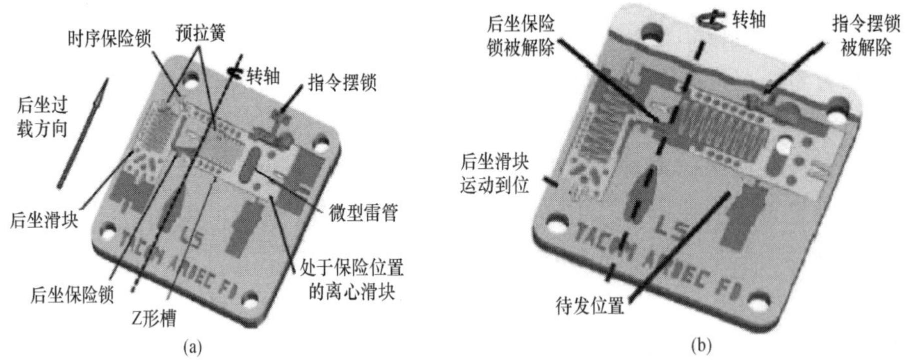

图6-7　美国用于25mm小口径弹药的MEMS引信安全系统结构

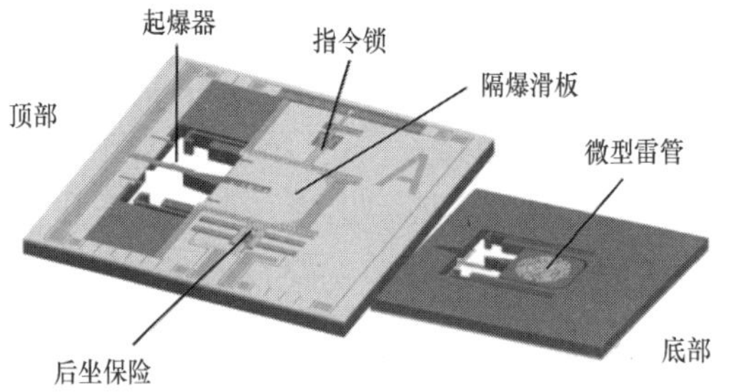

图6-8　海军水面作战中心提出的MEMS引信

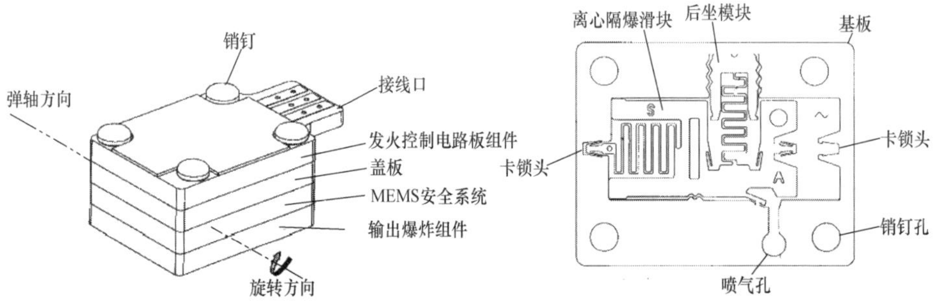

图6-9　C. H. Robinsin提出的MEMS引信

因此，典型MEMS引信进行装配包括四项工序：①微机械零部件的装配；②发火控制电路组件的装配；③微型火工系统的装配；④MEMS引信系统级装配。因此必须借助自动微装配系统代替手工装配，其原因如下：

（1）MEMS引信中零部件几何尺度跨度大，结构复杂，尺度从微米级到毫米级变化，传统的手工装配理论及方法难以实现。

（2）MEMS引信中零部件如MEMS平面微弹簧、薄板及微尺度轴等，尺寸微小，随着三维尺寸的减小，操作对象变得更轻、更有弹性、更容易损坏，结构刚度也相应降低。

（3）MEMS 引信中带有敏感度较高的微型火工品，高精度的微力传感控制模块必不可少。

（4）MEMS 引信中安全系统等零部件形状复杂，操作困难，必须采用视觉反馈的方法指导 MEMS 引信装配的进行。

（5）MEMS 引信中的各个零部件尺寸微小，在宏观条件下起主导作用的重力、惯性力等退居次要地位，而附着力、表面张力、静电力、范德华力甚至光辐射等起到了主要作用。因此，在进行 MEMS 引信的装配时，需要研制与之相匹配的微夹持器。

综上所述，对于 MEMS 引信，目前的手工装配方式远不能达到其技术要求。此外，手工装配不能对 MEMS 零件进行高精度的测量，难以保证 MEMS 引信的精度和合格性要求。采用自动微装配技术不仅可以满足 MEMS 引信装配和自动检测需求，还能大幅提高装配精度、生产效率，提高系统的作用可靠性，降低成本，并减轻装配人员的负担。MEMS 引信采用微装配技术势在必行。

6.3 引信微装配的部件分类及其关键技术

引信包括发火控制系统、安全系统、传爆序列和能源装置四个基本部分。引信的微装配，确切来说是发火控制电路板、MEMS 安全系统、微传爆序列和微能源装置的微装配。由于整个系统比较复杂，将引信微装配分为发火控制电路板微装配、MEMS 安全系统微装配、微传爆序列微装配和能源装置微装配四个部分来讨论其微装配过程及关键技术。

6.3.1 引信发火控制电路板微装配及其关键技术

引信发火控制电路板的主要功能是感知环境和目标的信息以及弹药的状态，并根据设计要求适时、有效、可靠地引爆或引燃弹药的主装药。引信发火控制电路板的微装配是 PCB 的微装配。图 6－10 为北京理工大学研制的引信发火控制电路板。

1. 引信发火控制电路板微装配特点

以前的引信发火控制电路板，“插件＋手焊” 是其基本工艺过程，因而对发火控制电路板的设计要求也十分单纯。随着引信小型化、智能化的要求越来越迫切，更小面积的发火控制电路板上要集成更多的器件来实现丰富的功能。同时，随着科学技术的发展，更多新型的 MEMS 器件要集成到发火控制电路板上，这样对设计的要求就越来越苛刻，越来越需要统一化、规范化，对引信发火控制电路板微装配提出了更高的要求。

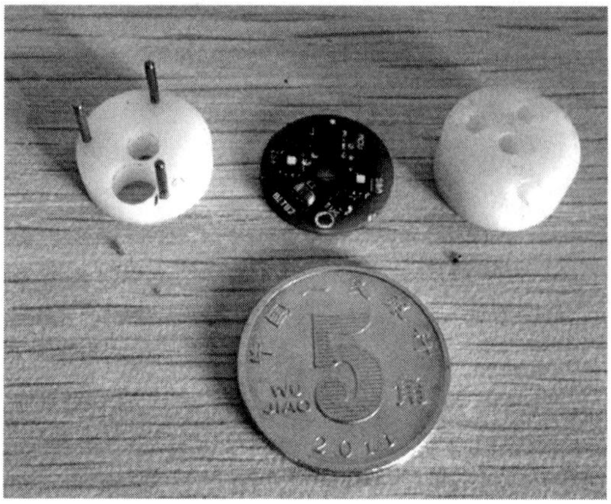

图 6－10　引信发火控制电路板

2. 引信发火控制电路板微装配关键技术

1）光学对准与定位技术

在引信发火控制电路板微装配过程中，微器件的对准与定位是首要任务，只有精确确定工件在系统中的相对位置，才能实现引信发火控制电路板微装配等工作。比如，用于整个印制电路检测的自动光学检测（AOI）设备、PCB 定位孔的钻孔设备、贴片机的对准机构等都用到对准与定位技术，而且各自有不同的应用方式。

机械对准与定位是常用的对准与定位方式，包括夹具对准与定位和其他一些接触式对准与定位技术。这种方法开发周期较长，投入的人力、物力较大，而且受机械系统影响很大。同时，由于微器件的尺寸微小，机械对准与定位技术在精度上很难达到要求。随着数字图像处理技术、通信技术和计算机技术的迅速发展，视频技术和计算机视觉技术的不断完善带来了一种可靠的光学对准与定位的实现手段。一般光学对准与定位系统大都基于摄像机—图像采集卡—计算机，图像理解和处理算法全部以软件方式实现。这是因为实时数字图像处理信息量和计算量大，而大多数采集卡基于成本考虑没有处理器和大容量的存储器，绝大部分任务必须依靠计算机才能胜任。

一般光学对准与定位系统的组成如图 6－11 所示。

图 6－11　一般光学对准与定位系统的组成

2）热压、热超声、胶黏等工艺技术

微器件的对准与定位是引信发火控制电路板微装配的前提，但要想将微器件与PCB装在一起形成完整的引信发火控制电路板，就必须有对热压、热超声、胶黏等工艺技术的严格把控能力；并根据微器件的特性，对这些微器件进行封装的时候有严格的温度、胶黏的控制。如图6-12为全自动FINEPLACER系统及其热超声工艺。

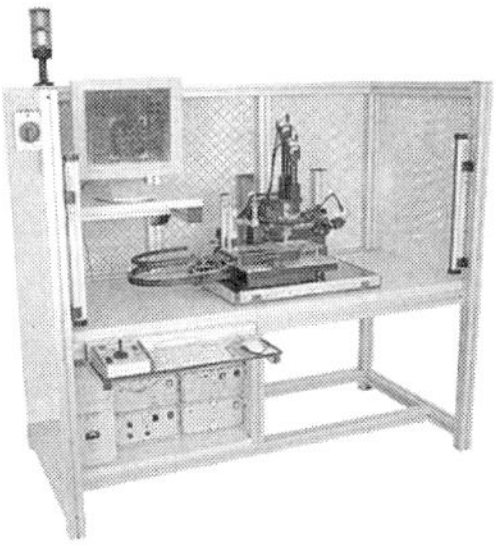
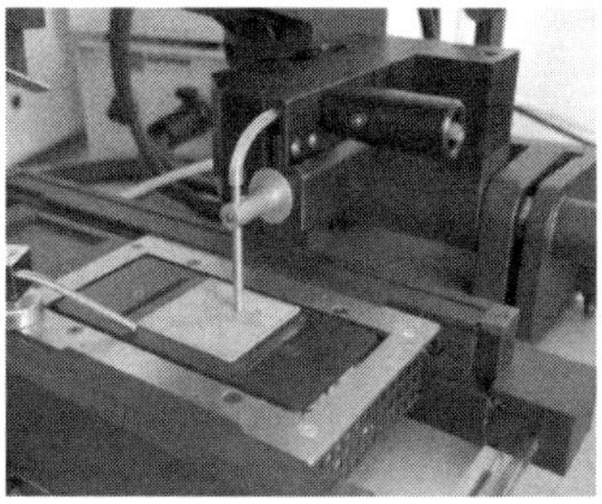
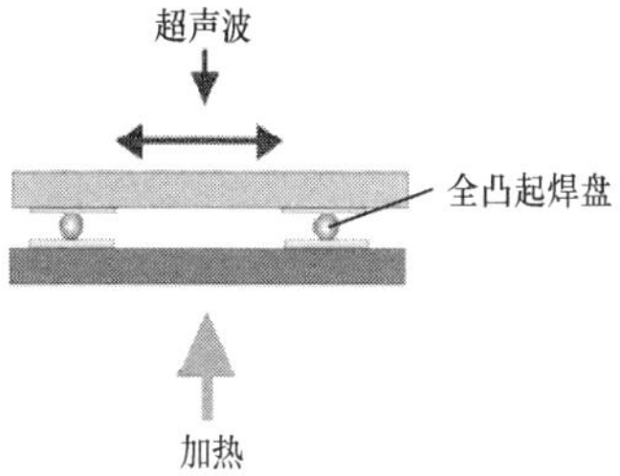

图6-12 全自动FINEPLACER系统及其热超声工艺

6.3.2 引信MEMS安全系统微装配及其关键技术

引信MEMS安全系统的主要功能：在延期解除保险前，使引信爆炸序列处于保险状态，以防止弹药主装药发生意外作用；在延期解除保险后，使引信爆炸序列处于待发状态。

图6-13为20单兵武器引信安全系统。图6-14为北京理工大学研制的中大口径榴弹引信安全系统。

图6-13 20单兵武器引信安全系统

1. 引信MEMS安全系统微装配特点

引信MEMS安全系统的微小型结构件可分为四种类型：①特征尺寸小于0.3mm的微细轴类零件；②特征尺寸为2~20mm的较大尺寸轴类块类零件；③薄片类零件；④易变形薄壁类零件。

这几类结构件的特点：①结构件尺寸微小，对象变得很轻，很容易损坏，同时刚度也不高；②结构件形状复杂，操作变得很困难；③相对于安全系统的尺寸来说，操作空间太大，很难实现精确摆放。

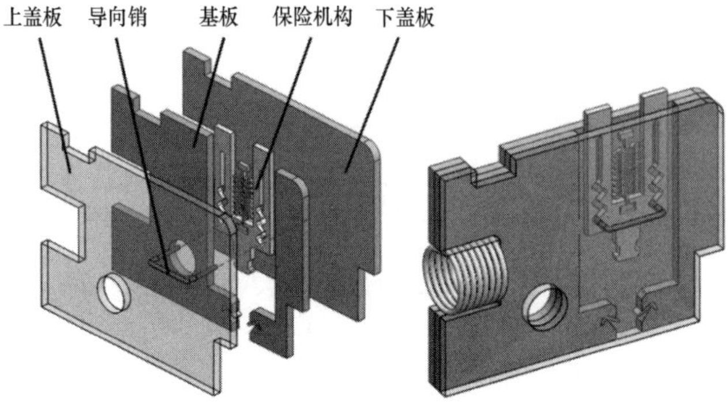

(a) (b)

图6-14 北京理工大学研制的中大口径榴弹引信安全系统

2. 引信 MEMS 安全系统微装配关键技术

1）微夹持技术

微夹持器作为一种典型的微执行器，在微机械零件加工、微装配和生物工程等方面都有较为广泛的应用。按驱动力类型，微夹持器可分为压电夹持、静电力夹持、电磁力夹持、电热夹持、真空夹持、黏附材料夹持和形状记忆效应夹持。

微夹持器的结构特征及特点见表6-1。

表6-1 微夹持器结构特征及特点

分类	结构特征	特点
静电驱动	平板电容结构	驱动力相对较大，位移小，控制难，IC 兼容性好
	梳状驱动器	驱动力与位移无关，位移大，驱动力较小，IC 兼容性好
压电驱动	压电体结构	位移小，通常与放大结构配合使用，驱动力大，难以与 IC 工艺兼容，体积大，驱动电压高
	压电薄膜结构	驱动力大，变形量相对较大，驱动电压高，IC 兼容性好
热驱动	外置热源双金属结构	驱动力大，变形量较大，体积大，制作容易
	内置热源双金属结构	驱动力大，变形量较大，体积小，IC 兼容性好
	记忆合金	驱动力大，变形量较大，体积小，难以与 IC 兼容
	记忆合金薄膜/硅结构	驱动力大，变形量大，体积小，IC 兼容性好
电磁驱动	内置电磁元件	驱动力较大，变形量较大，体积大，不与 IC 工艺兼容
	外置电磁元件	驱动力较小，体积小，IC 兼容性好

由于引信 MEMS 安全系统结构件结构复杂、种类繁多以及跨多尺度的特性，对微夹持器的通用性提出了挑战：在结构方面，首先针对不同种类的零件

设计不同的微夹持器，再将各微夹持器集成在一起构成微夹持系统；在功能方面，微夹持器在夹持及装配微小型零件的过程中，需要采集零件在微装配过程中的夹持力、装配力、装配变形等关键信息，反馈给控制系统，对微装配过程进行调整，精确控制夹持器的输出力，保证被夹持的薄弱工件和夹持器都不被损坏，从而实现闭环控制。

微夹持系统总体构架分为微夹持模块、夹持力控制模块和基于微装配力的夹持位置精度控制模块三个主要模块。微夹持模块是微夹持系统中的基本功能模块，目标是考虑微小型结构件的几何形状多样性、几何尺度跨度大等特点，有效地实现对各种微小型结构件的夹持。夹持力控制模块和夹持位置精度控制模块的作用是，在基本功能模块的基础上，为了保证零件在被夹持和装配过程中不因受到超过安全范围的力而发生变形失效或损坏，同时能够保证系统的装配精度。

北京理工大学针对 MEMS 安全系统设计的双面回转式微夹持系统如图 6－15 所示。

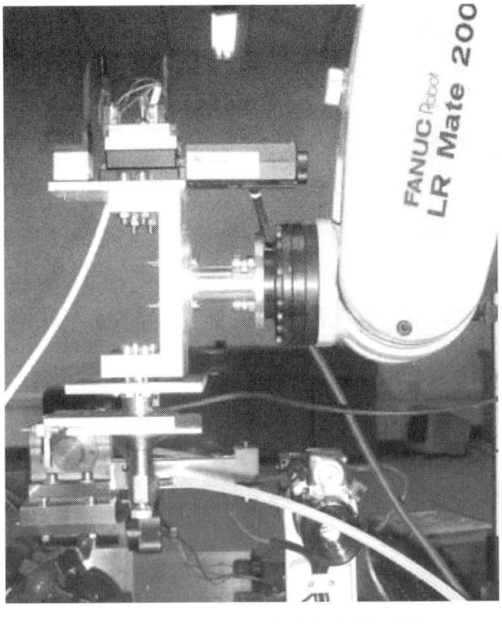

图 6－15　双面回转式微夹持系统

在实际装配中，当需要夹持微细轴、块类零件时，通过宏动机器人末端关节的调节，使精密直线运动平台驱动的微夹持器竖直向下，处于待夹持位置；当需要夹持薄片类零件时，通过宏动机器人末端关节的调节，使真空吸附微夹持器竖直向下，处于待夹持位置。

综上所述，引信 MEMS 安全系统微夹持的总体方案可以概括为图 6－16。

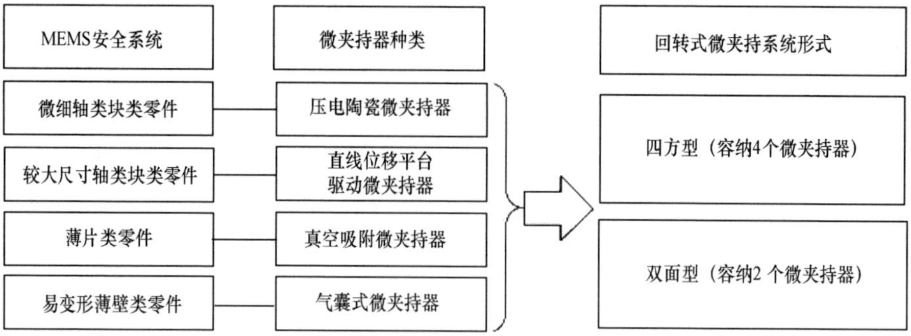

图6－16　引信MEMS安全系统微夹持总体方案

2）宏/微运动平台

引信MEMS安全系统结构件尺寸一般为20μm～10mm，跨度比较大；而某些结构件尺寸微小，配合间隙很小，达到亚毫米级，要求操作末端有很高的定位精度。为解决大工作空间和高精度的矛盾，宏/微精密定位技术提供了很好的解决方法。利用步进电动机对操作平台进行*XY*平面的宏观的调整，使显微镜能够捕捉到操作对象的特征，同时微动机构对结构件进行微调，实现高准确度、高灵敏度的精密定位。

3）显微视觉检测

由于引信MEM结构件结构复杂，尺寸微小，特征很多，如北京理工大学研制的镍基MEMS平面弹簧（图6－17），不单单是由部分点线和圆的特征组成，而是由很多相似的线组成，所以必须引进微系统检测系统中的显微视觉检测，利用高倍率的显微镜，且利用闭环的反馈控制，对引信MEMS结构件的特征尺寸进行有效检测并进行识别，以确定关键特征，从而为精确夹持及组装提供基础。

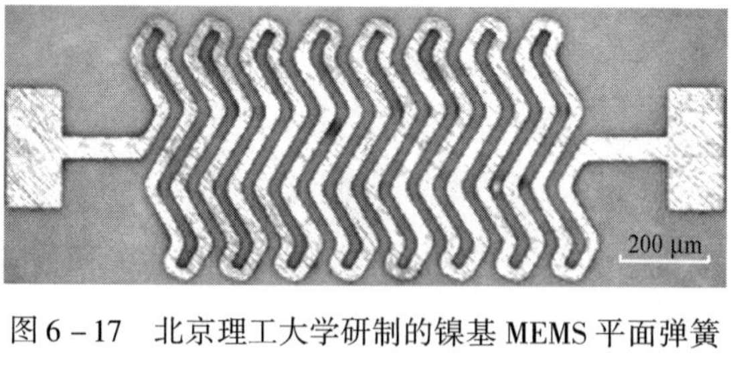

图6－17　北京理工大学研制的镍基MEMS平面弹簧

6.3.3　引信微传爆序列微装配及其关键技术

引信微传爆序列是一系列火工品的排列组合，其作用是将一个很小的初始能量通过爆炸元件的逐级放大，输出爆轰能量，以引爆弹药或者爆炸装置中的主装药。微传爆序列一般装置在引信结构中。引信控制主装药起爆的功能是微传爆序列所起的作用，可见微传爆序列是引信的核心之一。对武器系统来说，引信作用的成败直接决定了武器系统的毁伤作用的成败，而微传爆序列的成败又决定了引信作用的成败。

随着 MEMS 技术以及相关元器件的发展，引信中火工品越来越成为制约引信小型化的重要因素。在国外微型火工品的研究已有 20 多年的历史，在 20 世纪 90 年代之前，研究重点集中在个别火工品器件的微型化方面，如微小尺寸雷管技术、小尺寸导爆索技术、小尺寸传爆药技术等。

图 6 – 18 为 2003 年 C. A. Sanchez 提到的美国 XM29 MEMS 引信用微型传爆序列结构。图 6 – 19 为传爆序列在发火前和发火后的实物。

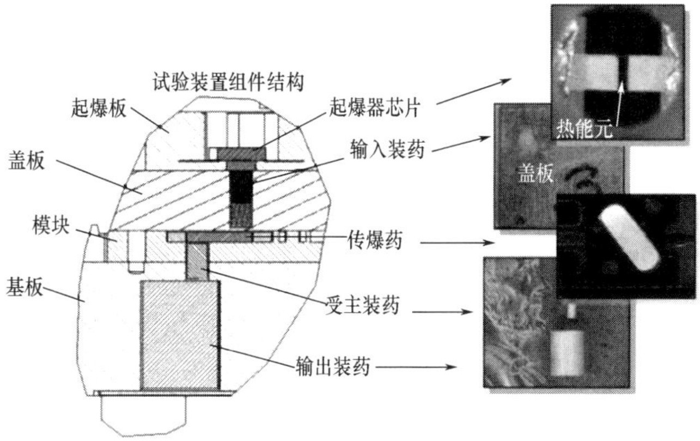

图 6 – 18　美国 XM29 MEMS 引信中微型传爆序列结构

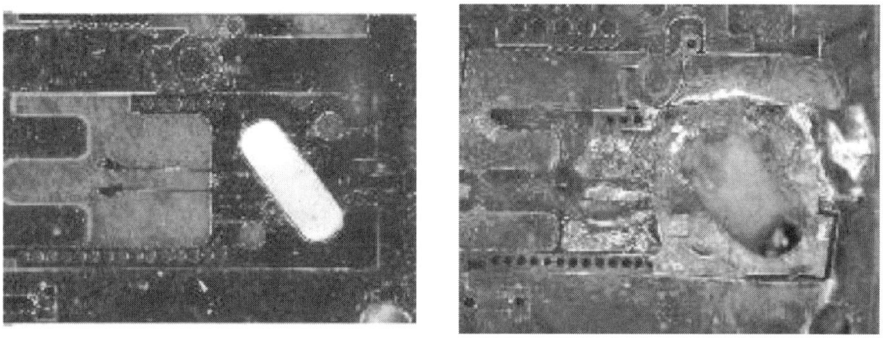

(a)　(b)

图 6 – 19　美国 XM29 MEMS 引信中微型传爆序列发火前后

（a）发火前实物；（b）发火后实物。

图 6 – 20 为美国的 M-100 电雷管，该雷管的直径为 2.54mm、长度为

6.35mm，是当时具有代表性的微小型雷管。

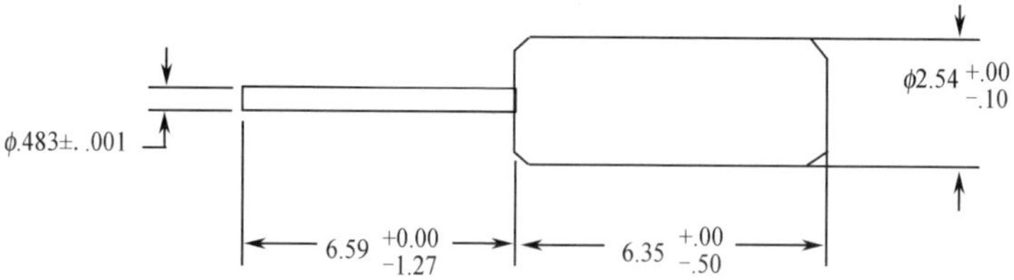

(a) (b)

图6－20　M-100微型雷管

1. 引信微传爆序列微装配特点

微传爆序列在引信中应用最多的是微型电雷管以及相关的传爆药柱，其延期功能主要通过控制微型电雷管的延时起爆来实现。国内现有的微型电雷管的直径为2.5mm、长度为4mm，而国外已经开始着手研究更薄的以及与起爆控制单元集成的雷管。

传爆序列中微型电雷管的特点：①电雷管尺寸微小，变得很轻，很容易损坏；②形状各异，有圆形的，也有片状的；③相对于安全系统的尺寸来说，操作空间太大，很难实现精确摆放。

2. 引信微传爆序列微装配关键技术

1）微夹持技术

按驱动力类型微夹持器大致可分为压电夹持、静电力夹持、电磁力夹持、电热夹持、真空夹持、黏附材料夹持和形状记忆效应夹持。

针对直径为2.5mm、长度为4mm的电雷管，设计出微夹持器作为一种典型的微执行器，图6－21为微夹持器对圆柱形物体的夹持试验。

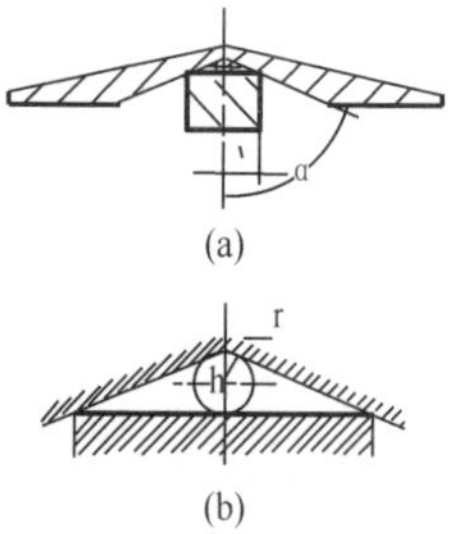

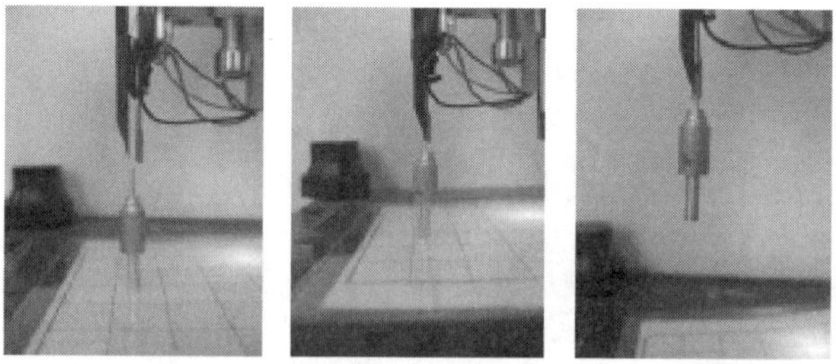

图6－21　微夹持器对圆柱形物体的夹持试验

2）显微视觉检测

电雷管如果要精确放置在引信体内的预安装位置，需要对预安装位置的关键部位进行识别和定位，因此必须实现MEMS器件上特定标记的识别和定位。而显微镜不但要观察引信体内的安装位置，而且还要实时检测电雷管的位置，并进行反馈调节。这样，就需要在对每一被检对象进行目标搜寻和自动聚焦的调整，以获取高质量的图像，为准确、安全的微装配做准备。

6.3.4 引信能源装置微装配及其关键技术

引信电源的功能是根据引信的战术技术指标要求，在特定的条件下为引信提供电能，保证引信各部分电路的正常工作。随着引信技术的发展，传统的引信电源已经不能满足现代引信的需要，主要问题表现小体积、高能效（或能量转换率高）和快速供电等方面。为适应现代引信对信息接收具有的快速性和准确性要求，必须对引信电源进行研究，使引信电源具有快速激活、体积小、耐高过载、适宜长期储存和耐高低温等特性，以充分发挥弹丸/战斗部的战斗效能。

引信电源是指专门适应于各种引信发火系统和安全系统使用的特殊电源，它是随着军械弹药电子引信的出现而发展起来的。引信电源可分为化学电源和物理电源两大类。化学电源是将化学能直接转变成直流电能的装置，其功能是依靠电化学反应直接为电引信提供直流电能。物理电源是一种将机械能、热能等直接或间接转换成电能的装置，其主要的功能是为电引信正常工作提供电能。目前满足要求的有燃料电池、磁后坐发电机、压电发生器等。

与此同时，一些知名大学和研究机构也投入大量人力和财力研究引信微能源装置。

微涡轮发电机基本组成包括微型燃烧室、微型压缩机叶轮、微型涡轮等。其工作原理：液态的碳氢化合物燃料在微燃烧室中被点燃并燃烧，燃气推动微涡轮系统的叶轮带动微发电机输出电能；微涡轮系统的叶轮同时驱动压缩机，压缩机吸入空气或是助燃剂，保证燃料继续燃烧。

美国研制的引信用锂－亚硫酸氯储备式电源，如图6－22所示。尺寸为ϕ6.5mm×7mm，可在－10～＋65℃的温度以及8500g～1200g的过载下可靠输出持续18s的3～4.1V的电压以及22mA的电流，能量密度高，能长期储存（储存期不小于20年），能大批量生产，成本低。

英国帝国理工学院的Holmes等人设计了一种轴向气动微涡轮发电系统，如图6－23所示。在这个系统中，气动涡轮与发电机转子加工为一体。其性能测试流场条件：马赫数为8；通流量为35L/min。涡轮机为轴流式，三级，定子上涡轮作为转子涡轮的导流叶轮。

法国LEG研究小组将他们之前研制的平面电动机改进后用作微发电机，如图6－24所示。涡轮机为辐流式，发电机定子、转子采用径向上下布局，发电机转子与涡轮为一体，由整片永磁材料制成，其中一面使用电火花加工技术加工出叶片形状；定子由硅基底上电镀铜线圈形成，其能量密度达 220W/cm^3，是目前报道的最大值。由于其研究重点为提高电机能量密度，测试试验中压缩空气从涡轮机中心流入、侧向间隙流出，通过提高压缩空气压力，达到的转速和发电机预期的输出关系。

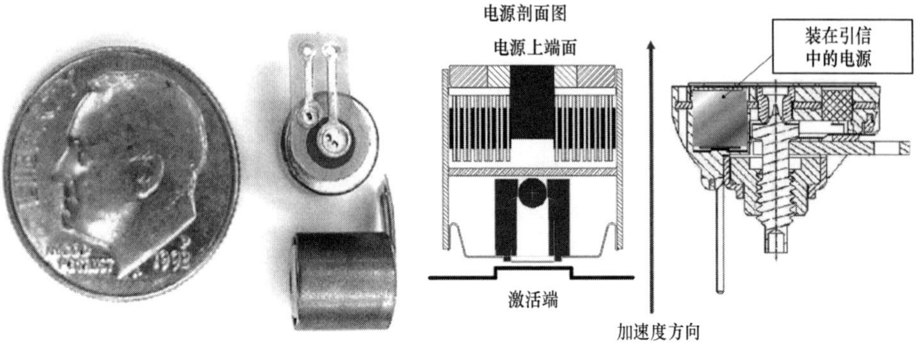

图 6－22　引信用锂-亚硫酸氯储备式电源

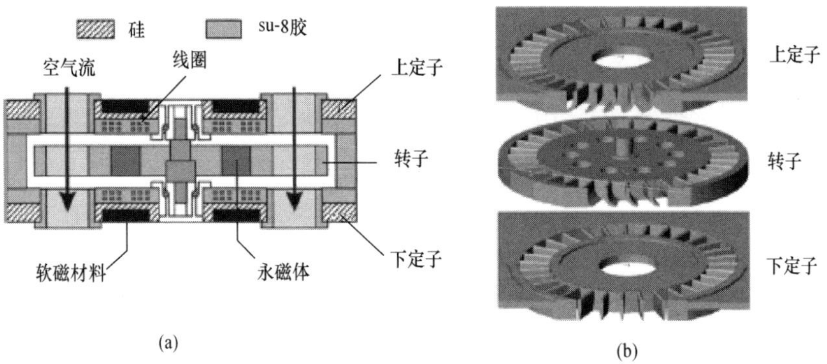

图 6－23　英国帝国理工大学研制的微发电机

（a）整体结构；（b）定子和转子结构。

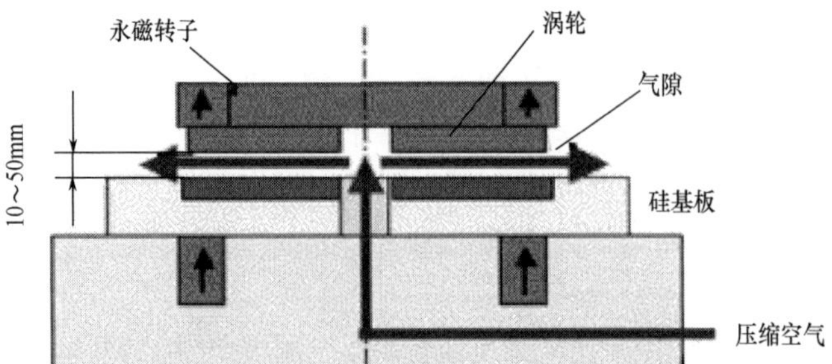

图 6－24　法国 LEG 研制的微型发电机

美国佐治亚理工学院和麻省理工学院联合研制了两种微发电机，取得了较高的能量密度。如图6-25所示，为其中一种微型旋转发电机结构——轴流式涡轮，其特点为将平面线圈电镀在一个软磁基底上，再将此软磁背铁置于永磁转子的反面，用以增加气隙中的磁场强度。

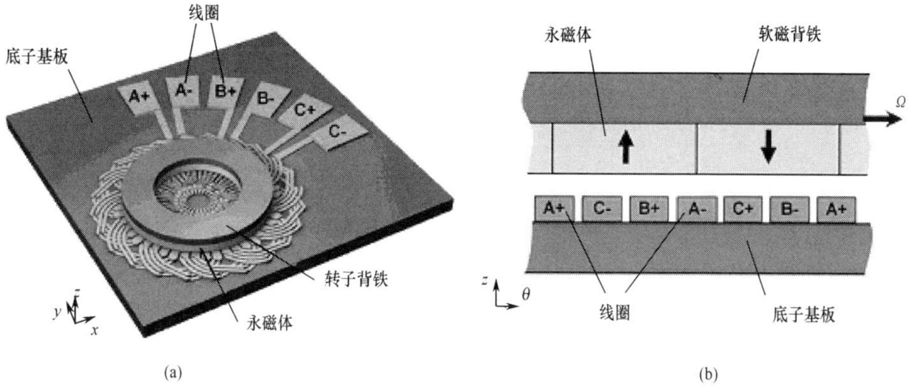

图6-25 美国佐治亚理工学院和麻省理工学院联合研制的微旋转发电机
（a）轴测图；（b）截面图。

美国加利福尼亚大学伯克利分校研制的第一代MEMS回转式内燃式发动机，其目的之一是替代电池组。体积为77.88mm^3，最大转速为30000r/min，输出功率为29W，为微旋转发动机提供了技术储备。工作包括使用气体燃料如氢、甲烷、丙烷，用电动机驱动发电机，测试密封性能。微型发动机的尺寸：半径为0.5mm、深为0.1mm、体积为0.013mm^3。其将用硅或是碳化硅制造。

1. 引信能源装置微装配特点

相对于引信的其他部分，引信用能源装置的尺寸相对较大，所以更有利于微装配的操作，近年来随着对微型能源装置的研究，试验室的一部分微型能源装置也正走向实用化。引信用能源装置特点：①能源装置形状各异，有圆柱形的也有方形的，所以对特定的形状设计特定的微夹持器；②能源装置的夹持力应该适中，不易过大，所以需要闭环的力学反馈系统对夹持力进行控制。

2. 引信能源装置微装配关键技术

1）微夹持技术

对于形状各异的能源装置，应该针对该型号引信的能源装置的类型，设计不同类型的微夹持器来满足需求。

对于圆柱形的能源装置，可以采用如图6-21所示的微夹持器，对其进行夹持。对于方形的能源装置，可以采用真空吸附式微夹持器，如图6-26所示。

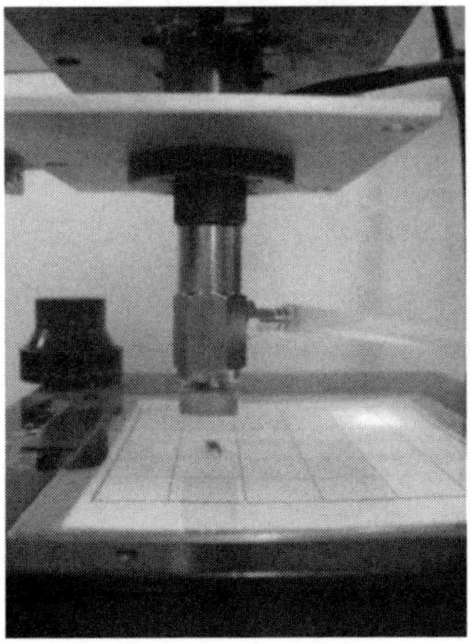

图 6－26　真空吸附式微夹持器

2）夹持力控制技术

在微装配过程中，必须精确控制微夹持器的输出力，才能实现对零件稳定的夹持以及安全无损的装配。夹持力控制过程（图 6－27）：预先计算理想夹持力，针对不同零件给定夹持力的阈值范围；在微装配过程中进行实时的夹持力检测；根据实时夹持力检测信息与理想夹持力阈值范围的比较，对夹持力进行调节控制，使夹持力始终在理想阈值范围之内。

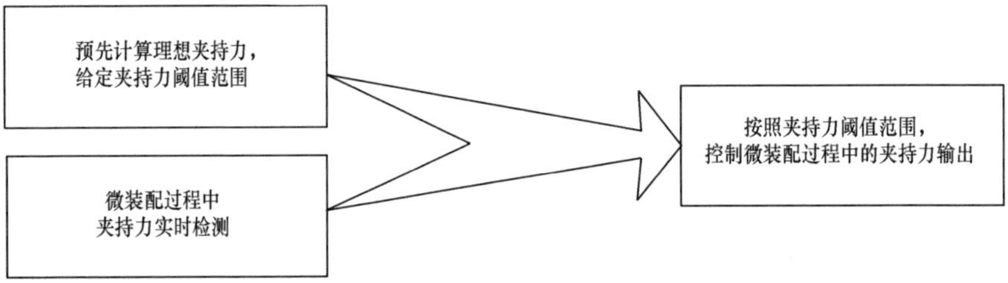

图 6－27　夹持力控制过程

在装配过程中，微夹持器对零件的夹持力应满足如下要求：

(1) 克服零件自身重力。

(2) 克服在装配过程中随着微夹持器快速移动时的惯性力对零件位置的影响。

(3) 不能对零件结构造成损坏。

基于以上三点要求，研究夹持力理想阈值计算模型。设 N 为夹持力，首先对所要夹持的零件进行夹持力作用下的有限元分析，得到在不受损坏的情况下零件所能承受的最大夹持力 F_m，即：

$$N < F_m \tag{6-1}$$

为了保证能够稳定地夹持零件，夹持力需要克服零件自身重力和随着微夹持器快速移动时的惯性力的作用。设f为微夹持器上两个夹爪对被夹持零件的摩擦力，μ为零件与夹爪之间的静摩擦系数，m为被夹持零件质量，n为产生惯性力的运动加速度与重力加速度的比值。则

$$f = 2\mu N \tag{6-2}$$

$$f > (n+1)mg \tag{6-3}$$

有

$$N > \frac{(n+1)mg}{2\mu} \tag{6-4}$$

结合式（6-1），微装配中零件夹持力的阈值范围为

$$\frac{(n+1)mg}{2\mu} < N < F_{\mathrm{m}} \tag{6-5}$$

6.4 引信微装配研究现状及发展趋势

6.4.1 国外引信微装配技术

美国已为25mm口径弹药引信安全系统研制、开发了一套集生产、装配及自动检测为一体的基于机器视觉的自动微装配系统（MVAM），如图6－28所示。这套装置的研发目的是为了实现MEMS引信安全系统装配的高精度、高生产力。2006年6月该套系统被开发完成并通过了演示验证。

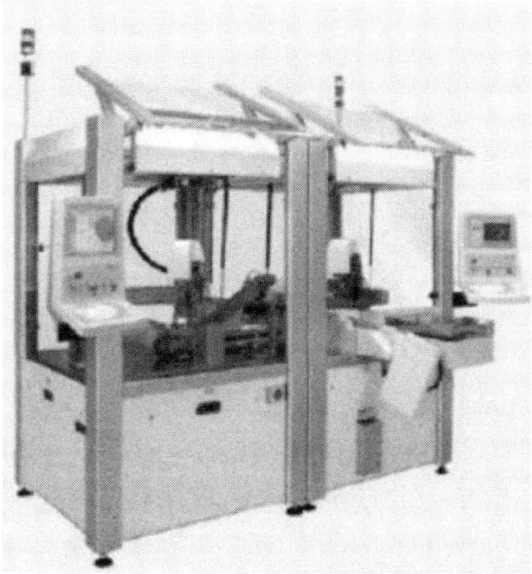

6－28 MEMS引信安全系统自动装配装置

使用该系统进行装配的过程中，在装配前或装配后，都利用了机器视觉

技术对零件进行排列成套及检查。该系统能自动地对视频图像进行测量和数据归档，以及零件的100%校验。它在三个轴上的分辨力为1μm，轴向重复度为±3σ，片内的运动速度为1m/s。该系统还有一个0.1~50N的可编程控制平台，用于对夹持装置上的力进行测量及施加。分析数据预测，使用这套设备最终可以达到每小时完成100套MEMS引信安全系统的装配目标，而手工装配每个安全系统则耗时1h。

6.4.2 国内引信微装配技术

对于MEMS引信的微装配技术，我国还没有开展；但从演示验证项目中MEMS引信的装配，研究人员已经认识到该问题的严重性和紧迫性，微装配技术不仅影响生产效率，而且会影响产品的质量。

尽管我国目前还未研制出针对MEMS引信的微装配系统，但国内部分公司已研发出相关的系统用于微装配，同时部分研究机构已经开展了微装配技术的研究。苏州天准精密技术有限公司研发了微系统测量自动化系统（图6-29）以及微系统组装自动化系统（图6-30）。微系统测量自动化系统采用图像处理、机器视觉、模式识别等技术，以影像测头、激光测头、接触式测头、电动量仪、气动量仪等手段，实现工件几何尺寸、公差的在线测量，并提供工件自动上料/下料、多工位数据融合、根据测量结果自动分选工件等自动化、智能化功能。微系统组装自动化系统采用多工位流水线方式测量，可实现秒级的测量节拍；组装自动化系统以信息技术为核心，应用机器人技术、传感器技术、人工智能技术、机器视觉技术等手段，实现自动化的高速、稳定组装生产过程，替代传统的劳动密集型人工作业，消除生产工艺中的不稳定因素，以达到降低生产成本、提高产品质量、提升生产效率的目的。北京理工大学十二自由度宏微结合微装配系统如图6-31所示。系统包括显微立体视觉分系统、精密承载工作台分系统、多尺度微夹持分系统、位姿控制与检测分系统。通过试验证明，能够实现薄板、MEMS平面弹簧以及轴类零件的三维装配。清华大学研究的基于光学显微系统的微装配系统，主要包括精密承载工作台分系统、显微立体视觉分系统、左/右微夹持器以其控制驱动分系统。通过试验证明，能实现微孔/轴的三维装配。哈尔滨工业大学机器人研究所提出了一种MEMS自动微装配机器人，该系统能在2.5min内实现3个行星齿轮的自动装配。厦门大学利用磁悬浮平台搭建微装配系统，在一个运动平台上实现了微/宏两种运动模式。目前，国内其他从事微装配系统研究的还有北京航空航天大学、南开大学等，在全系统的微装配系统原理样机及关键技术研究等方面取得了一些成果。

(a)　　(b)

图 6-29　苏州天准精密技术有限公司研发的微系统测量自动化系统

（a）精密零件自动检测系统；（b）微电子产品测量系统。

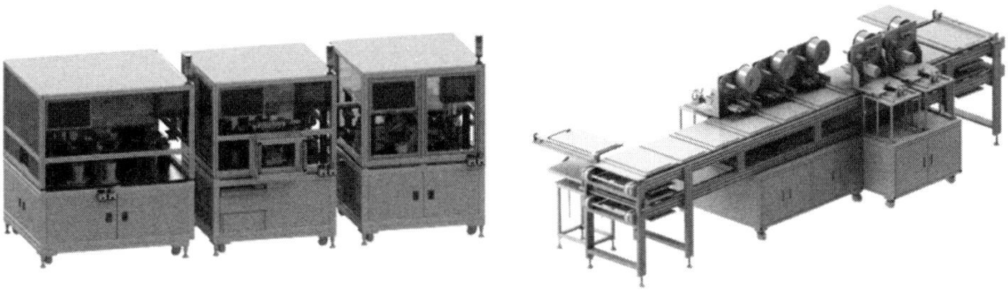

(a)　　(b)

图 6-30　苏州天准精密技术有限公司研发的微系统组装自动化系统

（a）连接器装配线；（b）自动贴膜机。

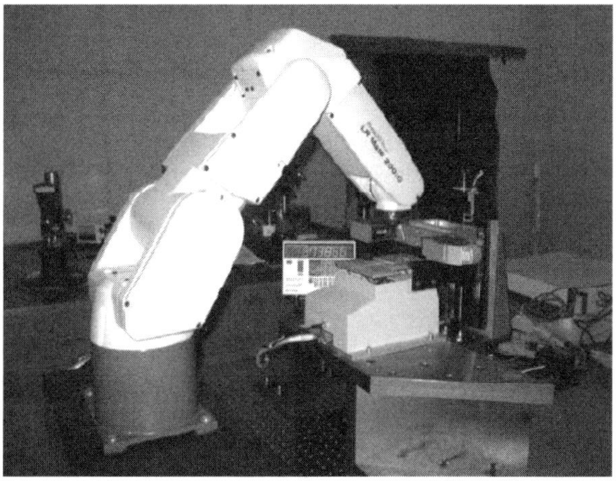

图 6-31　北京理工大学十二自由度宏微结合微装配系统

6.4.3 引信微装配发展趋势

由于国外对MEMS引信的研究较早，已经有相应的基于机器视觉的自动微装配系统用于生产、装配，但也仅仅是实现MEMS引信安全系统的装配。

随着工业制造的需求发展和科技的进步，引信微装配技术也面临越来越多的发展需要。微装配需要更少的人工操作、更高的装配精度、更可靠的装配方法以及更高效的生产效率。

引信微装配有以下三个方面的发展趋势：

（1）实时的在线检测。MEMS引信微装配成品可靠性的前提是引信MEMS结构件的合格，传统以人工检测为主，微系统检测技术发展可以促进检测零件的效率和合格率，将微系统检测技术与微装配技术结合是未来微装配技术发展的一个趋势。这样，不但可以减少运输途中对零件的损坏，而且可以与生产流程紧密结合，提高微装配的生产效率。

（2）流水线自动化微装配。目前的引信微装配技术还仅仅是对MEMS安全系统采用交互式、集中装配。而引信是个复杂的机电系统，除MEMS安全系统，还包括发火控制电路板、微传爆序列和能源装置，显然不适合在有限的工作平台上进行集中装配。根据传统的装配生产发展历史，也是由人工装配，到半自动化装配，直到目前的流水线自动化装配。因此，流水线自动化微装配是未来引信微装配发展的趋势。

（3）微装配数据管理系统。我国每年均有几千万个引信产品生产。一个引信产品零件多达几十个甚至上百个，其加工、装配、检验都有固定程序，非常复杂。若从引信产品微系统检测及装配阶段就对相关零件进行状态检测及储存，零部件形状、位置和相互间的工作关系的数据存储，以及其他部分的数据备份，不但可以为用户了解其内部结构，掌握引信零部件的相对关系提供直接的资料，而且可以根据数据信息对未来引信故障诊断和维修装配做积极的指导。

第7章 引信装配的技术安全

引信装配过程中，安全问题有特别重要的意义。

引信生产过程中涉及火炸药、火工品等诸多敏感的火工原材料和元器件，手工作业工序多，各类不安全状态和行为都有可能造成意外发生，导致人员伤害和财产损失事故发生。

事实证明，引信装配过程中，一旦发生事故，就会给生产、财产造成重大损失，有时还会危及人身安全，同时扰乱了整个生产的正常进行，使员工的生产积极性受到影响。

根据生产易燃、易爆的特殊性，在技术安全工作上应当：首先考虑避免一切可能造成燃烧、爆炸事故的根源，杜绝事故的发生；其次是缩小以致消除爆炸后可能遭受的损失。

由于生产过程中存在着各种不安全因素，并且有时很难百分之百地加以控制，也就是说防止发生事故的可能性是存在的。为了不使这些可能性变为事实，把事故消灭在发生之前，就需要在各方面加强技术安全工作。例如：设计厂区、车间（或工房）的平面布置要合理；在满足技术先进可行、经济合理的条件下具有可靠的防爆、泄压、防水、灭火等措施，从基本建设角度着手消除不安全因素。又如：选用设备和布置生产作业线时，针对生产特点的要求和技术经济上的可能性，最大限度地采用生产过程机械化、连续化、自动化、远距离控制、隔离操作；广泛采用技术革新，学习和引进外国先进技术和设备以及改造老工艺、老设备，力争避免可能发生的伤亡事故。

7.1 装配区的选址

7.1.1 选址的意义

引信装配区的选址是一项政策性、经济性很强的综合性工作，既要考虑战备的要求，又要满足经济的合理性。选址区应结合工房的总平面布置、临近单位的建筑物、居民点、交通等一起考虑和分析，选址最佳方案。区址选址合适与否，直接影响基建速度、投资费用及今后的安全生产和管理工作。因此，在进行区址选址时，除交通、水源、地质、原材料供应和当地气候条件等满足建区要求外，还应满足战略和安全生产等。

7.1.2 选址的要求

选址时应遵循以下几条原则：

(1) 位置。区址应避开大城市、大型工矿基地、重要交通枢纽、飞机场、大型桥梁、有开采价值的矿藏区、地震烈度在九级以上的震区以及受国家重点保护的名胜古迹等。

(2) 地形。区址应尽量选择在隐蔽和自然防护条件较好的山区或丘陵地带，防止选在山坡陡峭的狭窄沟谷中，同时应尽量少占良田和少迁居民等。

(3) 地质。区址选择应尽量选择在石质坚硬、岩体稳定、岩性均一完整、地质构造简单，土质均匀，地基土壤计算强度一般在 $15t/m^2$ 以上，沼泽、流沙、三级湿陷性大孔土等地区均不宜选为区址。

(4) 交通。区址应适当靠近铁路、公路或码头，采用铁路运输时，应避免修建大型桥梁和隧道。

(5) 水和电源。区址应靠近有可靠的水、电源和足够的水电量供应；对上水的水质有一定的要求，以满足施工、生产与生活的需要。

(6) 其他。其他条件如气候（温、湿度及主风向等）、原材料供应、施工条件、当地情况都应有利于建区。

7.2 装配区的平面布置

7.2.1 外部的平面布置

由于引信装药装配具有燃烧、爆炸等危险特性，在引信装配厂区建设时应特别考虑安全问题。外部的平面布置一般需考虑到以下几个方面：

(1) 根据生产特点、危险性质和地形条件，引信装药装配区应尽量与本厂的其他区分开布置，当不具备条件时，可以与机械加工区合并在一个区内。

(2) 不宜布置在山坡陡峭的狭窄沟谷中。

(3) 严禁主要人流或无关人员和运输货物通过装药装配区，以利于保证完全。

7.2.2 内部的平面距离布置

由于引信装药装配过程涉及火工品、传爆药柱等危险工序的操作，具有一定的危险性，为保证一定的安全性，引信装药装配的内部平面布置应考虑以下几个方面：

（1）装配生产工房与其他建筑物应按工艺流程的顺序，有机联系和力求靠近的原则布置。使材料、半成品、成品等的运输线路尽可能短，同时应避免爆炸品的往返和交叉运输，以免造成长期的人力、物力的浪费和不安全隐患。

（2）在满足主要生产工房需要的前提下，宜将最危险或污染危害最大的工房布置在远离非危险或非污染工房的地段，尽可能避免相互影响和污染。

（3）当危险工房布置在山凹中时，应考虑人员的安全疏散和有害气体的扩散。危险工房靠山布置时距离山坡不宜太近。

（4）危险建筑物抗爆间室的轻型面，在山区宜面向山坡，但距离不宜太近。

（5）装药区各生产工房周围除种树外，在树与树之间的空地上，特别是工房周围应种上草或为无尘地面。通往有爆炸危险或起火危险的生产工房的道路应用无尘材料铺设路面，有利于防尘、防沙、调节空气和使工房得到隐藏。

（6）装药装配区宜设置高度不小于2.5m的密砌围墙。全区统一设置围墙有困难时，可结合地形条件分小区布置。围墙距离危险建筑物的距离不宜小于15m。

7.3 建筑物的火灾爆炸危险性和内外部距离

引信装配过程中的火灾危险程度或爆炸危险性程度是生产工房防火防爆设计的主要依据。只有确定了火灾危险性的类别或爆炸危险性，才能相应地确定应采取的防火、防爆措施。为了确定类别，必须首先分析生产过程的火灾危险性或爆炸危险性，对整个生产工艺过程进行认真的分析研究。分析生产过程中的危险性，主要是了解生产中所使用的原料、中间产品和成品的物理、化学性质和危险特性，所用危险物数量，生产过程中采用高度设备类型，选择的工艺条件，以及其他可能导致发生火灾爆炸危险的各种条件。

7.3.1 建筑物的火灾危险性分类

引信装配过程中，对于不包含爆炸危险火工品元件的电子部件、机电部件的装配，生产的火灾危险性应根据生产中使用或产生的物质性质及其数量等因素，将建筑物划分为甲、乙、丙、丁、戊五类。

根据《建筑设计防火规范》（GB 500016—2014），火灾危险性分类应符合表 7－1 中的规定。

表 7－1　火灾危险性分类

生产的火灾危险性类别	使用或产生下列物质的火灾危险性特征
甲类	① 闪点小于 28℃的液体； ② 爆炸下限小于 10% 的气体； ③ 常温下能自行分解或在空气中氧化能导致迅速自燃或爆炸的物质； ④ 常温下受到水或空气中水蒸气的作用，能产生可燃气体并引起燃烧或爆炸的物质； ⑤ 遇酸、受热、撞击、摩擦、催化以及遇有机物或硫磺等易燃的无机物，极易引起燃烧或爆炸的强氧化剂； ⑥ 受撞击、摩擦或与氧化剂、有机物接触时能引起燃烧或爆炸的物质； ⑦ 在密闭设备内操作温度不小于物质本身自燃点的生产
乙类	① 闪点不小于 28℃，但小于 60℃的液体； ② 爆炸下限不小于 10% 的气体； ③ 不属于甲类的氧化剂； ④ 不属于甲类的易燃固体； ⑤ 助燃气体； ⑥ 能与空气形成爆炸性混合物的浮游状态的粉尘、纤维，闪点不小于 60℃的液体雾滴
丙类	① 闪点不小于 60℃的液体； ② 可燃固体
丁类	① 对不燃烧物质进行加工，并在高温或熔化状态下经常产生强辐射热、火花或火焰的生产； ② 利用气体、液体、固体作为燃料，或将气体、液体进行燃烧作其他用的各种生产； ③ 常温下使用或加工难燃烧物质的生产
戊类	常温下使用或加工不燃烧物质的生产

在电力设计规范中，根据发生事故时的可能性和后果，即危险程度，将爆炸火灾危险场所分为三类八级。

（1）第一类是气体或蒸汽爆炸性混合物的场所，共分为三级：

① Q-1 级场所：在正常情况下能形成爆炸性混合场所。

② Q-2 级场所：在正常情况下不能形成，只在不正常情况下才能形成爆炸

性混合物的场所。

③ Q-3 级场所：在非正常情况下整个空间形成爆炸性混合物的可能性较小，爆炸后果较轻的场所。

（2）第二类是粉尘或纤维爆炸性混合物场所，共分为两级：

① G-1 级场所：正常情况下能形成爆炸性混合物的场所。

② G-2 级场所：正常情况下不能形成，仅在不正常情况下才能形成爆炸性混合物的场所。

（3）第三类为火灾危险场所，共分为三级：

① H-1 级场所：在生产过程中，使用、加工或储运闪点高于场所环境温度的可燃物质，它们的数量和配置能引起火灾危险的场所。

② H-2 级场所：在生产过程中出现悬浮状、堆积可燃粉尘或可燃纤维，它们虽然不会形成爆炸性混合物，但在数量上与配置上能引起火灾危险的场所。

③ H-3 级场所：有固体可燃物，在数量上与配置上能引起火灾危险的场所。

“正常情况”是指生产场所处于正常的开车、停车的运转，也包括设备和管线正常允许的泄漏情况。“不正常情况”包括装置损坏、误操作、维护不当及装置的拆卸、检修等。在划分一个场所的火灾爆炸危险性时，要考虑可燃物质在场所内的数量和配置情况，以决定是否有引起火灾爆炸的可能，而不能简单地认为只要有可燃物质就属于火灾危险场所。

7.3.2 建筑物危险等级

兵器工业的“安全规范”中危险等级的划分源于20世纪50年代初苏联军工的《火化工规范》。兵器工业第五设计研究院在总结国内试验及多次爆炸事故的基础上，先后于1992年及1998年陆续颁布了兵器工业的《火药、炸药、弹药、引信及火工品设计安全规范》（简称“大药量规范”）和《小量火药、炸药及其制品危险性建筑设计安全规范》（简称“小药量规范”）。这两个规范一直沿用至今，其他军工行业涉及火药、炸药、弹药、引信及火工品的企业也均参照执行。目前，相关规范正在进行全面的修编工作。对于引信产品来说，只有当大批量生产时，在引信总装、组批和转手存储阶段时，建筑物的药量才可能超过50kg（TNT当量）；对于含火工品的部件装配，建筑物的药量很少能超过50kg（TNT当量）。因此，对于引信生产来说，根据生产的不同阶段，可适用不同的安全规范。下面将基于现行的规范，对建筑物的危险等级进行简要介绍。

1. 小量火药、炸药及其制品建筑物危险等级

危险性建筑物内（抗爆和抑爆间室除外）炸药及其制品的存药量不超过

50kg（TNT当量），火药及其制品的存药量不超过100kg。抗爆和抑爆间室内炸药最大存药量不超过50kg（TNT当量）。建筑物内的危险品包括研制、加工、试验、拆分、销毁和存放各种火药、炸药、弹药、引信、火工品、氧化剂的成品和半成品及其有燃烧和爆炸危险性的原材料。

1）建筑物危险等级划分

危险性建筑物的危险等级划分为A_x级、B_x级、C_x级、D_x级四级。分级的目的是便于按级采取防护措施（如建筑物的结构形式和设置防护屏障等）和设置内部、外部设防安全距离。

（1）A_x级：建（构）筑物中研制、加工、试验、拆分、销毁、存放的炸药，具有整体爆炸的危险。

（2）B_x级：建（构）筑物中研制、加工、试验、拆分、销毁、存放的炸药及其制品，具有局部爆炸和抛射的危险性。

（3）C_x级：建筑物中研制、加工、试验、拆分、销毁、存放的发射药、固体推进剂、液体火药及其制品，具有剧烈燃烧或燃烧转为爆炸的危险性。

（4）D_x级：建（构）筑物中研制、加工、试验、拆分、销毁、存放的火药、炸药及其制品，具有局部燃烧或爆炸的可能，但药量很小，没有整体爆炸的危险性。

2）危险性建（构）筑物内进行的作业

（1）在A_x级及建（构）筑物中进行的作业。

进行的作业包括：奥克托今、黑索今、特屈儿、泰安、梯恩梯、黑火药、烟火药和破坏力相当于或大于这类炸药的其他单质炸药，以及含有这类炸药的混合炸药的研制、加工、试验和拆分；硝化甘油及含有硝化甘油的双基火药、双基推进剂、三基火药组成物的配制；在存放间（库）内，储存上述炸药或其药柱、药块；在存放间（库）内，储存单质起爆药或混合起爆药；在存放间（库）内，储存装填上述炸药的大中口径炮弹、火箭弹、地雷、航空炸弹、战术导弹和制导炮弹；在存放间（库）内，储存火帽、枪弹底火、雷管、导爆索等火工品；在存放间（库）内，储存黑火药、烟火药及其制品。

（2）在B_x级建（构）筑物中进行的作业。

进行的作业包括：弹药、引信及火工品的研制、加工、试验、拆分和销毁过程中，对炸药、起爆药不进行直接加工的作业；对不含硝化甘油推进剂组成物的配制、三基药的捏合、复合推进剂的装配包装作业；对炸药、起爆药进行直接加工的作业；爆炸危险性较大的危险品均设在抗爆间室或装甲防护装置内的作业；在工房内，对起爆药进行溶剂、水中作业或湿态作业，而使其危险程度有明显降低的作业；枪弹振动试验、火工品起爆试验、导爆索爆炸试验的作业；在建筑物的暂存间内，起爆药在溶剂或水中储存或湿态储存；在工房或存放间（库）内进行较钝感的炸药（如梯恩梯）的研制作业或储存；在存放间（库）内，储存特种手榴弹、炮弹、制导炮弹、火箭弹及航空炸弹等产品；在存放间（库）内，储存口径37mm及小于37mm的炮弹、手榴弹、枪榴弹、信号弹和特种枪弹等；在存放间（库）内，储存底火、传火具、曳光管等火工品及发火件和引信等。

（3）在 C_x 级建筑物中进行的作业。

进行的作业包括：发射药、底喷药、液体火药、可燃药筒、半可燃药筒及火箭、火箭弹、战术导弹和制导炮弹的固体推进剂的研制、加工，其过程中具有燃烧或燃烧转爆炸危险性的作业；在危险品存放间（库）内，储存发射药、底喷药、液体火药、可燃药筒、半可燃药筒、固体推进剂、装填发射药的药管、药包和药筒及装填固体推进剂的火箭发动机等。

（4）在 D_x 级建筑物中进行的作业。

进行的作业包括：在建筑物内，火药、炸药、烟火药、起爆药、弹药、火工品、引信加工过程中危险性较低或药量很小的作业；在工房和存放间（库）内，对导火索进行研制、加工和储存；在研制实验室、工厂理化性能实验室内，进行火药、炸药、烟火药、起爆药及其制品等的研制和试验；在实验室内进行药量不大于20g的枪弹振动试验、火工品性能试验和导爆索的性能试验；在研制实验室和存放间（库）内，对火药、炸药和起爆药使用的氧化剂进行研制和储存。

3）危险性工序等级划分

危险品研制工房和生产工房的危险等级可按其内危险品研制、加工、试验、拆分和销毁工序的危险等级确定。对于火工品的装药、压药、装配、待验、组批以及引信发火件的装药装配、分解、拆分等危险工序的危险等级为 B_x 级。

当危险品研制实验室或工房内有几种不同危险等级的研制、加工、拆分和试验工序时，应按危险等级划分的次序，取其最前者为危险品研制工房或加工工房的危险等级。

4）危险品存放间（库）的危险等级划分

危险品存放间（库）的危险等级可按所储存的危险品确定。当单间（库）存放的品种较多时，应按存放危险品的最高危险等级确定。引信及发火件存放间危险等级为 B_x 级，装配引信用的雷管、传爆管、扩爆管等的存放间危险等级为 A_x 级。

5）工艺布置

工艺布置一般应遵循以下原则：

（1）危险品加工、试验、拆分工序应按工艺流程布置，不应倒流和交叉作业，研制工房和改建工房除外。

（2）危险性实验室、工房内应控制存药量，控制操作人员的数量。最大允许存药量和人员限额应醒目地标在建（构）筑物的入口处。

（3）操作人员较多而操作又相对的比较安全的作业场所不宜与易发生事故的作业场所组合在一个工房内。

（4）危险品研制、加工和拆分工房的建筑平面宜为矩形。A_x 级、B_x 级、C_x 级工房均应为单层建筑，当工艺有特殊要求，并采取了有效的安全措施后除外，但不允许设有地下室。

（5）危险品研制、加工、拆分作业线与非危险品加工线应分别设置工房。危险品研制、加工、拆分作业线的各工序宜采取防护隔离措施或分别布置在单独的工作间内。研制、加工、拆分中易发生事故的工序应根据危险品可能发生事故的危害情况，分别布置在单独的钢筋混凝土抗爆间室内，或采用装甲防护板、透明防护板、抗爆、抑爆结构等防护措施。

（6）危险品研制、加工和拆分工房内的设备、管道和运输装置的布置、疏散口的位置等都应确保任何地点的操作人员能够迅速疏散。

（7）危险品研制、加工和拆分工房内，与其无直接联系的辅助间和生活间，如通风间、配电室、空调机室、控制室、水泵房、更衣室、淋浴室、厕所等，应与研制、加工工作间隔开，而且宜单独设置出入口。

（8）在试验间较多而且试验间内存药量又较小的情况下，允许实验室周转的药暂存在抗爆容器内，其药量不宜超过试验间的使用药量。

（9）弹体装药研制和加工过程中，炸药的准备、加工、压制、熔化、注装、压装、螺装、挖药解剖拆卸和倒药等工序均应在抗爆间室内进行。

（10）危险品研制和加工中的抗爆间室、抑爆间室应符合：不允许地沟穿过间室的墙与间室相通，也不允许间室之间有地沟相通；不允许有爆炸危险品的管道通过间室或在没有隔爆、隔火措施的情况下进入间室；工艺设备如为隔墙传动时，通过墙上的部位应采取密封措施，一般性管道如水管、蒸汽管、压空管、穿电线的钢管等必须进入间室时，应在通过墙上的部位采取密封措施；间室朝向操作人员的一面抗爆墙（板），在间室内药量较多的情况下，应采用钢筋混凝土的结构，药量较少时才允许采用钢板结构；抗爆墙（板）上允许开设操作品、传送口、观察孔、传递窗，其结构应满足抗爆及不传爆的要求。操作口、传送口、传递窗等处应与间室内有关设备设有联锁装置；抗爆间和抑爆间室的门应与间室内的电动设备进行联锁，当抗爆装甲门关闭时，设备才能运转。

（11）炮弹、战术导弹和制导炮弹研制装配工房，在采取防护隔离措施的情况下，允许设置暂存间。

（12）火工品及其起爆药剂生产工房宜布置成单面工作间和单面走廊形式，并设有疏散门和安全窗。

（13）实验室的危险品暂存间应布置在楼房的底层。

（14）在存放间（库）内，可将集中存放的危险品总量划分为若干小单位药量存放，此时须建有适当的隔墙或提供足够的间隔，以确保不至于造成殉爆。

（15）危险品应按相关规定分组存放。

（16）危险品研制、加工、试验、拆分使用的金属设备、金属管道和装置等均应有导出静电荷措施。

2. 火药、炸药、弹药、引信及火工品工厂中建筑物的危险等级

火药、炸药、弹药、引信及火工品工厂中建筑物的危险等级，按发生燃烧、爆炸事故的可能性大小和后果严重程度不同，划分为 A_1 级、A_2 级、A_3 级、B 级、C_1 级、C_2 级、D 级七个等级。A_1 级、A_2 级、A_3 级建筑物统称为 A 级建筑物，C_1 级、C_2 级建筑物统称为 C 级建筑物。分级的目的是便于按级采取防护措施（如建筑物的结构形式和设置防护屏障等）和设置内部、外部设防安全距离。

1）建筑物危险等级划分

A 级建筑物，属于爆炸危险类。该建筑物的特点是在该建筑物中生产或储存的危险品具有整体爆炸危险性能，所采用的生产工艺又不宜把爆炸事故的破坏局限在一定的小范围内（如抗爆间室内），这类建筑物一旦发生事故，不仅本建筑物遭到严重破坏或完全摧毁，而且对厂内外的其他建（构）筑物产生不同程度的破坏。

A 级建筑物是根据其生产或储存的危险品的破坏能力，也即梯恩梯爆炸空气冲击波压力当量值的大小划分的。当建筑物内的危险品，其梯恩梯压力当量值大于 1.0 时，建筑物的危险等级定为 A_1 级，如黑索今、奥克托今、特屈儿、泰安和破坏能力相当于或大于这类炸药的其他单体炸药，以及含有这类炸药的混合炸药的制造、加工、熔化、注装等生产工序或厂房以及储存上述炸药的仓库。当建筑物内的危险品梯恩梯压力当量值约等于 1 时，建筑物的危险等级定位 A_2 级，如梯恩梯、硝基胍，以及含有这类炸药的混合炸药的制造、加工、熔化、注装等生产工序或厂房以及储存上述炸药或储存装填炸药的大中口径炮弹、火箭弹、地雷、航空炸弹等的仓库。当建筑物内的危险品梯恩梯压力当量值小于 1，但其火焰、摩擦感度较高，容易出事故时，建筑物的危险等级定位 A_3 级，如黑火药、烟火药的制造、加工工序或厂房，以及储存黑火药、烟火药及其制品的仓库。

B 级建筑物内加工或储存的物品仍有爆炸性，由于在特定条件下而降低了危险品的危险性或减轻事故的破坏能力，其特定条件大致有以下几种：

（1）危险作业是在抗爆间室或装甲防护下进行的，如弹体螺旋装药、战斗部装药装配、药柱压制、火工品装药压药等。当抗爆间室内人机隔离作业万一发生爆炸事故时，其严重的破坏仅限制在抗爆间室内，不致引起室外其他危险品的殉爆及对操作人员的伤害，破坏范围较小。

（2）某些炸药的生产工序，由于同时存在水或其他钝感物质，使其降低了危险性，或由于某些炸药的本身感度较低，不易引起燃烧爆炸事故，如二硝基重氮酚是在水介质中生产的，梯恩梯、硝基胍的各种感度都比较低，故二硝基重氮酚生产工序、梯恩梯的煮洗、包装，硝基胍的脱水至结晶等工序均定为B级。

（3）当生产操作时，爆炸物已装入金属或非金属的壳体内，火炸药已不是裸露状态，此时的操作相对比较安全，故该工序的建筑物危险等级定为B级。例如，榴弹、迫弹、火箭弹、战术导弹、特种炮弹生产中的全弹的装药装配、射线检测、引信装配等工序。

C级建筑物是火灾危险类，其特点是：在一般情况下作业的对象和储存的物种事故发生时只产生燃烧而不发生爆炸，但在特定条件下才会由燃烧转化为爆燃或爆炸。发射药检选、称量、装包（袋）、捆扎和药筒装药振动工房；存放发射药、装发射药的药管、药包和药筒，推进剂和火箭发动机，可燃药筒和半可燃药筒，普通枪弹，弹体内不装填炸药的穿甲弹和宣传弹的周转库房等建筑物。

D级建筑物的主要特点是建筑内的产品能燃烧，但与C级建筑内的产品相比缓慢得多，甚至燃烧只是局部的，容易扑灭。也不排斥有爆炸的可能，但爆炸或是局部，破坏能力也比较小。引信装配工厂中，D级情况较少。

2）危险性工序等级划分

危险品生产厂房的危险等级应按厂房内危险品生产工序的危险等级确定。危险品生产工序或厂房的危险等级应符合表7-2的规定。

表7-2　危险品生产工序或厂房的危险等级

生产分类	危险等级	生产工序或厂房名称
硝化纤维素	D	配酸，硝化，驱酸，水洗，煮洗，细断，精洗，混同，棉浆除铁、除渣，棉浆浓缩，脱水，包装，棉浆储存，硝化纤维素回收
硝化甘油	A_1	硝化，分离，洗涤，接料，废酸后分离
	B	废酸热分解，废水澄清，加碱处理废水
	D	检验甘油的硝化试验

（续）

生产分类	危险等级	生产工序或厂房名称
单基火药	C_1	钝感，小品号（如2/1、3/1品号）药粒的干燥，所有品号药粒的桌式干燥，所有品号药粒的重式或机械化式混同
	C_2	离心驱水，胶化，压伸，晾药，切药，预烘，筛选，组批，浸水，预光，干燥，光泽，人工混同，包装，返工品浸泡
	D	二苯胺乙醚溶液的配制，溶剂回收，乙醚制造与乙醚精馏，乙醚储存，硝酸钾粉碎与混合
双基火药	A_1	含有硝化甘油的组成物配制
	B	不含有硝化甘油的组成物配制，梯恩梯熔化
	C_2	吸收药制造，吸收药螺旋或离心除水，吸收药干混同，压延，切割，干燥，压伸①，切药，挑选，组批，人工混同，包装，保温，晾药，冲形，筛选，称量，检选，返工品处理
	D	硝化纤维素棉浆配制或储存，吸收药浆混同或储存
双基推进剂	A_1	含有硝化甘油的组成物配制
	B	不含有硝化甘油的组成物配制，梯恩梯熔化
	C_2	吸收药制造，吸收药螺旋或离心除水，压延，切割，干燥，磁选，压伸①，切药，晾药，挑选，探伤，车药，钻孔，包覆，药柱浸漆，组批，包装，返工品处理
	D	硝化纤维素棉浆配制或储存，吸收药浆混同或储存
三基火药	A_1	含有硝化甘油的组成物配制
	B	捏合①
	C_1	吸收药压延后药片预烘，三基药干燥
	C_2	硝化棉离心驱水，吸收药制造，螺旋或离心除水，压延及切片，热化，压伸①，晾药，光泽，切药，筛选，人工混同，包装
复合推进剂	B	装配，包装
	C_1	高氯酸铵粉碎及其后处理，推进剂混合
	C_2	推进剂预混，发动机浇铸，固化，脱模，整形，探伤，推进剂小样制备，装药发动机喷漆
	D	高氯酸铵粉碎前的暂存及处理
奥克托今	A_1	硝化，热解，冷却，过滤，转晶，喷射输送，干燥，包装，母液蒸馏
	B	废酸处理

（续）

生产分类	危险等级	生产工序或厂房名称
泰安（包括钝化泰安）	A_1	硝化，精制，钝感，过滤，喷射输送，干燥，筛选，包装
	B	丙酮母液蒸馏
	D	废酸热分解
黑索今（包括钝化黑索今）	A_1	硝化，结晶，煮洗，钝感，过滤，喷射输送，干燥，筛选，包装
	D	活性炭吸附处理废水及活性炭再生
含黑索今的混合炸药	A_1	造粒，过滤，包覆，混合，冷却，干燥，筛选，包装
	A_2	梯恩梯熔化
特屈儿	A_1	硝化，预洗，精洗，过滤，喷射输送，精制，干燥，筛选，包装
	B	丙酮母液蒸馏
胶质炸药	A_1	胶棉干燥，胶化，捏合，压伸，包装
	D	硝酸铵的粉碎、干燥及混合
梯恩梯和地恩梯	A_2	硝化，梯恩梯的预洗、干燥、制片、包装、废药处理
	B	梯恩梯的精制（亚硫酸钠法）、喷射输送，梯恩梯的碱性废水焚烧，地恩梯的煮洗、包装
	D	废水沉淀，活性炭吸附处理废水及活性炭再生
硝基胍	A_2	干燥，分散，包装
	B	脱水，稀释，冷却，过滤，转晶
二硝基萘	D	硝化，煮洗，除水，干燥，熔融，制片，包装
黑火药	A_3	三成分混合，筛选，药饼（板）压制，潮药包药，拆袋打片，造粒，光药，除粉，选粒，混合，包装
	B	药柱（饼、块）压制①
	D	硫炭二成分混合，硝酸钾干燥粉碎，黑火药密度、粒度测定
枪弹	A_3	曳光剂预烘干燥
	B	燃烧剂配制①，曳光剂混药①、预烘①、干燥①，特种枪弹（穿甲燃烧弹、穿甲燃烧曳光弹、曳光弹）弹头和成弹的装药装配
	C_2	手枪弹、步枪弹、机枪弹成弹的装药装配
37mm 及小于 37mm 炮弹	A_1	钝铝黑炸药准备（混药，晾药，筛选）
	A_3	烟火药干燥
	B	烟火药混药①，钝铝黑炸药准备（混药，晾药，筛选）①，全弹装药装配，药柱压制①，成品验收
	C_2	无炸药的曳光实心穿甲弹装药装配

（续）

生产分类	危险等级	生产工序或厂房名称
大于37mm杀伤爆破的榴弹，迫弹，穿甲弹，火箭弹，战术导弹	A_1	钝铝黑炸药准备，黑梯炸药塑化、塑装、熔化注装
	A_2	梯恩梯粉碎，梯萘（或铵梯）炸药混合，梯恩梯熔化注装，成品编批，药柱编批
	B	弹体螺旋装药①，钻孔①，弹体装药（直接装入药柱）①，药柱压制①，药柱编批①，各类炸药塑化、塑装①，锯弹①，锯开合弹药柱①，冒口药粉碎①，烟火药的混制①，射线检验，成品验收，全弹装药装配
	C_2	药筒装药，火箭发动机装药；不装填炸药的穿甲弹或曳光穿甲弹装药装配，可燃药筒制造，半可燃药筒制造
破甲弹，碎甲弹，反坦克导弹	A_1	黑梯炸药熔化注装
	A_2	成品编批，药柱编批
	B	战斗部（或弹头）装药装配①，全弹装配①，药柱压制①，射线检验，药柱编批①
	C_2	火箭发动机（或药筒）装药装配
手榴弹，爆破筒	A_2	拉火管晾干编批
	B	拉火管装配①，拉火管晾干编批①，药柱压制①，手榴弹装药装配，爆破筒装药装配
地雷	A_1	黑梯炸药熔化注装
	A_2	梯恩梯熔化注装，地雷（注装药的）装配，地雷编批，药柱编批
	B	药柱压制①，地雷（分装药的）装配
航空弹	A_1	黑梯炸药熔化注装，黑梯炸药塑化、塑装
	A_2	梯萘（或铵梯）炸药混合，梯恩梯熔化注装，钻孔，涂漆修饰加工装配
	B	传爆药柱压制①，传爆管装药装配，压装航空炸弹装药装配
特种手榴弹，特种炮弹，特种航弹	A_3	烟火药预烘干燥，抛射药包制造，黑火药制品制造
	B	烟火药混药①，烟火药压制①，点火药、引火药混药①，特种手榴弹装药装配，特种炮弹（燃烧、照明、发烟）装药装配，信号弹装药装配，特种航弹（燃烧、照明、标志、烟幕、照相）装药装配，药柱压制①，橡胶燃烧剂混合，燃烧药包制造
	C_2	特种炮弹药筒装药装配
	D	各种氧化剂干燥、破碎、筛选

（续）

生产分类	危险等级	生产工序或厂房名称
发射药管 发射药包	A_3	装黑火药的发射药管装药：蘸漆检验包装，装黑火药的药包装药检验包装
	C_2	装发射药的发射药管装药；蘸漆检验包装，装发射的药包装药检验包装，传火药盒（硝化棉软片制）盒体制造
废弹拆药	A_1	弹体内装填黑梯炸药熔化倒药
	A_2	弹体内装填梯恩梯、梯萘、铵梯等炸药熔化倒药，炸药回收制片
	B	弹丸的拆药①
炸药柱（或块）残次品处理	A_1	黑索今、特屈儿、泰安或含有以上炸药的混合炸药柱（或块）粉碎
	A_2	梯恩梯或含有梯恩梯的混合炸药的药柱或（块）粉碎
	B	各种药柱（或块）粉碎①
单体起爆药，混合起爆药	B	雷汞、二硝基重氮酚、三硝基间苯二酚的制造，氮化铅、三硝基间苯二酚铅、四氮烯的制造①，起爆药的烘干或真空干燥①，混合起爆药（击发药、针刺药、拉火药）的混合配制
	D	氮化钠制造，氧化剂粉碎、干燥、筛选
火工品（如火帽、底火、雷管、拉火管、曳光管、电爆管、传火具、点火等）	B	曳光剂混合筛选造粒①，引火药配制，引火药头制造，雷管用炸药的准备①，火工品的装药、压药、装配、滚光、筛选、检验包装①
	D	热电池装配
导火索	A_3	黑火药粉准备
	B	制索
	D	烘干，盘索，检验，编批，包装，秒量试验
导爆索	A_1	炸药（黑索今、泰安等）准备
	A_2	盘索，检验，编批，包装
	B	制索①，炸药准备①
引信，发火件	B	延期药、微烟药、耐水药制造，药柱压制①，引信、发火件的装药装配①、分解①、拆卸①
① 该生产工序或该厂房内危险工序是在抗爆间或在装甲防护下进行的		

当危险品在生产厂房内有几种不同危险等级的生产工序时，应按建筑物危险等级划分的次序，取其最前者为危险品生产厂房的危险等级。

设有防护措施的危险品试验站（塔）如枪弹振动试验站、火工品试验站、导爆索试验站、引信发火件试验站、弹药爆炸塔、手榴弹跌落试验塔、引信发火件爆炸试验塔、火工品销毁塔、烟火性能测光塔等的危险等级均应为B级。

各种火药、炸药、烟火药、起爆药等的理化实验室（站）均应为D级。

火药、炸药理化实验室应有单建的样品库。

3）危险品存放间（库）的危险等级划分

危险品仓库的危险等级应按所储存的危险品确定，并应符合表7-3中的规定。

表7-3 危险品仓库危险等级

危险等级	生产工序或厂房名称
A_1	奥克托今、特屈儿，泰安、黑索今、含黑索今的混合炸药及以上炸药的药柱（块）；胶质炸药，胶质炸药生产中的捏合药； 干雷汞，干二硝基重氮粉，氮化铅，三硝基间苯二酚铅，四氮烯，针刺药，击发药，拉火药
A_3	梯恩梯及其药柱（块），硝基胍，苦味酸，梯萘炸药，铵梯炸弹； 大于37mm的榴弹，迫弹，装填炸药的穿甲弹，火箭弹，火箭弹战斗部，战术导弹，破甲弹，碎甲弹，反坦克导弹，爆破筒，地雷，航空炸弹，火帽； 枪弹底火，雷管，带雷管的发火件，导爆索，扩（传）爆管
A_2	黑火药粉，黑火药及其制品；烟火药及其制品
B	地恩梯； 特种枪弹（如穿甲燃烧弹、穿甲燃烧曳光弹、曳光弹）； 37mm及小于37mm的炮弹手榴弹；特种手榴弹，特种炮弹（如燃烧、照明、发烟弹等）； 特种航弹（如燃烧、照明、烟幕、标志、照相航弹等）； 信号弹：底火，拉火管，曳光管，传火具，点火具，电爆管； 引信，发火件； 水中雷汞，湿态的二硝基重氮酚，湿态的三硝基间苯二酚
C_1	储存在储罐内的单基小品号（如2/1、3/1品号）火药
C_2	含水量不少于25%的硝化纤维素，螺旋除水后的吸收药，离心除水后含水量不少于20%的吸收药，单基火药，双基火药，双基推进剂，复合推进剂，三基火药，装填发射药的药筒（可燃药筒，半可燃药筒），装填推进剂的火箭发动机； 不装填炸药的穿甲弹； 普通枪弹； 装填发射药的发射药管或药包； 硝化棉软片及其制品
D	胶质炸药生产中的混合药； 二硝基萘； 导火索； 硝酸铵、硝酸钾、硝酸钡、硝酸锶、硝酸钠、氮酸钾、过氧化钡、高氯酸铵等氧化剂； 氮化钠
注：工序转手库、车间转手库、组（编）批库、工厂总仓库、返工品库、废品库等的危险等级库均应按表7-3确定	

4）工艺布置

工艺布置一般应遵循以下原则：

（1）危险品生产工艺宜采用先进技术，远距离控制、隔离操作，厂房内应减少存药量，减少操作人员或达到无人操作。

（2）危险品生产厂房和仓库的建筑平面宜为矩形。弹药、引信、火工品生产中的A级、B级、C级厂房应为单层建筑。当工艺有特殊要求，且在安全允许的条件下，可以除外。危险品仓库应为单层建筑。

（3）厂房内的危险品暂存间宜布置在厂房的端部。弹药、火工品、引信生产中的危险品暂存间（如保温库等）也可以沿厂房外墙布置成凸出的工作间。

弹药生产厂房内，危险品临时储存量不得超过2h生产需要量。枪弹、引信、火工品生产厂房内，危险品临时储存量不应超过4h的生产需要量。当上述限量小于一个包装箱时，则允许存放一箱。当产品技术条件或者工艺有特殊要求，存放期必须超过上述规定者除外。

（4）危险品生产工序与非危险品生产工序宜分别设置厂房。危险品生产厂房内各危险品生产工序或工段之间宜采取防护隔离措施或分别布置在单独的工作间内。生产中易发生事故的工序应根据情况分别布置在单独的钢筋混凝土或钢制抗爆间室内，或采用设备装甲防护，防护板、护胸板、抑爆结构等防护措施。

（5）弹药生产中，当工艺生产要求将危险品生产工序与非危险品生产工序组建成联合厂房时，应根据不同情况设置抗爆墙、防火墙或其他防护隔离措施将非危险品生产工序与危险品生产工序、危险品集中存放区三者之间分别隔开。

（6）弹药生产中，任何炸药熔化、注装厂房不宜与空弹体准备或装配厂房组成联合厂房。当工艺生产要求将危险品生产工序与非危险品生产工序组建成联合工房时，方可联建在一起。

单基火药生产中，重力式混同工序不应与包装工序组成一个厂房。

（7）弹药装药装配厂房内，不应进行危险品组批。产品组批应在编批厂房（或编批库）内进行。

各类危险品转手库、待验（或验收）编批库应单独设置。

当枪弹、37mm及小于37mm的炮弹生产厂房内存药量少于车间转手库允许最大存药量的1/10时，在采取防护隔离措施的情况下，可不单独设置上述仓库。

（8）危险品生产厂房内生产设备、管道和运输装置的布置、疏散出口的位置等，都应使操作人员能够迅速疏散，当运输装置通过出入口处时，宜布置在地下、架空或设置使人能方便通行的过桥。

(9) 发射药生产的危险工作间宜互相隔开，危险工作间的门应直接通向室外，或其他便于疏散的场所。不应布置成一个危险工作间的人员需要通过另一个危险工作间才能疏散的方式，也不宜布置成中间有走道并有门通向两侧危险工作间的方式。

(10) 引信、火工品、发射药管、发射药包生产厂房：如布置成单面工作间时，可采用单面走廊形式；如布置成中间有走道、两边为工作间时，危险工作间应有直接通向室外的安全出口，工作间通向走道的门不应相对开启。

(11) 当一栋发射药生产厂房内布置有两条生产线时，生产线之间应以非危险性工作间（如电机室、通风室）隔离或以防火墙隔离。

(12) 双基火药生产中的滚筒干燥机应设置在单独的工作间内，其工作间应为三面无门洞的厚砖墙和一面轻质外墙。轻质墙外应有砖墙小院屏蔽，人员应通过设于砖墙屏院的门出入。

(13) 双基火药和双基推进剂生产中的压伸工序，三基火药生产中的捏合工序、压伸工序均应布置在抗爆间室内进行操作。抗爆墙上不宜设门。如操作必须设门时，应采用装甲门。工艺管线如高压水管必须穿过抗爆墙时，应在穿墙处密封。当抗爆墙上有产品穿过的孔时，应在穿孔处采取措施以减少抗爆间室内一旦发生事故波及相邻工作间的危害，并宜采取使抗爆屏院的门或抗爆墙上的门开启时，抗爆间室内的设备不能运转的措施。

(14) 硝化甘油生产厂房的工艺布置和出入口应便于工人巡回检查。

(15) 有泄爆要求的工艺设备，如硝化纤维素生产中的推料式驱酸离心机，在布置时应使其泄爆方向不直接对着其他建筑物或主要道路。

(16) 在生产厂房中，严禁在未设防护装置或抗爆间室的情况下进行弹药的拆卸、返工挖药和倒药等工序的作业。

(17) 危险品生产中的抗爆间室应符合以下要求：

① 严禁地沟穿过抗爆间室的墙与抗爆间室相通，以及抗爆间室之间有地沟相通。

② 严禁有爆炸危险品的管道通过抗爆间室，或在没有隔爆措施的情况下进入抗爆间室。一般性管道如水管、蒸汽管、压空管、穿电线的钢管等必须进入抗爆间室时，应在通过墙上的部位采取密封措施。

③ 抗爆墙上可开设操作口、传送口、观察孔、传递窗，其结构应满足抗爆要求。操作口、传进口、传递窗等处应与有关设备设有联锁装置。

④ 抗爆间室的门应与间室内电动设备进行联锁。只有当抗爆装甲门关闭时，设备才能运转，抗爆装甲门开启时，设备不能运转。

(18) 装药装配厂房内，与生产无直接联系的辅助间如通风室、配电室、空调机室、控制室、水泵间，应与生产工作间隔开，而且宜设单独的出入口。

（19）黄磷弹生产线的成品包装工段应用砖墙与前工段隔离。待包装的产品及成品包装箱应避开有可能被黄磷污染的地段而直接送入成品包装地点。

（20）当工作间内有炸药粉尘或散发易燃液体蒸气时，其中的设置和配套件的结构材质选用，应符合本工作间介质的安全要求。

7.3.3 防火间距及安全距离

1. 生产厂房的防火间距

当一栋建筑物着火后，随着燃烧的进行会产生高温气流和强烈的热辐射作用，烘烤邻近的其他建筑物，并使它们着火。若建筑物之间有一定距离，则热辐射和热气流作用将显著减弱。建筑物之间有一定距离可以防止火灾的扩散蔓延。这个距离称为防火间距。在发生火灾时，留有足够的防火间距将有利于人员和物质的疏散，也可使消防设备和消防人员顺利到达火灾现场进行灭火。

防火间距应按相邻建筑物外墙的最近距离计算。如外墙有凸出的燃烧构建，则应从凸出部分的外缘算起。

生产厂房的防火间距是根据相邻厂房的耐火等级确定的，见表 7－4。

表 7－4　生产厂房的防火间距

耐火等级	耐火等级		
	一、二级	三级	四级
	防火间距/m		
一、二级	10	12	14
三级	12	14	16
四级	14	16	18

2. 内部安全距离

1）内部安全距离的计算方法

根据建筑物安全设防标准的规定，A 级建筑物的防护安全距离为

$$R_A = 2.5W_A^{1/2.4} \tag{7-1}$$

式中：R_A 为两个建筑物间仅一方有防护土堤的距离（m）；W_A 为 A 级建筑物内炸药的存量（kg）。

C 级建筑物的防护安全距离为

$$R_C = 2.5W_C^{1/3} \tag{7-2}$$

式中：R_C 为两个建筑物互以有泄压面墙面相对的距离（m）；W_C 为 C 级建筑物内发射药的存量（kg）。

A 级建筑物的等级和防护土堤影响系数见表 7－5，C 级建筑物的屋盖类型和相邻建筑物相对条件影响距离系数见表 7－6，表 7－5 和表 7－6 都是根据有关燃爆试验结果和燃爆事故报告结论确定的。

表 7－5 A 级建筑物等级和防护土堤影响距离系数

防护屏障建筑物等级	两建筑物均无防护土堤	两建筑物仅一方有防护土堤	两建筑物均有防护土堤
A_1	2.40	1.20	0.72
A_2	2.00	1.00	0.60
A_3	1.60	0.80	0.48

表 7－6 C 级建筑物屋盖类型和相邻建筑物相对条件影响距离系数

C 级建筑物屋盖的类型	C 级建筑物与相邻建筑的关系	系 数
轻质泄压屋盖	互以有泄压面墙面相对	1.0
	有泄压面墙面对无泄压面墙面	0.8
	无泄压面墙面对有泄压面墙面	0.7
	互以无泄压面墙面相对	0.6
一般屋盖	互以有泄压面墙面相对	1.4
	有泄压面墙面对无泄压面墙面	1.0
	无泄压面墙面对有泄压面墙面	0.6
	互以无泄压面墙面相对	0.5
注：1. 开有门窗的墙面为泄压面墙面； 2. 相邻建筑物之间设有防护屏障为互以无泄压面墙面相对		

危险品生产区内不同危险等级、不同存药量的两个建筑物之间的最小距离，应分别按各自的危险等级和存药量计算，取其数值大者。

危险品生产区内 A 级建筑物至其他建筑物的距离不应小于计算值。B 级生产工房至建筑物的距离可根据工房内的药量分别按照 A 级和 C 级设防安全距离计算，取数值较大者，但最小不得小于 35m，最大值可取 70m。规定最小不得小于 35m 作为内部距离的下限值，主要基于以下三点：

(1) 减轻爆炸破碎物对被保护建筑物的破坏。有关爆炸事故表明，事故发生后，爆源建筑物遭到严重破坏甚至被摧毁，在其几十米范围内有很多的破碎物。

(2) 使被保护建筑物避开爆炸冲击波高压区。在爆源建筑物周围有防护屏障的情况下，当对比距离较小时（3.95m 左右），由于防护屏障对冲击波的反射作用，大约在 2 倍屏障高的地方冲击波超压增高。

(3) A 级建筑物与被保护建筑物双方都设防护屏障的需要。两防护土堤底宽约15m（按土堤高为5m、底宽为1.5倍土堤高考虑）、土堤内通道约为6m（按土堤内有3m通道考虑）。两防护土堤之内还需有一定的间隔，以满足车辆通行的需要。因此，按表7－5和表7－6计算出的最小距离小于35m时，实际采用距离不得小于35m。

现有A级建筑物内的存药量不应超过该建筑物现有内部距离的最大允许存药量，其最大允许存药量等于现有内部距离数除以表7－5内R_A的系数（按建筑物危险等级和设置防护屏障情况选定），可以求得A级建筑物内的存药量，解决在危险品生产区内各危险建筑物之间的距离一定的情况下，如何控制建筑物内的存药量问题。

B级工房至其他建筑物的距离一般可根据工房内炸药（或黑火药、烟火药）和发射药的药量分别按A级、C级计算，取其中最大者，但最小不宜小于35m，最大可为70m。如果工房存药量较大，按上述计算方法计算出的距离大于70m；而环境条件又不允许设置这样大的距离时，可以采用70m作为两建筑物之间的设防安全距离，但不应再小。

在计算确定出A、B、C各类危险建筑物至其他建筑物的最小距离后，就可以比较方便地确定任意两个危险建筑物之间的设防安全距离。设有甲、乙两个危险建筑物，其间的安全距离确定的总体程序如下：

（1）确认甲、乙两建筑物的危险等级和存药量。

（2）确认甲、乙两建筑物有无防护屏障及其结构情况。

（3）计算确定甲建筑物至乙建筑物的最小距离$R_{甲-乙}$。

（4）计算确定乙建筑物至甲建筑物的最小距离$R_{乙-甲}$。

（5）甲、乙两建筑物之间的设防安全距离$S_{max}=\max(R_{甲-乙}, R_{乙-甲})$。

（6）若计算确定的S_{max}不足35m，则取$S_{max}=35$m（指A、B、C级建筑物）。

由上述设防安全距离确定过程可知，在已知建筑物等级、内存药量以及建筑物防护情况下，可以确定出任意两建筑物之间的安全距离，用函数的形式可表达为

$$S = f(X_1, X_2, X_3) \tag{7-3}$$

式中：X_1为建筑物危险等级；X_2为存药量；X_3为建筑物防护情况；f为求算程序。

2）各危险建筑物至公用设施的距离

规定各级危险建筑物至公用设施的距离通常考虑的因素包括以下几项：

（1）锅炉房。锅炉房一旦遭五级破坏，由于难以恢复，其服务的所有工房的生产将会受到影响。为了在事故后能缩短其重建时间，尽快恢复生产，各级危险建筑物至锅炉房的距离采用大约内部距离的规定，即按确定的内部距离的方法计算后，再增加50%。但是，A级建筑物至锅炉房的距离不应小于

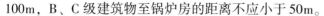

100m，B、C 级建筑物至锅炉房的距离不应小于 50m。

（2）变（配）电所。变（配）电所一般无固定值班人员，事故不会造成其他人员伤亡，受到破坏的建筑物较容易恢复，其服务工房的生产不会受到很大影响。因此，各级危险建筑物至变（配）电所的距离采用了接近内部距离规定，即按确定内部距离的方法计算。但是，A 级建筑物至变（配）电所的距离不应小于 50m，B、C 级建筑物至变（配）电所的距离不应小于 35m。

（3）高位水池。高位水池一般为半地下或敷土式，且多为圆形，这对抗击冲击载荷有利。有关试验表明，至高位水池的距离为 50m，在 1t 以下梯恩梯爆炸时水池无裂缝，但在较大药量爆炸时水池裂缝不可避免，需经修复方可使用。引信装配的工房存药量一般不超过 1t，因此，规定高位水池至各级建筑物的距离不应小于 50m，是可以保证高位水池安全的。

（4）铸造、锻压、焊接工房。这些工房属于明火生产，有大量火星飞散，炽热的颗粒在风力作用下可飞至 30m 远的地方，同时考虑到，一旦管理上出现缺陷，存在引发事故的可能性，因此，各级危险建筑物到这些工房的距离采用稍大于内部距离的规定，按确定内部距离的方法计算，不应小于 50m。

3. 外部安全距离

1）外部安全距离制定

存药量大于 1t 时，A_2 级建筑物外部距离到生活区的距离为

$$R = 23W^{1/2.8} \tag{7-4}$$

式中：R 为 A_2 级建筑物至本单位行政、生活区的距离（m）；W 为 TNT 存量（kg）。

在爆炸冲击波作用下，预计在此距离上的建筑物遭到的破坏不会超过二级。A_2 级建筑物至其他各被保护目标的距离，按被保护目标的特性和重要性，以到本单位行政、生活区的距离为基数，乘以适当的比例系数而得。至村庄等的距离采用 $0.9R$；至零散住户等的距离采用 $0.6R$；至国家铁路和三级公路的距离分别采用 $0.5R$、$0.35R$；至 10 万人以下的城镇的距离采用 $1.6R$；至多余 10 万人的城市的距离采用 $3R$。

较大存药量的 A_1 级和 A_3 级建筑物至各被保护目标的距离，分别为 A_2 级建筑物至各被保护目标的距离的 1.2 倍和 0.8 倍。

C 级建筑物的外部距离，可通过发射药燃烧试验和历年来发射药燃烧事故分析，得出以下结论：

（1）存在发射药的建筑物，只要满足泄压面的要求，在一般情况下，其内的发射药只燃烧而不发生爆炸。

（2）发射药燃烧时，对环境安全的威胁主要来自火焰、辐射热和着火药粒的飞散，其中作用距离最远的是着火药粒的飞散。因此，C 级建筑物的外部距离，以着火药粒飞不到被保护目标作为控制标准。

较大存药量（大于10t以上）的C级建筑物至村庄的距离为

$$R = 6.6W^{1/3} \tag{7-5}$$

式中：R为C级建筑物至村庄的距离（m）；W为建筑物内发射药存量（kg）。

至本单位行政、生活区的距离采用$1.2R$；至国家铁路、二级公路的距离采用$0.825R$；至10万人以下的城镇和多余10万人的城市的距离分别采用$2R$、$4R$。

2）外部安全距离计算

危险品生产区外部安全距离，应按本区内各危险建筑物的危险等级和存药量分别计算，取其中最大值。执行这条规定时应注意如下三点：

（1）正确划分各危险建筑物的危险等级。

（2）准确计算各危险建筑物内的存药量（同时存有炸药、发射药的建筑物分别计算出炸药、发射药的药量）。

（3）生产区内有几个不同危险等级、不同存药量的建筑物时，要分别查相应的外部距离表，找出各自的外部安全距离，以其中数值最大者作为其外部安全距离。

生产区和仓储区之间的安全距离，应按各自确定的外部安全距离的要求分别计算，取其中最大值。

4. 防护屏障

1）防护屏障的作用

防护屏障的作用是使被保护的建筑物不因周围相邻的建筑物爆炸所引起冲击波的破坏而受到影响。周围建筑物爆炸所产生的冲击波刚刚越过被保护建筑的防护屏障顶部时，由于空间突然扩大，在背爆坡面出现的稀疏区使冲击波峰值超压骤然下降，从而起到较好的防护作用。

防护屏障可采用防护土堤、钢筋混凝土防护墙或夯土防护墙、钢板夹沙墙及钢筋混凝土板夹土墙等。

2）防护屏障的要求

（1）防护屏障内，建筑物的外墙与屏障坡脚之间的水平距离按以下情况确定：有运输或其他要求的地段，其距离应按最小使用要求确定；无运输或其他要求的地段，其距离以2m为宜。

（2）防护屏障的高度。防护屏障的高度宜高出建筑物屋檐1m，最低不应低于屋檐高度。当建筑物内装有炸药的设备位于二层（或三层）楼，而高于建筑物的屋檐，此时土围墙的高度应按照装药炸药设备的顶部高度考虑。

防护屏障宽度不应小于1m，底宽不应小于高度的1.5倍。建筑物与屏障墙坡脚之间应有排水沟并引至屏障墙外。

（3）防护屏障的材料。禁止采用坚硬重型块状的材料（如石块、砖块、混凝土块等）和轻而可燃的材料构成防护屏障的表面层。

（4）防护屏障的设置。爆炸品生产区内 A 级建筑物宜设置防护屏障。当 A_1 级、A_2 级、A_3 级建筑物有效药量分布小于 100kg（TNT 当量）、200kg（TNT 当量）和 250kg（TNT 当量）时，可不设置防护屏障。

（5）不设防护屏障的情况。爆炸品生产区 B 级工房一般不设防护屏障。

7.4 建筑结构防火、防爆

有燃烧爆炸及火灾危险的工房，必须在设计时分别采取防爆、隔爆、泄爆以及防火等措施。从建筑的结构形式、门窗、墙壁及基础等都必须采取一系列的措施，以适应具有燃烧爆炸及火灾危险性的生产过程的要求，以保证安全生产。若发生事故，应做到尽可能地缩小其波及范围和破坏的工房建筑物能够迅速恢复生产。为达到上述目的，必须在建筑物结构等方面采取一系列措施。

7.4.1 建筑物防火、防爆要求

有燃烧爆炸危险的建筑物为了达到防火、防爆要求，应从以下三个方面考虑：

（1）减少起火爆炸的可能性。采用不发火地面，设置特殊的门窗，以免门窗碰击摩擦发生火花。墙角抹成圆弧形，顶做成没有外凸物的平面，以避免集聚粉尘和便于冲洗。向阳光的门窗玻璃要涂白漆或采用毛玻璃，以避免阳光直射或聚焦而点燃易燃、易爆物质。在有风沙的地区，门窗应有密闭设施，以免风沙吹入产品中增加其摩擦感度。有特殊危险的工序应设在抗爆间室内进行作业，并实现人机隔离，一切有可能产生火花的设备用室（如通风机室、配电室等）均应与危险性生产间隔离。

（2）减小火灾爆炸事故破坏作用。有火灾危险的工房要根据生产的危险性类别和耐火等级的要求采取相应的防火措施。生产爆炸危险品的 A、B、C、D 级工房应不低于火灾危险甲类生产、耐火等级二级的各项要求。有爆炸危险的甲、乙类厂房，为了防止冲击波或高压对建筑物的破坏作用，建筑物要有足够的强度。另外，还要有一定的泄压面积，使爆炸产生的高压得以泄放，厂房的承重结构不致受到重大破坏。泄压面积的大小与工房内处理的危险品数量、爆炸威力等有关，要通过计算确定。对于有可燃气体、易燃液体蒸气或燃爆性粉尘、纤维的工房，其泄压面积根据爆炸压力确定。一般是通过模拟试验求出泄压系数 K（又称泄压比，为泄压面积与工房容积的比值）与爆炸时墙壁所受压力 p 的关系，做出曲线，供设计时选用。

目前，我国选用的泄压系数符合表7－7的规定。

表7－7 泄压余数

级 别	爆炸性混合物的性质	泄压系数$K/(m^2 \cdot m^{-3})$
A	爆炸下限≤10%的可燃气体或蒸气	0.10
	爆炸下限≤35g/m^3的悬浮粉尘	
	爆炸压力≥0.5MPa	
B	爆炸下限＞10%的可燃气体或蒸气	0.05
	爆炸下限＞35g/m^3的悬浮粉尘	
	爆炸压力＜0.5MPa	

泄压方式有向外开启的门、窗，以及轻质泄压屋盖、轻型墙等。当多层建筑物楼板上开设泄压孔，若泄压孔上部是轻质泄压屋盖时，开孔也可算作泄压面积的一部分。

(3) 减小爆炸时对人员的伤害和对附近建筑的影响。首先，从工厂总平面布置上，将危险建筑物与非危险部分尽可能分开或隔离，对特殊危险的抗爆间室要设抗爆墙、抗爆装甲门，以及相应的泄爆屏院。其次，设置足够的安全疏散出口（包括门、安全窗、安全梯等)，使工人在发生事故时能很快地疏散或就近离开危险点。安全疏散口不得少于两个。各危险厂房或生产间内由最远工作地点至外部出口或楼梯的距离，A级、B级、C级厂房不应超过15m，D级厂房不应超过20m；中间有走廊两边为生产间或内部布置连续作业流水线的A级、B级、C级厂房，由最远工作地点至外部出口或楼梯的距离可为20m；当生产工作间面积不超过65m^2，同一时间内生产人数不超过4人时，可设一个安全疏散出口。对于其他工厂厂房，厂房内任一点至最近安全出口的直线距离不应大于表7－8中的规定。

表7－8 工房内任一点至最近安全出口的直线距离 (单位：m)

生产的火灾危险类别	耐火等级	单层厂房	多层厂房	高层厂房	地下或半地下厂房
甲类	一、二级	30	25	—	—
乙类	一、二级	75	50	30	—
丙类	一、二级	80	60	40	30
	三级	60	40	—	—
丁类	一、二级	不限	不限	50	45
	三级	60	50	—	—
	四级	50	—	—	—
戊类	一、二级	不限	不限	75	60
	三级	100	75	—	—
	四级	60	—	—	—

7.4.2 建筑物防火、防爆措施

1. 抗爆墙

抗爆墙是为了满足安全要求，增加某些建筑物的墙体结构强度，提高其抵抗冲击波和高压的能力，以便将爆炸事故的破坏作用限制在局部范围内。例如，抗爆间室的墙体都应采用抗爆墙结构。

抗爆墙大多数为钢筋混凝土结构，少数为夹砂钢板和型钢的，特殊情况下也可用砖或沙袋的。现分述如下：

（1）钢筋混凝土抗爆墙采用混凝土夹钢筋结构。混凝土标号不低于200号。厚度不小于200mm，多数为500mm、800mm，最大到1m。钢筋直径不小于10mm。钢筋间距不大于200mm。这种钢筋混凝土抗爆墙强度高、刚度大、坚固结实、耐火抗爆，能抵抗破片的穿透，应用比较普遍。

（2）钢板抗爆墙采用槽钢做骨架，钢板与骨架铆接或焊接。它包括单层钢板式、双层钢板式和双层钢板夹间砂式等。

（3）型钢抗爆墙由两排交错并立的工字钢组成，也有用薄钢板焊成类似百叶窗结构的型钢抗爆墙。这种抗爆墙在发生事故时，能抵抗冲击波和阻止爆炸破片，而爆炸气体和热量可以通过型钢之间的缝隙泄放出去，既可泄压又可抗爆。国外有采用这种抗爆结构的；但其造价昂贵，应用不广泛。

（4）砖墙抗爆墙能就地取材，造价便宜；但强度小，整体性较差，不耐强震，不能抵抗强烈的爆炸冲击波，只能用于爆炸力不大或爆炸药量少的工房。为了提高砖砌抗爆墙的强度，构造通常要配置钢筋。

2. 抗爆间室

抗爆间室是用来将爆炸事故限制在局部范围内的小型危险作业工房。将危险大、事故概率高的工序放在抗爆间室，与一般作业工序隔开，防止一个工序爆炸影响整个生产线。抗爆间室的结构如图7－1所示。

抗爆间室的三面墙壁和屋盖为钢筋混凝土结构，能抵抗爆炸产生的巨大压力和冲量。另一墙壁应为泄压轻型墙结构或安装泄压轻型窗，这样可使爆炸冲击波排到室外大气中，减少对墙壁施加的压力。在爆炸发生刚开始，墙壁承受向外的正压力。在爆炸波泄出时，瞬间形成真空，墙壁又承受向内的负压力，于是墙壁振动。若抗爆间室没有轻型面（薄弱环节），爆炸冲击波在室内墙壁上来回反射，反复作用于抗爆墙上，使抗爆墙发生共振，增大抗爆墙的负荷，甚至遭到破坏。所以，轻型面对抗爆间室的抗爆结构有很大的影响。抗爆间室尽量布置在外墙的地方，轻型面向外。若轻型面的方向离道路、建筑物不远时，在轻型面外还应修建抗爆屏院，以防冲击波及破片飞出伤人或引起其他事故。抗爆间室由矩形钢筋混凝土抗爆墙构成，墙厚不小于 24cm，墙高不低于抗爆间室檐口高度，抗爆屏院的进深为 3 ~ 6m。

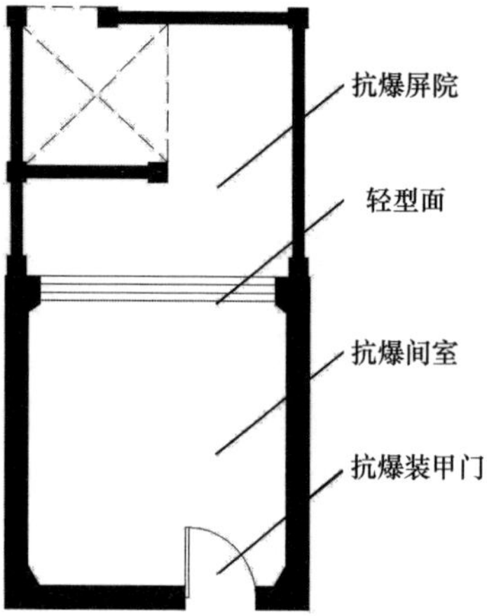

图 7 – 1　抗爆间室的结构

有时操作人员需要观察小室内的工作情况，需要在墙壁上留有观察孔，这些观察孔上的玻璃均应为防爆玻璃，在爆炸碎片的作用下不允许产生穿透现象。抗爆间室的门窗须做成抗爆装甲门窗，其作用是防止爆炸冲击波及碎片通过门窗洞口飞出伤人。在布置上，抗爆装甲门窗应尽量避免与其他生产间的门窗相对。抗爆装甲门必须内开。抗爆装甲门有单层式和双层式两种，门板均采用厚度不小于 6mm 的装甲钢板制成，单层装甲门能够承受等效静载荷 150 ~ 500kN/m^2，双层装甲门能够承受等效静载荷 850 ~ 250kN/m^2。

3. 轻型泄压屋盖

轻型泄压屋盖是指自重轻（不超过 100kg/m^3）、有脆性的非燃烧体屋盖，它受到 1kPa 以上压力的作用时被掀掉。把它用在有爆炸危险的建筑上，一旦发生爆炸事故时能使爆炸波由轻型屋面泄放出去，以保护建筑物的主体结构少受爆炸波的冲击破坏，其中设备也可少受损失。轻型泄压屋盖应被炸成碎块，以免大块物体飞出伤人或者造成附近建筑物的损坏。轻型泄压屋盖应为非燃烧材料，以免炸飞的碎块引燃其他建筑物或可燃物。

适合作为轻型泄压屋盖的材料是石棉水泥波形瓦。它具有重量轻、脆性好、耐水、不燃烧的特点。

轻型泄压屋盖的构造分为简易式、保温式和通风式三种。

(1) 简易式：最简单的是将石棉水泥波形瓦直接固定在檐条上。较好一点的是石棉水泥波形瓦下增设安全网，以防瓦片的碎片下落伤人。再好一点的轻型屋盖是在波形瓦上设轻质水泥砂浆并抹平，然后铺设油毡沥青防水层。

(2) 保温式：适用于寒冷地区有保温要求或炎热地区有降温要求的爆炸

危险工房或仓库。其构造是在石棉水泥波形瓦上面铺设轻质水泥砂浆抹平和保温层、防水层。保温层选用重量小的保温材料，如泡沫混凝土、加气混凝土、水泥膨胀蛭石、防腐锯末等。

(3) 通风式：适用于炎热地区有隔热降温要求的爆炸危险工房和仓库。其构造是将两层简易式轻型屋盖中间以一定间隔重叠起来，空气可以在两层石棉瓦之间流通，起对流换气作用，减少日光辐射传热作用，具有明显的隔热降温效果。

4. 轻型泄压外墙

轻型泄压外墙是由轻质易碎材料构成的防护外墙，它受到1kPa的压力就能被掀掉，其作用与轻型泄压屋盖相同，使建筑物造成薄弱环节，一旦发生爆炸事故时，它首先受到破坏，使爆炸泄放掉。泄压轻型外墙应设在建筑物朝向安全的一面。

轻型泄压外墙也是采用石棉水泥波形瓦作为基本墙体材料。按使用要求也分为无保温层和有保温层两种。

无保温要求的轻型泄压外墙是在石棉水泥波形瓦内壁增设保温层，保温层采用难燃体木丝板。

5. 有火灾爆炸危险工房对门窗的要求

1) 对门的要求

对于有爆炸危险的工段，为了在发生爆炸事故时能使工房内操作人员迅速疏散到室外，须设置安全疏散门。门的开启方向为向外，不应设置门槛。对于特殊危险的抗爆间室，为了防止发生爆炸事故时影响邻近工序，并保障隔离操作人员的安全，须设置抗爆装甲门。抗爆间室的装甲门应向室内方向开启，以便在爆炸冲击波作用下能转向关闭状态。危险工房的门窗要镶一圈橡皮，以达到密闭不透风沙，并使门扇开关时不致碰击出现火花。门的合页和插销应有足够抵抗冲击波的强度。

2) 对窗的要求

有爆炸危险工房的窗户有三种形式：安全窗，用作疏散；轻型窗，用作泄压；装甲窗，用作防爆。

安全窗除采光通风的作用外，在发生事故时还兼作安全出口用。因此，安全窗必须是向外平开的，不能做成上悬式或中悬式。若需要做双层窗时，则必须有联动装置。安全窗洞口宽不应小于1m。窗扇高度不应小于1.5m。窗台高度要考虑人容易跳出，不应过高，一般不高于0.5m。插销应为夹簧式或碰珠式，以便能迅速推开。

轻型窗设置在抗爆间室朝向室外小院的泄压面上，其作用是在发生事故时使爆炸波能从轻型窗泄放出去，以减小对小室内的冲击压力。窗台不应高于

0.4m，窗扇必须是容易被爆炸波推脱的，不能钉死。轻型窗的面积应根据泄压面积计算确定，一般大些为好。

装甲窗是设置在抗爆墙上用作传递爆炸危险品的窗洞。窗框牢固地埋入墙内，窗扇周围镶橡皮密封。

3）对于小五金及玻璃的要求

有燃烧粉尘和气体的工房，其门窗小五金不能全用铁制，因为铁碰撞摩擦时会产生火花，有引起爆炸的危险，一般用黑色金属与有色金属（如铁与铜）配合制成。

爆炸危险工房的窗户玻璃不可全用平板玻璃，因为平板玻璃内可能有小气泡或表面不平整，使阳光聚焦或发生折射，引燃引爆可燃粉尘和气体。为了防止发生这类事故，要求朝阳的窗户玻璃为毛玻璃，或普通玻璃涂上白漆。有抗爆要求的窗户玻璃要用防弹玻璃，这种玻璃受冲击作用不易破碎，或破碎后不致伤人，如玻璃钢、胶合有机玻璃等。

6. 不发火地面

不发火地面是指有爆炸危险的工房为满足防爆要求而特制的地面。在有火炸药、燃爆粉尘和气体产生的工序，必须防止任何火花。为了避免穿钉子鞋或铁制工具与地面碰击摩擦时发生火花引起燃爆事故，要求这些工房地面为不发火地面。不发火地面：要有一定的软度和弹性，以减小燃爆粉尘受撞击、摩擦的机会；要平滑无缝，以便于冲洗落在地上的粉尘；要有耐腐蚀性，可满足工艺上使用酸碱等要求；要有一定的导静电能力，以导除生产中物料和设备摩擦产生的静电。

不发火地面采用不发火材料，常用的有石灰石、白云石、大理石、沥青、塑料、橡皮、木材、铅、铜、铝等。利用电动打磨工具的金刚砂轮在暗室或夜间进行打磨，看试验材料是否产生火花。

常用的不发火地面构造如下：

1）不发火沥青砂浆地面

这种不发火地面分为4层：

第一层为不发火沥青砂面层，其厚度为20～30mm，可选用石灰石、白云石、大理石等。为了增强不发火沥青砂浆的抗裂性、抗张强度、韧性及密实性，可于浆料中掺入少量粉状石棉和硅藻土。

第二层为冷涂胶状沥青黏合层，厚度为1～2mm。

第三层为混凝土垫层，厚度为80～100mm。

第四层为碎石基层。

2）不发火混凝土地面或不发火水泥砂浆地面

共分3层：

第一层为200号不发火混凝土面层，厚度为20～30mm，由粒径3～12mm的大理石、500号硅酸盐水泥及砂子组成。

第二层为混凝土垫层，厚80～100mm。

第三层为碎石基层，厚度为50mm。

3）不发火水磨石地面

分为以下四层：

第一层为不发火水磨石面层，厚度为10mm，粒径3～5mm的白云石和500号硅酸盐水泥组成，用铅条分格。

第二层为水泥砂浆间层，厚度为15mm。

第三层为混凝土垫层，厚度为80～100mm。

第四层为碎石基层，厚度为50mm。

这种地面强度及耐磨性高，表面光滑平整，不起灰，便于冲洗，有导电性；缺点是无弹性，造价高。

此外，还有不发火硬木地面、不发火铅板地面和导电橡胶铺设地面等。其中，不发火铅板地面具有良好的导电性及耐腐蚀性，冲击摩擦不发生火花；但造价高，只适用于既不发火又有良好导电耐腐蚀性能的工房。

7.5 防火和消防

7.5.1 一般防火知识

进入引信装药装配生产车间或工房的人员，禁止携带烟火，不能穿带钉子的鞋，有燃烧和爆炸危险的工房周围应尽可能避免明火。如必须在工房内或周围点火时，应将引信等危险品等清理干净，不得堆积于工房内，以免自燃而发生危险。一切机器设备、工具、暖气片、电气装置等保持清洁，不积有药尘，以防发生火灾。

防火设备、消防工具以及火灾信号等应保持完整无损、经常处于准备状态。

要掌握灭火的方法及原理，例如：油料及其产品、铝粉、镁粉、铝镁合金粉与火接触能引起燃烧，此类火灾不能用水灭火，而应该用泡沫灭火剂和沙子。火药、炸药、弹药起火时，应该用水灭火，而不能用沙子覆盖，以防由燃烧引起爆炸。电气设备漏电引起火灾，应首先切断电源后才能灭火。切断电源前不可用水灭火，否则会由于水的导电性而造成人身触电事故。漏电引起的火灾一般用沙土、四氯化碳灭火器灭火。

7.5.2 消防基础

(1) 危险生产区的给水系统应为环状，当设置环状系统有困难时，在采取不断供水措施的情况下（如设置高位水池或水塔），可采用支状系统。

(2) 危险生产区内应设置室外消火栓。室外消火栓应设在靠道路旁边，而不应设在防护土围墙内及对着防护土围开口处。

室外消火栓应采取防冻措施。

B 级、C 级、D 级工房的室内消火栓宜装设于室外墙面上，但应采取防冻措施。

产品或原材料与火接触能引起燃烧、爆炸或助长火势蔓延的工房（如生产使用铝粉、镁粉、铝镁合金粉等工房）不应设室内消火栓。给水管也不应进入上述工房，如必须进入时，应采取以防渗漏、防结露措施。

(3) 生产、使用危险品和易引起燃烧、爆炸事故的工序（如炸药存放、筛选、预热、炸药熔化、注药、清理药面、装发射药等）应设雨淋系统。雨淋系统应符合下列要求：

① 雨淋系统必须是成组作用，并设有自动和手动等传动装置。

② 当火焰有可能蔓延到相邻房间时，应在相邻的门、洞、穿墙的运输设备以及易着火而导致爆炸的设备上（或设备内）设置雨淋喷头、闭式喷头、水幕等。大面积的操作间（中间无隔墙），宜设置多个雨淋系统，以防止雨淋系统同时动作。

③ 雨淋系统中最远最高喷头出口压力宜按 4.90×10^4Pa 计算。设有雨淋系统的工房进口压力应按计算确定，但不应低于 1.96×10^5Pa。

④ 雨淋系统消防作用时间按 1h 计算。

(4) 消防储备水量的计算。

当生产区内有安装雨淋系统的工房时，消防储备水量应为最大一组雨淋系统 1h 用水量和室内外消火栓 2h 用水量。

当生产区内无安装雨淋系统的工房时，消防储备水量因为室内消火栓 2h 用水量。

(5) 消防用水必须有两个供水水源。

7.5.3 常用的消防设备

消防设备有多种，常用的有如下几种：

1. 消火栓与消防龙头

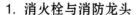

消火栓是一种直接安装在室外地下干线管路上的龙头。危险生产区或工房应有足够数量符合要求的消火栓。工房内的消火栓（或称为消防龙头）应设在壁龛里，数量的多少以用长 10m 的水龙带能够浇到室内任何一处而定。此外，在危险生产区内的工房出口 15m 附近处，应设有消火栓及水龙带箱。

2. 雨淋系统

雨淋系统由成组作用阀门、淋水和传动控制三部分组成。

平时处于准备作用状态的雨淋系统，在淋水系统内仅充满具有静压力的水。成组作用阀门由传动系统中充满着具有与给水干管相同压力的水而关闭着，当火灾发生后，由于感光、感烟、感温探测器等作用，使传动系统中的压力瞬时下降，干管中具有压力的水将成组作用阀门顶开，水便通过成组作用阀门内一组喷头同时喷出。

3. 其他灭火器材

其他灭火器材有泡沫灭火器、酸碱灭火器、二氧化碳灭火器、干粉灭火器等。

除上述的消防设备外，防火斧、铁钩、消防水桶、沙箱、铁锹、报警器等也是消防工作中不可缺少的器材。

现在也有采用灭火枪等新型消防器材。

7.6 通风和采暖

通风和采暖是改善生产工房条件的主要技术安全措施。合理的通风和采暖不仅能改善劳动条件，防止职业中毒和职业病，而且防止燃烧爆炸等事故。

7.6.1 通风

通风是将新鲜空气送入工房，并将有毒气体、蒸气、火炸药粉尘等有害物质的空气从工房排出，以改善工房内工作条件，达到符合安全卫生标准的要求。

通风一般可分为自然通风和机械通风、全面通风和局部通风、进风式通风（吸入式通风）和排风式通风（排出式通风）等。

在生产过程中，各类通风系统常联合使用，须视具体情况而定。

（1）各级危险品生产厂房的通风系统应符合下列要求：

① 危险生产间之间由于安全要求而布置为无门、无洞口直接相通的厂房，其进风和排风系统的设置：对于 A 级、B 级厂房，应按每个危险生产间分别设

置；对于C级、D级厂房，排风系统应按每个危险生产间分别设置，进风系统可由几个危险生产间共用同一系统，但在接至每个危险生产间的支管上应设有止回阀。

② 危险生产间之间，有门或洞口直接相通者，相通的几个危险生产间可共用同一进风系统。但排除含有水炸药粉尘的局部排风系统，宜按每个危险生产间分别设置；对于危险性较大的生产设备的局部排风，应按每台生产设备分别设置。

③ 各抗爆间室之间及抗爆间室与其他房间之间或抗爆间室与操作走廊之间，不应有风管、风口相连通。

④ 进风系统的风面和空气处理装置应置于有单独外门的通风室内。通风室不应有门或洞与危险生产间相通。

（2）散发火炸药粉尘的厂房，通风设备的选型应符合下列要求：

① 进风系统的风管上设置止回阀时，风机可采用非防爆型。

② 排除含有火炸药粉尘和蒸气的排风系统，风机应采用防爆型。

③ 置于湿式除尘器后的风机应采用防爆型。

④ 排除的气体中含有硝化甘油蒸气时，应采用诱导式排风。诱导排风用的进风应经过加热，进风风机可采用非防爆型。

（3）散发火炸药粉尘的生产设备或生产岗位的局部排风，宜采用湿式除尘器除尘，除尘器宜就近设置，排风风机应置于除尘器后。当采用非湿式除尘器时，应有可靠的安全措施。

（4）散发火炸药粉尘和散发硝化甘油蒸气的厂房，通风管道和设备上的阀门、风口和滑轮装置等，其活动件与固定件应采用在摩擦和撞击时不发生火花的材料制作。

（5）散发火炸药粉尘或气体的各级危险品生产厂房的进风、排风管道和空气调节风管，宜采用圆形风管，架空敷设。不宜将排风管道设在地沟内或封闭的闷顶内，也不宜利用建筑构件制作排风道。排风管道和设备内有可能沉积危险品时，应设置简便有效的清理装置（如清扫孔、冲洗接管等）。需要冲洗的风管应设有1/100的坡度。

（6）散发火炸药粉尘和有害气体的生产间，热风采暖和空气调节设计不应利用室内空气再循环，并不应与允许利用回风的空调系统合用同一系统。

7.6.2 采暖

采暖是在寒冷季节维持室内具有适宜温度，以保证生产安全和产品质量。

采暖的形式很多，如明火采暖、电热采暖、热水采暖、热风采暖。为安全

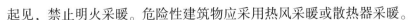

起见，禁止明火采暖。危险性建筑物应采用热风采暖或散热器采暖。

对采暖提出以下要求：

(1) 对于炸药呈松散敞露和熔化（或塑化）状态的各种作业场所，当采用散热器采暖时，其热媒应采用不高于90℃的热水。

(2) 弹体装药、炮弹装配、火箭弹总装配、装药弹体装配、修饰、检验、包装和使用单双基发射药、黑火药制品的装药装配及烟火药等的生产场所，当采用散热器时，其热媒宜采用不高于110℃的水或低压蒸汽。

(3) 散发火炸药、烟火药粉尘的生产间宜采用光面管或双柱形的散热器。散热器不应设置在壁龛内。抗爆间室内的散热器不应设置轻型窗的一面。散热器支管上的阀门，应设在与抗爆间室相邻的房间内或操作走廊内。

(4) 热管道入口装置和换热装置不应设在有燃烧爆炸的生产间内。

(5) 散发火炸药、烟火药粉尘和有害气体的生产间，若采用热风采暖时，不应利用室内空气循环。

7.7 电气安全

电气方面的安全工作在装药生产中占有重要地位。电气设备的分布面极广，几乎分布在各个生产场所。如果这方面不合乎安全要求，势必从多方面、大范围内成为事故的苗头。例如，接线不良、开关触点、电机的电刷和转子间所产生的高温、电气设备或导线绝缘不良而漏电或短路、电热装置封闭不严而露出明火等，都可能导致严重的火灾或爆炸。为了防止发生事故，须从各方面采取有效措施。

7.7.1 供电

供电应注意下列问题：

(1) 为防止由于突然停电，危险品机械加工过程被迫停顿现象的发生，最好采用两个独立的供电电源。如果是单电源，则必须与工业用电接线，并且是双回路。

(2) 35kV室外送电线路，严禁穿越危险性生产区。1～10kV线路宜采用电缆，并埋地敷设。

1～10kV室外线路当采用架空线路时，架空线路的轴线与1.1级、1.2级、1.3级、1.4级建筑物的距离，不应小于电线杆档距的2/3，且不应小于35m。1.5级、1.6级建筑物的距离不应小于25m。

(3) 引入有爆炸性危险的工房（库房）的供电线路采用电缆或将电缆密

封在钢管内。

7.7.2 电气设备

在有爆炸性粉尘等工作间内所采用的电气设备应该是隔爆型、增安型、本质安全型等。在有大量水蒸汽、可燃性粉尘工作间应该采用密封型或防水型的。

安装在危险工房外的隔离间（或单独工作间）的电气设备（如开关、电机）可以不用防爆型。用于室外的投光灯或装在建筑物外墙壁龛内的照明灯也如此。危险工房（区）还应有单独线路用于事故照明。

7.7.3 电热设备、调压器和仪表

在有爆炸性的工房内采用的电热设备（或装置）和调压器时，一般情况下必须做到防爆或隔离，但在工房内没有或只有很少的火炸药、烟火药等粉尘时，其电热设备（或装置）和调压器也可做到本质安全型。

带电（含干电池类）的电器测量仪器、仪表要严密外封，不得在工房内拆装。

7.7.4 通信

有爆炸危险的工房内不安装电话、扩音器、电铃、电钟，但可以在每栋危险工房（或库）的隔离间内安装电话或报警器。

7.8 防静电

7.8.1 静电的产生

大多数火炸药都是绝缘物质，所以火炸药颗粒之间的摩擦很容易产生静电，而且容易形成高电压。火炸药和其他物质摩擦也会产生静电，当这种高电压的静电在没有采取措施的条件下，一旦存在放电条件，就会发生火花放电。当火花放电的能量达到足以点燃火炸药或其他易燃物质时，就会发生燃烧或爆炸事故。

特别是实现连续化、自动化、管道化的生产中，静电成为主要技术关键。

防止静电发生事故，主要是防止静电的产生和产生后能及时消除，使静电

不致过多地积累。目前还没有有效的措施能防止静电产生，一般采用及时消除静电的方法。消除静电的方法可分为两类：一类是泄漏法，此方法实质上是让静电荷比较容易地从带电体上导走，避免静电积累，从而消除静电；另一类是中和法，此方法是给带电体外加一定量的反电荷，使其与带电体上的电荷抵消，从而避免静电的积累达到消除静电的目的。

7.8.2 防静电

简单的静电消除方法如下：

(1) 接地。在危险生产工房中，对有可能积累静电的金属设备、工装和管道等，都应接到该生产工房防雷电感应接地装置中，其接地电阻不大于4Ω。当管道有法兰相隔时，应采取跨接，接地线应与该生产工房的防雷电感应接地装置相连。

(2) 增湿。用提高空气湿度的方法消除静电。这是因为提高相对湿度后，带电体表面就容易吸收或附着一定水分，从而降低其表面的电阻率，有利于设备中物料的静电泄漏入大地。因此，在不影响产品质量的情况下，常采用此方法消除静电，空气相对湿度宜大于65%（工艺有特殊要求除外）。

(3) 铺设导电橡胶或喷涂导电涂料。这种方法实际是一种变相的接地措施。有的工装或工作台等不用金属材料，应该铺设导电橡胶或喷涂导电涂料，使静电及时引走。

(4) 使用抗静电添加剂。此方法是易于带电的介质中或工装上喷上一种抗静电添加剂，由于抗静电添加剂的作用，提高物体的导电率而防止静电的产生和积累，如TM、SN、NPN等抗静电剂。

(5) 正负相消法。此方法即中和法。容易带静电的火炸药，与金属材料接触或摩擦，大都带负电荷，因此，可选择一种能使火炸药带正电的材料，将这种材料按一定的面积比例铺设，镶嵌于工装与火炸药解除的表面上，使火炸药与这种工装相接触时达到中和及消除静电的目的。

(6) 采用接地金属网格。采用接地金属网格与高电阻率物质相连或用金属网格包扎表面，可在一定程度上预防静电。

网格内部允许一些电荷流入大地，但是高电阻率的非导体使电荷能转移的数量保持在一个低的程度。然而，网格增加了系统中的电容量，这样要在表面形成击穿电场，需要更多的电荷。因此，控制电场强度比接地措施更好。

(7) 电离。放射性同位素的α和β射线以及X射线，能使空气分子电离，产生的离子可加速抵消积累在物体表面上的电荷，达到消除静电的目的。使用这种方法时，如果存在低的最小点火能量的物资，则要特别小心。

（8）材料。在易引起燃烧爆炸的工房，应该采用不容易生产静电的材料来建造。各种容器、滑槽、漏斗等设备，不宜采用塑料材料。

（9）衣服和鞋袜。在易燃、易爆工作间的操作人员，一律穿棉布工作服、纱（布）手套、布底鞋（或导电鞋）、棉纱袜，而不穿用容易产生静电的化纤、丝绸及毛料的工作服、手套和鞋袜。

（10）人接地的其他措施。为导除在操作时可能产生的静电荷，操作人员应频繁地握安装在走道和工作间入门处的接地手把或工作位置的抽屉接地拉手，或在工作台上按接地手把等，以便随时导除操作人员身上积累的静电。

（11）带式传动。在易燃、易爆的工房内，不宜采用带式传动（非导电材料制成的传送带）。若必须采用带式传动时，传送带应用导电材料制作，使所有连接处都具有导电能力，或在带面上涂以导电涂料（如石墨、甘油制成的润滑剂等）。

7.9 防雷电

雷电是一种自然现象，其特点是延续时间极短（瞬间）、电流强度极大，同时伴有强烈的闪耀和声响效应，它对建筑物和构筑物的危害极大。

危险工房（库房）中存有易燃、易爆的火炸药等物质，当它受到雷电影响时，会引起爆炸或燃烧而造成严重破坏，所以对这类工房（库房）应有防止直击雷、雷电感应和雷电侵入的措施。

7.9.1 防直击雷的措施

直击雷是雷电直接击在建筑物和构筑物上，产生电效应、热效应和机械力。

对有爆炸危险工房（库房）的防止直击雷措施应符合下列要求：

（1）在爆炸危险工房（或库房）附近设独立引雷针或在该工房（或库房）的顶部装设架空引雷线，使被保护的工房及凸出屋面的物体（如风帽等），均处于引雷针或架空引雷线的保护范围内。对排放有爆炸危险的气体、蒸汽或粉尘等的管道，其保护范围应高出管顶 2m 以上。

（2）独立引雷针至被保护的工房（或库房）及与其有联系的金属物（如管道、电缆等）之间的距离不得小于 3m，应符合下列公式：

$$S_{ki} \geqslant 0.3R_{ch} + 0.1h_x\text{（地上部分）}$$

$$S_{dl} \geqslant 0.3R_{ch}\text{（地下部分）}$$

式中：S_{ki}为空气中距离（m）；S_{dl}为地下距离（m）；R_{ch}为引雷针接地装置的

冲击接地电阻（Ω）；h_x 为被保护工房（或库房）或计算点的高度（m）。

（3）架空引雷线的支柱和接地装置至被保护工房（或库房）及与其联系的金属物之间的距离同（2）；架空引雷线至屋面和各种凸出屋面的物体之间的距离（不得小于3m），应符合下式要求：

$$S_{k2} \geqslant 0.15R_{ch} + 0.08(h + l/2)$$

式中：S_{k2}为被保护建筑物顶部或计算点至引雷线弧垂点的距离（m）；h 为引雷线支柱高度（m）；l 为引雷线的水平长度（m）。

（4）独立引雷针或架空引雷线应有独立的接地装置，其冲击接地电阻不宜大于10Ω。在高土壤电阻率地区，可适当增大冲击接地电阻，但应符合（2）、（3）项的要求。

7.9.2 防止雷电感应的措施

雷电感应是雷电放电时在附近导体上产生的静电感应和电磁感应，它可使金属部件之间产生火花。

静电感应是由于雷云先导的作用，使附近导体上感应出与先导通道符号相反的电荷。雷云主放电时，先导通道中的电荷迅速中和，在导体上的感应电荷得到释放，如不就近泄入地中就会产生很高的电位。

电磁感应是由于雷电流迅速变化在其周围空间产生瞬变的强磁场，使附近导体上感应出很高的电势。

对于爆炸工房（或库房）防止雷电感应采取的措施如下：

（1）为了防止静电感应产生火花，工房（或库房）内的金属物和凸出屋面的金属物等，均应接到防止雷电感应的接地装置上。

金属屋面周边每隔18～24m应采用引下接地线一次。

现场浇制或由预制构件组成的钢筋混凝土屋面，其钢筋宜绑扎或焊接成电气闭合回路，并应每隔18～24m采用引下接地线一次。

（2）为防止电磁感应产生火花，平行敷设的长金属物，如管道、构架、电缆外皮等，其净距小于100mm时，应每隔20～30mm用金属线跨接；交叉净距离小于100mm时，其交叉处也应跨接。

当管道连接处，如弯头、阀门、法兰盘等，不能保持良好的金属接触时，在连接处应用金属线跨接。螺纹紧密连接的D为25mm以上的接头盒法兰盘，在非腐蚀环境下，可不跨接。

（3）防止雷电感应的接地装置，其接地电阻不应大于10Ω，并应与电气设备接地装置共用。此接地装置与独立引雷针或架空引雷线的接地装置之间的距离应符合直击雷的措施第（2）、（3）项的要求。

屋内接地干线与防止雷电感应接地装置的连接不应少于两处。

7.9.3 防止雷电波侵入的措施

雷电波侵入是由于雷电对架空线路或金属管道的作用，雷电波沿着这些金属线侵入屋内。它危及人身安全或损坏设备。

防止雷电波侵入的措施如下：

(1) 低压线路宜全线采用电缆直接埋地敷设，在入户墙处应将电缆的金属外皮接到防雷电感应的接地装置上。当全线采用电缆有困难时，可采用钢筋混凝土铁杆横担架空线，但应使用长度不小于50m的金属铠装电缆直接引入。在电缆与架空线连接处，还应装设阀式引雷器。引雷器、电缆金属外皮和绝缘子铁脚等应连接在一起接地，其冲击接地电阻不应大于10Ω。

(2) 架空金属管道，在进入工房（或库房）处，应与防止雷电感应的接地装置相连，距离工房或库房100m内的管道，还应每隔25m左右接地一次，其冲击接地电阻不应大于20Ω。金属或钢筋混凝土支架的基础可作为接地装置。

埋地或地沟内的金属管道，在进入工房或库房处也应与防止雷电感应的接地装置相连。

7.10 运输安全

弹药、引信及火工品等爆炸品的运输是一项具有危险性的工作，因此，在运输时必须采取安全措施，以保证运输的安全，防止事故发生。

在引信装配生产中，主要考虑的是引信厂内周转的运输安全。在运输时，应采用安全可靠的运输车辆，不允许采用翻斗车、三轮车等。

在使用汽车运输时，汽车的排气管应安装在车厢前下侧或安装防火罩，防火罩应完好，电瓶车应符合防爆要求。

运载量不应超过额定负载的80%，高出标准车厢挡板部分不应超过包装箱高度的1/3。货箱内不得载人和装载其他物品。

在危险品生产区、库区内运输爆炸品的道路纵向坡度，对于不同车辆允许有所不同：汽车不大于6%（山区不大于8%）；电瓶车不大于4%；手推车不大于2%。

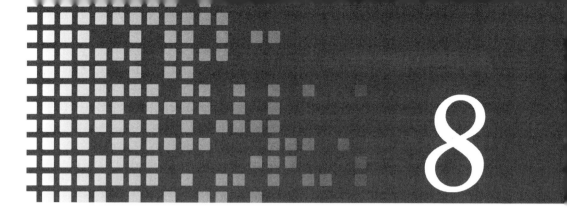

8

第8章 引信装配工厂设计

引信装配工厂（车间）设计包括总图、工艺、建筑结构、给排水、电气、采暖、通风、供热等的综合设计。本章主要叙述工艺设计：第一是初步设计；第二是施工图设计。

8.1 工艺初步设计

工艺初步设计的任务是根据生产纲领和总体设计的要求，对车间的生产工艺、设备、人员、部门设置、物料需要和流动、设备工艺布置等各项问题做出决定，计算工艺投资，并对车间建筑、供电、供热、供水、动力、排水及内外环境治理等设计提出要求，保证设计的完整和协调。

8.1.1 概述

一、 设计依据

设计依据如下：

（1）批准可行性研究报告的主要内容，如文件名称、批准单位、日期、编号、批准的生产纲领、面积、投资等。

（2）产品资料，主要是产品图纸、技术条件、工艺规程、测试和试验要求等。

（3）改扩建工厂（或车间）和生产现状的说明。

（4）引进重大技术和设备的上级批文，如文件名称、批准单位、日期、编号。

二、 设计原则

（1）主要生产工艺采用先进技术和设备的原则。

(2) 工厂发展新技术、新产品和改进产品的原则。
(3) 按任务要求考虑产品品种和批量的原则。
(4) 提高和保证产品质量的技术原则。
(5) 军民结合和选择的原则。
(6) 节约能源、环境保护和综合利用的原则。
(7) 工厂改扩建、技术改造的原则。
(8) 大协作、不搞重复建设的原则。

8.1.2 工厂（车间）任务和生产纲领

引信装配车间的主要任务是进行各种引信的装药装配。

车间生产纲领是进行车间设计的基本依据。生产纲领一般分为精确生产纲领和折合生产纲领两种。

一、 精确生产纲领

当设计任务书中有明确规定车间生产的产品图及年产量时，可直接采用作为车间的生产纲领。

二、 折合生产纲领

当产品品种较多或按尚未定型的产品设计时，由于资料不齐全，可以选择代表性产品折合生产纲领进行车间设计。

1. 代表产品的选择原则

(1) 该产品的工艺、工台时资料较完整。
(2) 该产品的工艺过程具有典型性和代表性。
(3) 该产品进行过一定批量生产。

2. 折合生产纲领的确定

若设计任务书中明确规定了代表产品及相应的折合产量时，可直接采用。根据产品的复杂性、大小、成批性确定折合系数。计算折合生产纲领按下式进行：

$$B = B_0k_0 + B_1k_1 + B_2k_2 + \cdots \quad (8-1)$$

式中：B 为折合生产纲领；B_0 为产品的年实际生产纲领；B_1、B_2 为折合产品的年实际纲领；k_1、k_2 为被折合产品按其复杂性大小、成批性确定的折合系数。

在设计时还应考虑到产品的试验数量和废品率。

生产纲领包含产品名称和数量、试验用数量、废品数量。

8.1.3 协作关系

列表或用文字说明本工厂（或车间）承担厂外、厂内协作和委托厂外、厂内协作加工任务的内容、任务及工作量。

8.1.4 工厂（车间）工作制度和年时基数

1. 工作制度

引信车间的工作制度一般分为一班制、二班制、三班制三种。当车间的生产纲领不大，又采用成线生产时，通常采用一班制生产。这样生产潜力大，但是降低了车间面积和设备的利用率，如果改成二班制就能使产量提高1倍。若车间的生产量较大时，可采用二班制。只有在特殊情况下，才采用三班制。

2. 年时基数

在计算设备和人员数量时，须先确定各种设备和工人的全年工作的年时基数，即时间总数。

年时基数是根据全年工作日数和每一工作日的工作时数及工作班次来确定。国家规定全年工作日为250天，故设备年时基数是全年工作时间和设备检修及其他必须的时间损失后的有效工作时间。工人年时基数是全年工作时间扣除病假、事假、婚丧假、休假、产假等工时损失后的有效工作时间。具体设备年时基数及工人年时基数可参照表8－1和表8－2执行。

表8－1 设备年时基数

每年工作日	工作班次	每班工作时数	全年时间损失/%			年时基数/h		
			一班制	二班制	三班制	一班制	二班制	三班制
250	1，2，3	8，8，6.5	4	6	8	1920	3760	4485

表8－2 工人年时基数

工作性质		全年工作日	时间损失/%	年时基数/h			备注
				一班制	二班制	三班制	
较差工作条件	女职工占10%以下	250	10	1800	1800	1463	三班制工作6.5h
	女职工占25%以下	250	12	1760	1760	1430	
	女职工占50%以下	250	14	1720	1720	1398	

特别要提出的是，在同一生产线上（不同时）生产多品种时，需要对产品进行轮换生产。轮换生产停产时间长短，视更换工装或模具难易程度、生产工艺性质、生产的机械化程度等不同而定。一般每次轮换产品的停产时间为7～12天。故上述的全年工作日中应扣除生产的停产时间，再计算设备及工人年时基数。

对在同一生产线上（不同时）进行多品种生产时，原则上在1年内轮换完毕。

8.1.5 工艺过程

工艺过程是车间设计的基础。工艺过程一经拟定，车间的设备、人员数、能源消耗量、车间布置等也随之确定。因此，它是一项关系重大的工作，必须慎重考虑。

1. 工艺过程采用的原则

工艺过程确定的原则一般从以下三个方面考虑：

（1）工艺应满足产品图及技术条件的要求；

（2）工艺应成熟、落实、可靠和先进；

（3）工艺应经济合理。

根据上述三个方面考虑工艺过程采用的原则时，应从产品的特征（形状、大小等）、品种、年产量等因素，以及技术、经济上进行深入的比较和分析。

产品的特征对工艺过程、工艺设备的选择和车间布置影响较大。

年生产量的大小对机械化程度和设备种类的选择和车间布置影响很大。年产量大的引信装配车间应考虑机械化、半自动化、自动化的生产线。若机械化程度选得太低，难以实现高产、优质、低消耗，在技术上、经济上都不合理。相反，若年产量小，品种多时，车间的机械化、半自动化、自动化程度就不宜选得太高，否则工艺设备和生产线的开工时间短，负荷率太低，不能发挥设备的效率。所以当工艺设备（或生产线）的负荷率在60%～85%时，就可以根据具体情况选择半机械化、机械化、半自动化、自动化的工艺设备和生产线。

2. 工艺过程采用时应注意的问题

在工艺过程采用时应注意成熟、落实、可靠的工艺与先进工艺之间的问题。

在设计引信车间或该扩建设计中，都应采用新工艺、新设备。但遇到新工艺、新设备还不够成熟、落实、可靠时，或者正在试制过程中，那就要慎重考虑了。对方向正确、预计经过不太长的时间试制而能获得成功的，可以采用到设计中去，否则不能采用。所以先进的工艺（设备）应立足于成熟、落实、可靠、安全的基础上。

3. 工艺过程采用的依据

工艺过程采用的依据一般有如下两种形式。

1）采用现有工厂（含研究所、学校等）的工艺过程

对已成批生产的产品，应采用工厂（含研究所、学校等）现行的先进工艺，并结合车间规模和国内先进生产水平，通过与工厂（含研究所、学校等）共同研究，加以调整修订工艺过程。这种工艺过程往往能更好地符合实际生产

情况。

2）重新编制工艺过程

对尚未投入生产的产品，可参考同类产品的工艺过程。在编制工艺过程时，虽然便于在设计中尽量采用先进工艺，但要注意工艺落实、可靠，防止脱离实际。

4. 工艺过程的描述

引信装配工艺繁多，既包括机械部件和电子部件的装配，也包括较为危险的装药装配，既有采用手工装配，也有半自动、全自动装配，不论采用何种装配方式，都需根据产品情况，对工艺过程进行简要描述，以便根据工艺流程确定合理的引信车间规划布局和设备类型。典型引信的装配工艺过程可参见本书第2章中的相关论述。

8.1.6 设备选择及数量计算

设备选择及数量的计算，是车间设计中最基本和最重要的环节。它是车间进行生产的最主要的工具，有的设备的价值比较高昂，因而这项工作解决的正确与否事关重大，将在很大程度上影响基建投资和建成后的生产。

1. 设备选择的原则

（1）应根据工艺特点及年产量的大小来确定设备类型；

（2）安全、可靠和高效率；

（3）采用机械化、半自动化和自动化程度高的设备、减轻劳动强度，改善劳动条件；

（4）适应多品种生产；

（5）立足于国内。

在选择设备时，必须根据实际的需要和可能。对于改扩建的车间来说，要充分利用原来的设备。

2．设备数量的计算

设备数量的计算方法有两种，即按劳动量计算或按生产需要成套配备。设计时究竟采用哪一种方法可根据具体条件决定，例如，年生产量以及资料是否齐全（新品种没有现成的劳动量等）。

按劳动量计算设备数量是比较精确的。在设计年产量大的生产或有成熟的生产工艺时，都采用这种方法。

按劳动量计算设备数量时，设备数量计算可按下列公式计算：

$$N_i = St/T_q \tag{8-2}$$

式中：N_i 为设备的计算数量（台）；S 为年产量（10^3 发）；t 为设备台时（$h/10^3$发）；T_q 为设备年时基数（h）。
或

$$N_i = (S_f/T_q)\eta_f \tag{8-3}$$

式中：S_f 为年产量（kg）；η_f 为设备生产效率（kg/h）。

在计算出设备的计算数量后，还需根据实际采用的设备数量计算设备负荷率。

设备负荷率是设备的计算数量除以实际采用设备数所得的百分数，即

$$\eta = (N_i/N) \times 100\% \tag{8-4}$$

式中：η 为设备负荷率（%）；N 为实际采用的设备数量（台）。

负荷率说明设备的忙闲程度：若设备负荷率选得太低，则设备开动时间太少，这不仅相对增加了设备的投资、安装和保养等非生产性的消耗，而且还会造成车间面积过大，不符合经济原则；若设备负荷选得太高，则在开工生产后（不是试生产）可能达不到设计的生产率或没有潜力，不能适应生产发展的需要。在确定各种设备负荷时，应使各生产工房设备的生产能力相适应。但对关键设备和劳动条件恶劣的设备以及土建施工困难的设备应适当预留生产能力，以确保主要生产设备能充分发挥其生产能力和能适应生产发展的需要。

工程设计中，应根据设备的类型、生产性质、工作制度、是否关键设备等来选择设备负荷率。设备所采用的负荷率范围一般为60%～85%。

8.1.7 工厂（车间）人员编制

1. 引信车间人员

引信车间人员主要包括工人、工程技术人员、行政管理人员和服务人员。

工人包括直接参加装配工艺操作的生产工人、直接参加装配工艺检验（含工序检验和成品检验）的检验工人以及不直接参加装配工艺操作（含修理、控制工、保管工、车间内部搬运工、起重机司机等）的辅助工人。

工程技术人员含工艺员、技术员、定额员、技术安全员等。

行政管理人员包括车间主任、供应员、计划员、调度员、考勤员和办事员等。

服务人员包含开水工、清洁工等。

2. 车间人员的计算

生产工人的计算一般采用按劳动量计算或按工作岗位定员的方法。

检验工人的计算根据生产种类、质量及检验工作量而定。辅助工人可按实际需要配备或概略计算。辅助工人按生产工人和检验工人的6%～10%的比例

计算。工程技术人员按占生产工人的8%的比例概略进行计算。行政管理人员按采用占生产工人的3%～5%的比例概略进行计算。服务人员按占生产工人1%的比例概略进行计算。

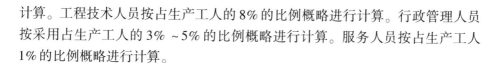

8.1.8 工厂（车间）组成及面积

1. 车间组成

引信车间一般由生产工房、辅助工房、生活间及办公室等组成。

1）生产工房

生产工房是引信车间的重要组成部分，生产工房划分的合理程度直接影响车间的组织、生产与安全问题。由于车间生产性质和规模、协作关系、地形条件及产品等的不同，其组成车间部分的工房也不同，按照生产需要确定。在考虑专业协作配套的情况下，国内引信装药装配生产线一般按照压药、部件装配、总装配、引信试验进行考虑。

2）辅助工房

辅助工房一般包括车间（或工房）主要通道、配电间、空调机间、真空泵间、维修间、包装材料间、火工品库、炸药库、引信成品库、化学品库等。

3）生活间及办公室

生活间包括更衣室、休息室、淋浴室、卫生间等。办公室包括车间办公室、生产技术管理人员办公室、资料室、检验工作室等。

不同类型的引信装配车间的具体组成部分，应根据产品特点、年产量、协作关系、工艺流程、生产组织形式等的不同，按实际需要而定。

2. 面积计算

车间面积一般采用概略计算和或根据实际需要确定。

概略计算是根据各部分的概略指标计算出所需的总的面积。根据实际需要，由车间的组成、设备和工作地点数量及工艺要求，对所需的实际生产面积进行计算。

3. 平面布置原则

平面布置应考虑下列8个原则：

（1）引信车间的各工房的工艺平面布置宜为矩形。

（2）工艺布置要合理，工艺流程尽量避免倒流。

（3）工房内危险品暂存间宜布置在建筑物端部，或沿工房外墙布置成凸出房间。临时储存的火炸药、火工品等，其最大的储量不得超过2h的生产需要量，但产品技术条件要求存放期必须2h者除外。

（4）有空调或火炸药、烟火药粉尘的工作间，应尽量集中布置，便于采取空调、防尘、保温等措施。

(5) 生产工房的辅助间，如储存间等可与生产工房相通，但不要相互影响。生产工房中的辅助间，如送排风机间、配电室、空调机间等，应与工房隔开，单独建立进出口。

(6) 卫生间或生活间一般布置在工房一端。

(7) 为了适应连续生产及机械、自动化的要求，允许将不同危险级别的工序或工段布置在一个房间内，此时，各危险工序或工段应分别布置在单独房间或采取防护措施，以防止爆炸或火灾对其他工序或工段的影响。

(8) 生产中易发生事故的工房应根据情况分别采用钢筋混凝土抗爆间室、钢制抗爆间室，以及设备装甲防护、防护板、护胸板等抗爆措施。

8.1.9 主要原材料消耗

车间的主要原材料消耗量，可供设计人员计算车间运输量和库房面积。

车间生产的产品有主要原材料消耗定额时，可将生产实际单位产品消耗定额加以汇总得出。

当没有生产产品的主要原材料消耗定额，可按下式概略计算：

$$W = KSq \tag{8-5}$$

式中：W 为年消耗量（t）；K 为系数，一般取 1.8 ~ 2.2；S 为年产量（10^3 发）；q 为单发产品净重（kg）。

8.1.10 能源消耗

车间能源消耗含电力、生产用水、蒸汽和压缩空气等。

车间电力消耗量是指全部生产的电机容量以及所有加热设备的电容量。对于生产设备的电机容量是根据产品样本（或目录）或设备图纸的电容量查出。

生产设备耗水量均指流入设备的供水管的水量，给设备供水的循环系统耗水均布计入设备耗水量中。

在引信装配生产中，一般有烘干工序需用蒸汽，如果没有蒸汽，也可以采用电加热的水浴烘箱。

压缩空气用于吹浮药、喷漆和用气设备等。压缩空气耗量是按自由状态下空气的耗量计算的。

8.1.11 节能、职业安全、工业卫生和环境保护

1. 节能

说明车间（或工房）采取的具体节能设备，专业化协作，采用节能的新

技术、新工艺、新设备、新材料；改进生产工艺，选用先进节能型设备，提高设备运行效率和负荷系数，在改建及扩建项目设计中淘汰耗能的陈旧设备；能源的选用，先进的加热技术，加热设备的有效保温技术，余热回收利用；节电、节水、节汽、节气等技术，对电、水、汽、气等分别计量，成本核算。

2. 职业安全

1）防火、防爆

为确保装药装配生产的安全，在装药装配过程中，需要采取必要的防火、防爆措施，有火灾和爆炸危险的设备与工作场所在工艺平面布置上对间距、通道、安全出口等方面的考虑，以及所采取的泄压、防爆、信号、消防、报警等。

2）电气安全

工艺说明中应明确装药装配厂（或车间）在设备安全接地，手提电动工具使用安全电压，易燃、易爆场所的防静电等方面采取的措施。

3）防机械伤害

在车间（或工房）工艺平面布置上对设备布置、安全通道的设置，人流、物流的交叉等方面，须有防机械伤害的考虑；在产生机械伤害、危险性较大的设备上所采取的防护保险、控制、监测等措施；对工艺过程中容易引起水、气、渣、屑、油等喷溅的设备及部位所采取的防护措施。

4）对沟、坑、池、升降台等的安全措施

对车间（或工房）内的沟、坑、池、升降台、平台、悬空、廊道等处设置安全措施。

5）安全疏散

在生产过程中，发生事故的疏散方式和应急措施。

3. 工业卫生

1）防尘，防毒

工艺设计中应说明装药装配车间（或厂房）内某些尘、毒污染的设备和部位，污染物的名称，原始散发量及浓度；在工艺和设备选用，提高机械化、自动化程度等方面的考虑和所采用的通风、除尘或密闭、隔离等措施。

2）防暑降温

高温车间内高温作业点的名称、数量、作业点的最高温度以及所采用的防暑降温措施。

3）防噪声，防振动，防辐射

说明在噪声、振动污染车间，其主要噪声源、噪声级、振动源、振动加速度级和频率；在工艺设备选用方面的考虑以及所采用的吸声、隔声、减振、隔振等措施。对电离辐射和射频辐射源，大功率激光源等设置的考虑及所采取的防护措施。

4）卫生用室

说明本车间辅助卫生用室的情况，如工人休息室、更衣室、浴室、厕所及盥洗设施等。

4. 环境保护

说明生产过程中产生有害废气、毒气、废水、毒物、废渣及噪声、振动等污染源的生产部位和程度。

从工艺方法选择和设备选型上，采取避免或减少污染源和减低污染程度的措施。

工艺区划、工艺布置、车间划分和协作上，采用减少污染环境的措施。

对工艺过程中所产生的废气、毒气、废水、废液、毒物、废渣等的排放方式、治理要求及措施；废弃物的处置要求及措施。

8.1.12 主要技术指标

在一个项目建设时，一般会要求列出相关的技术指标，见表8－3。

表8－3 主要技术指标

名称		单位	数据	备注
年生产纲领		发		
年总劳动量		台时		
		工时		
设备台数	新增设备	台		
	利用设备	台		
人员总数	生产工人	人		
	检验工人	人		
	辅助工人	人		
	工程技术人员	人		
	行政管理人员	人		
	服务人员	人		
工厂（或车间）	生产面积	m^2		
	辅助面积	m^2		
	办公室生活间面积	m^2		
设备安装电容量		kW		
		kV·A		

（续）

名称		单位	数据	备注
生产用水量	最大	t/h		
	平均	t/h		
生产用蒸汽量	最大	t/h		
	平均	t/h		
压缩空气用量	最大	m^3/min		
	平均	m^3/min		
工艺设备原价		万元		

8.2 工艺施工图设计

8.2.1 工艺施工图设计准备

施工图设计需要收集下列资料：

（1）已批准的初步设计及备忘录，审批或工厂对初步设计是意见书。

（2）设备订货清单及专用设备说明书。

（3）各种非标设备的总图或技术资料（由非标设计单位提供）。

8.2.2 设计步骤

经批准的初步设计并签署初步设计审批意见书后，再进行施工图设计。具体步骤如下：

（1）落实初步设计遗留的问题。

（2）分析研究初步设计的审批意见，进一步落实初步设计中所采用的工艺、设备和机械化运输等有关技术资料，为施工设计做准备。

（3）根据审批意见修改车间（或工房）工艺布置，绘制工艺、设备安装草图（主要设备要注明设备的位置尺寸）及有关资料。

（4）向公用专业提供资料。

① 向土建专业提供工艺设备平面布置图、剖面图和土建设计任务书。

② 向水道、电气、暖通、热机总图专业提供工艺设备平面布置图、能源消耗量及给排水、照明、防雷、自控、通信、采暖通风、空调等有关资料。

③ 向技经专业提供设备明细表。

④ 向设备专业提供非标准设备设计任务书。

⑤ 土建专业设计人员向工艺专业设计人员回提土建平面、剖面平行作业。

⑥ 工艺设计人员向土建专业提供预留洞（或孔）、设备基础的预留坑等资料。

(5) 绘制机械化运输设备和非标准设备的全部施工详图。

(6) 进行管道汇总。

(7) 绘制工艺、机械化安装图，编制设备明细表。

(8) 各专业会签施工图。

各专业会签施工图的目的是为了保证各专业施工图的协调和保证施工图质量。

在施工图设计阶段，一般不写说明书，但施工图设计与初步设计有较大的变动（如工艺方案、面积、主要设备等）时，要做简要说明。

参 考 文 献

[1] 中国兵工学会. 兵器科学技术学科发展报告（2008～2009）［R］. 北京：中国科学技术出版社，2009.

[2] 王天曦，等. 现代电子工艺［M］. 北京：清华大学出版社，2009.

[3] 韩雪涛，等. 电子产品装配技术与技能实训［M］. 北京：电子工业出版社，2012.

[4] 刘德忠，费仁元. 装配自动化［M］. 北京：机械工业出版社，2011.

[5] 刘文波，陈白宁，等. 火工品自动装配技术［M］. 北京：国防工业出版社，2010.

[6] 上海市机电设计研究院有限公司. 机电工业工程设计［M］. 北京：北京科学技术出版社，2011.

[7] 张恒志. 火炸药应用技术［M］. 北京：北京理工大学出版社，2010.

[8] 杨育. 设施规划［M］. 北京：科学出版社，2010.

[9] 于庆奎，裘鼎三. 引信制造工艺学［M］. 北京：国防工业出版社，1982.

[10] 马少杰. 引信工程基础［M］. 北京：国防工业出版社，2010.

[11] 叶迎华. 火工品技术［M］. 北京：北京理工大学出版社，2007.

[12] 张合. 引信机构学［M］. 北京：北京理工大学出版社，2007.

[13] 引信设计手册编写组. 引信设计手册［M］. 北京：国防工业出版社，1978.

[14] 崔占忠，等. 近炸引信原理［M］. 北京：北京理工大学出版社，2009.

[15] 马宝华. 引信构造与作用［M］. 北京：国防工业出版社，1984.

[16] 王泽溥，郑志良. 爆炸及其防护［M］. 北京：兵器工业出版社，2008.

[17] 李金明，等. 通用弹药销毁处理技术［M］. 北京：国防工业出版社，2012.

[18] 温士武，姚兰英. 装药工程［M］. 北京：兵器工业出版社，2008.

[19] 中国兵器工业总公司. 小量药量、炸药及其制品危险性建筑物设计安全规范：WJ2470—97［S］. 中国兵器工业总公司，1998.

[20] 中华人民共和国公安部. 建筑设计防火规范：GB 50016—2014［S］. 北京：中国计划出版社，2015.

[21] 五洲工程设计研究院. 抗爆间室结构设计规范 GB 50907—2013［S］. 北京：中国计划出版社，2013.

[22] 胡双启，赵海霞，肖忠良. 火炸药安全技术［M］. 北京：北京理工大学出版社，2014.

[23] 董素荣，陈国光. 弹药制造工艺学［M］. 北京：北京理工大学出版社，2014.

[24] 布思罗伊德 J. 装配自动化与产品设计［M］. 熊永家，等译. 北京：机械工业出版社，2008.

[25] 张辉，王辅辅，娄文忠. 微装配技术在微机电引信中的应用综述［J］. 探测与控制学报，2014（4）：1-4.

[26] 石庚辰. 引信 MEMS 机构结构特点研究［J］. 探测与控制学报，2007，29（5）：1－4.

[27] 程东青. 子弹药引信气动发动机驱动特性与应用研究［D］. 北京：北京理工大学，2015.

[28] 隋丽，石庚辰. 引信 MEMS 机构微装配研究［J］. 探测与控制学报，2008，30（3）：64－67.

[29] 李庆详，李玉和，李勇. 微装配与微操作技术［M］. 北京：清华大学出版社，2004.

[30] 徐泰然. 微机电系统封装技术［M］. 北京：清华大学出版社，2006.

[31] 唐晓洋，等．微装配与 MEMS 仿真导论 [M]．西安：西安电子科技大学出版社，2009.
[32] 席文明，姚斌．微装配与微操作 [M]．北京：国防工业出版社，2006.
[33] 李庆祥，李玉和．微装配与微操作 [M]．北京：清华大学出版社，2003.
[34] 王明．电子产品的微组装技术 [J]．集成电路通讯，2008，26 (3)：48-56.
[35] 段瑞玲，等．微装配技术的发展现状及关键技术 [J]．光学精密工程，2004，12 (3)：28-30.
[36] 娄文忠．微机电系统集成与封装技术基础 [M]．北京：国防工业出版社，2007.
[37] 王先奎．机械装配工艺 [M]．北京：机械工业出版社，2008.
[38] 克劳森 L. 装配工艺——精加工、封装和自动化 [M]．熊永家，等译．北京：机械工业出版社，2008.
[39] 刘晓明，等．微机电系统设计与制造 [M]．北京：国防工业出版社，2006.
[40] 熊永家．娄文忠．工业工程方法从入门到精通 [M]．北京：机械工业出版社，2009.
[41] 徐兵．机械装配技术 [M]．北京：中国轻工业出版社，2005.
[42] 朱全松，吴斌．针刺雷管自动装配生产线 [J]．兵工自动化，2010，29 (1)：87，88.
[43] 缪学勤．Industry 4.0 新工业革命与工业自动化转型升级 [J]．石油化工自动化，2014，50 (1)：1-5.

《现代引信技术丛书》集中展示了近20年来我国在现代引信理论基础、设计方法和验证技术、工程制造等领域最权威、最先进成果，填补了国内引信基础研究的空白，汇集了大量创新理论、设计思想和创新方法。

——秦光泉

《现代引信技术丛书》具有自主知识产权的理论和技术，紧紧把握我军装备与技术发展的重大机遇，充分体现了引信发展中坚持需求牵引和技术推动相结合、机理研究和装备应用相结合及产学研相结合的原则。

——黄峥

《现代引信技术丛书》集中展示了近20年来我国在现代引信理论基础、设计方法和验证技术、工程制造等领域最权威、最先进成果，填补了国内引信基础研究的空白，汇集了大量创新理论、设计思想和创新方法。

——秦光泉

《现代引信技术丛书》具有自主知识产权的理论和技术，紧紧把握我军装备与技术发展的重大机遇，充分体现了引信发展中坚持需求牵引和技术推动相结合、机理研究和装备应用相结合及产学研相结合的原则。

——黄峥